高职高专建筑类专业系列教材

建筑工程竣工验收与资料管理

（第 二 版）

主　编　宋岩丽　　荀慧霞

副主编　常彦妮

主　审　赵来彬

西安电子科技大学出版社

内 容 简 介

本书系统地介绍了建筑工程资料编写的流程、要点，反映了现行资料管理规范、规程的要求。本书共八章，内容包括建筑工程资料管理基础知识、工程准备阶段文件、监理资料、施工资料、竣工图及工程竣工文件、建筑工程资料归档整理、建筑工程资料管理软件及其应用、建筑工程资料案例等。

本书面向施工现场技术与管理人才的培养，强调技术性、实用性，是正确、顺利完成建筑工程资料填写、编制、收集、整理、组卷、移交及归档的学习用书，可以作为高等职业院校建筑工程技术、工程管理、工程监理等专业的教材，亦可作为施工技术管理人员培训学习的教材或参考书。

有需要电子课件的读者，可以在出版社网站免费下载。

图书在版编目(CIP)数据

建筑工程竣工验收与资料管理/宋岩丽，荀慧霞主编. 2 版. —西安：
西安电子科技大学出版社，2018.1(2021.4 重印)
ISBN 978-7-5606-4764-7

Ⅰ. ①建…　Ⅱ. ①宋…　②荀…　Ⅲ. ①建筑工程—工程验收
②建筑工程—技术档案—档案管理　Ⅳ. ①TU712.5　②G275.3

中国版本图书馆 CIP 数据核字(2017)第 289603 号

策划编辑　秦志峰
责任编辑　秦志峰
出版发行　西安电子科技大学出版社(西安市太白南路 2 号)
电　　话　(029)88242885　88201467　　　邮　　编　710071
网　　址　www.xduph.com　　　　　　电子邮箱　xdupfxb001@163.com
经　　销　新华书店
印刷单位　陕西日报社
版　　次　2018 年 1 月第 2 版　　2021 年 4 月第 6 次印刷
开　　本　787 毫米×1092 毫米　1/16　印 张　18
字　　数　426 千字
印　　数　11 201～14 200 册
定　　价　42.00 元
ISBN 978 - 7 - 5606 - 4764 - 7/TU

XDUP 5066002-6

如有印装问题可调换

前　言

随着建筑行业的发展、《建设工程文件归档整理规范》(GB/T 50328—2014)和《山西省建筑工程施工资料管理规程》(DBJ 04/T214—2015)的出版发行，"建筑工程竣工验收与资料管理"课程教材的适时更新与不断完善也势在必行。本书此次修订始终本着"实用、管用、够用"的原则，在尽量保持《建筑工程竣工验收与资料管理》第一版教材的原版特色、组织结构和内容体系不变的前提下，努力将建筑工程资料发展的新理论和新成果融入其中，使其更具有先进性、科学性和实用性。

本书此次主要做了如下修订：每章均增加了学习目标、教学建议、课后习题；所有内容都按照新的规范、标准进行了相应修改。

本书由山西建筑职业技术学院宋岩丽教授、荀慧霞副教授担任主编，由山西四建集团有限公司常彦妮担任副主编。具体分工为：第一章由山西建筑职业技术学院宋岩丽修订，第二章、第三章由山西建筑职业技术学院荀慧霞修订，第四章、第五章、第六章、第七章、第八章由山西四建集团有限公司常彦妮修订。本书由山西新盛建设监理有限公司总经理、国家注册监理工程师、国家注册造价师赵来彬担任主审。

本书在修订过程中，参考了有关教材和论著，在此谨向这些教材和论著的作者表示衷心的感谢。

本书自第一版 2014 年 8 月问世以来，得到众多兄弟院校建筑工程技术专业师生与广大读者的支持与厚爱，对此，我们深感荣幸且备受鼓舞。同时，对关心、支持并对本书提出意见和建议的专家、教师及广大读者表示衷心的感谢！

由于编者的学术水平和实践经验有限，加上时间仓促，书中不妥之处在所难免，恳请专家、同行和读者批评指正。

编　者

2017 年 10 月

第一版前言

本书是根据《建筑与市政工程施工现场专业人员职业标准》中资料员的任职要求，校企合作而编写的。本书从资料员的工作实际需要出发，注重资料员岗位知识的传授和专业技能的培养，实现教学与就业的"零距离"接触。本书既可作为建筑工程技术专业学生授课用书，也可作为施工现场技术管理人才培训用书。

本书在编写过程中严格依据《建设工程文件归档整理规范》(GB/T 50328—2001)、《建筑工程资料管理规程》(JGJ/T 185—2009)、《建筑工程施工质量验收统一标准》(GB 50300—2013 及建筑工程质量专业验收规范等国家现行的有关规范、规程和技术标准，选取《山西省建筑工程施工资料管理规程》(DBJ 04—214—2004)中规定的样表，以某单位工程为案例，结合建筑工程技术专业特点，展现了一个建设项目从项目建议书到竣工验收移交档案馆的全过程的资料编写与管理。

本书由山西建筑职业技术学院宋岩丽教授、荀慧霞副教授担任主编。第一章由山西建筑职业技术学院宋岩丽编写，第二章由山西建筑职业技术学院荀慧霞编写，第三章、第五章由山西建筑职业技术学院史莲英编写，第四章、第六章由山西四建集团有限公司常彦妮编写，第七章、第八章由山西金信建筑有限公司沈俊玲编写。本书由山西新盛建设监理有限公司总经理、国家注册监理工程师、国家注册造价师赵来彬主审。

本书在编写过程中参考借鉴了国内一些学者的研究成果，在此向他们表示衷心的感谢。

限于编者的能力有限，本书难免存在不足之处，敬请广大读者批评指正。

编　者
2014 年 6 月

目　录

第一章　建筑工程资料管理基础知识

学习目标 ✍

1. 知识目标
(1) 了解建筑工程资料管理各参建方职责及资料形成过程。
(2) 熟悉建筑工程资料的分类及编号。
(3) 掌握建筑工程资料管理相关的基本概念。
2. 能力目标
能够对施工单位的资料进行正确编号。

教学建议 📖

通过讲授使学生认识到资料管理在工程建设中的重要性，清楚行业、地方在资料管理中的相关规定及要求，使学生明白学习这门课的重要性。

第一节　建筑工程资料管理的基本知识

一、建筑工程资料管理的概念

1. 建筑工程资料

建筑工程在建设过程中形成的各种形式的信息记录统称为建筑工程资料。依据工程建设的特征，建筑工程资料的形成划分为三个阶段。

第一阶段为工程准备阶段，从项目申请开始，到办完开工手续为止。在这个阶段，建设单位负责形成工程准备阶段的文件。

第二阶段为工程实施阶段，从监理单位、施工单位进场开始到完成竣工验收为止。在这个阶段，监理单位履行各项监理职责，形成监理资料；施工单位按合同施工，形成施工资料。

第三阶段为工程竣工阶段，从工程竣工验收开始，到工程档案移交为止。在此阶段需要形成工程竣工文件和竣工图。

2. 建筑工程资料管理

建筑工程资料的填写、编制、审核、审批、收集、整理、组卷、移交及归档等工作统称为建筑工程资料管理。其中，建筑工程资料的组卷是指按照一定的原则和方法，将有保存价值的工程资料分类整理成案卷的过程，亦称立卷。建筑工程资料的归档是指工程资料整理、组卷并按规定移交相关档案管理部门的工作。

3. 建设工程档案

建设工程档案是在工程建设活动中直接形成的，具有保存价值的文字、图表、声像等各种形式的历史记录，这些记录经整理后形成工程档案。

建筑工程资料与建设工程档案的区别在于：资料是一个相对性的概念，只要对人们研究解决某一问题有信息支持价值，无论其具体是什么，均可视为资料；档案是保存备查的历史文件，在工作活动中，总要产生和使用许多文件，由于工作的持续进行和事业发展的客观需要，人们自然要把日后仍需考查的文件有意识地留存下来，就成了档案。档案没有资料那样的相对性，档案可作为资料使用，资料却不能作为档案看待并使用。

二、相关术语

(1) 建设工程项目。建设工程项目是指经批准按照一个总体设计进行施工，经济上实行统一核算，行政上具有独立组织形式，实行统一管理的工程基本建设单位。它由一个或若干个具有内在联系的工程所组成。

(2) 单位工程。单位工程是指具有独立的设计文件，竣工后可以独立发挥生产能力或工程效益的工程，并构成建设工程项目的组成部分。

(3) 分部工程。分部工程是指按照工程部位、设备种类和型号的不同而划分的工程。它是单位工程的组成部分。

(4) 分项工程。分项工程是指按照不同的施工方法、材料进行划分的工程。它是分部工程的组成部分。

(5) 检验批。检验批是按相同的生产条件或按规定的方式汇总起来供抽样检验用的，由一定数量样本组成的检验体。

(6) 验收。验收是指建筑工程质量在施工单位自行检查合格的基础上，由工程质量验收责任方组织，工程建设相关单位参加，对检验批、分项、分部、单位工程及其隐蔽工程的质量进行抽样检验，对技术文件进行审核，并根据设计文件和相关标准以书面形式对工程质量是否达到合格做出确认的活动。

(7) 进场检验。进场检验是指对进入施工现场的建筑材料、构配件、设备及器具，按相关标准的要求进行检验，并对其质量、规格及型号等是否符合要求做出确认的活动。

(8) 见证检验。见证检验是指施工单位在工程监理单位或建设单位的见证下，按照有关规定从施工现场随机抽取试样，送至具备相应资质的检测机构进行检验的活动。

(9) 建筑工程资料。建筑工程资料是指在建设工程施工过程中形成的，并应归档保存的各种形式的信息记录。它包括工程准备阶段的文件、监理资料、施工资料、竣工图及工程竣工文件。

(10) 工程准备阶段资料。工程准备阶段资料是指工程开工以前，在立项、审批、征地、勘察、设计、招投标等工程准备阶段形成的文件。

(11) 监理资料。监理资料是指监理单位在工程施工监理过程中形成并收集的文件和资料。

(12) 施工资料。施工资料是指施工单位在工程施工过程中形成并收集的资料。

(13) 竣工图。竣工图是指工程竣工验收后，真实反映建设工程项目施工结果的图样。

(14) 工程竣工文件。工程竣工文件是指建设工程项目竣工验收、备案和移交等活动中形成的文件。

(15) 建设工程档案。建设工程档案是指在工程建设活动中直接形成的具有归档保存价值的文字、图表、声像等各种形式的历史记录，也可简称为工程档案。

(16) 组卷。按照一定的原则和方法，将有保存价值的文件分门别类地整理成案卷，即称为组卷，也称为立卷。

(17) 归档。文件形成单位完成其工作任务后，将形成的文件整理立卷后，按规定移交档案管理机构，称为归档。

(18) 案卷。存档以备查阅的文件，由互有联系的若干文件组合而成并放入卷夹、卷皮的档案称为案卷。

第二节　建筑工程资料的分类及编号

建筑工程资料实行分级、分类管理，由建设单位、监理单位、施工单位等项目各主要参与单位负责全过程的工程资料管理工作。资料管理工作主要包括资料管理计划的编制，资料的收集整理、使用保管、分类组卷、归档移交和资料的信息系统管理。

一、建筑工程资料的分类

建筑工程资料按照《建设工程文件归档整理规范》(GB/T 50328—2014)和《建筑工程资料管理规程》(JGJ/T 185—2009)分类(见表 1-1)方法如下：

(1) 建筑工程资料可分为工程准备阶段文件、监理资料、施工资料、竣工图及工程竣工文件 5 大类。

(2) 工程准备阶段文件可分为决策立项文件、建设用地文件、勘察设计文件、招投标及合同文件、开工文件、商务文件 6 类。

(3) 监理资料可分为监理管理资料、进度控制资料、质量控制资料、造价控制资料、合同管理资料和竣工验收资料 6 类。

(4) 施工资料可分为施工管理资料、施工技术资料、进度造价资料、施工物资资料、施工记录、施工试验记录及检测报告、施工质量验收记录、竣工验收资料 8 类。

(5) 工程竣工文件可分为竣工验收文件、竣工决算文件、竣工交档文件、竣工总结文件 4 类。

二、建筑工程资料的编号规定

建筑工程资料的编号规定如下：

(1) 工程准备阶段文件、工程竣工文件宜按《建筑工程资料管理规程》(JGJ/T 185—2009)中规定的类别和形成时间顺序编号，规定详见表 1-1。

表 1-1　工程资料的类别及编号

工程资料类别		工程资料名称	工程资料来源	工程资料保存			
				施工单位	监理单位	建设单位	城建档案馆
A类		工程准备阶段文件					
A1类	决策立项文件	项目建议书	建设单位			●	●
		项目建议书的批复文件	建设行政管理部门			●	●
		可行性研究报告及附件	建设单位			●	●
		可行性研究报告的批复文件	建设行政管理部门			●	●
		关于立项的会议纪要、领导批示	建设单位			●	●
		工程立项的专家建议资料	建设单位			●	●
		项目评估研究资料	建设单位			●	●
A2类	建设用地文件	选址申请及选址规划意见通知书	建设单位规划部门			●	●
		建设用地批准文件	土地行政管理部门			●	●
		拆迁安置意见、协议、方案等	建设单位			●	●
		建设用地规划许可证及其附件	规划行政管理部门			●	●
		国有土地使用证	土地行政管理部门			●	●
		划拨建设用地文件	土地行政管理部门			●	●
A3类	勘察设计文件	岩土工程勘察报告	勘察单位	●	●		●
		建设用地钉桩通知单(书)	规划行政管理部门	●	●		●
		地形测量和拨地测量成果报告	测绘单位			●	●
		审定设计方案通知书及审查意见	规划行政管理部门			●	●
		审定设计方案通知书要求征求有关部门的审查意见和要求取得的有关协议	有关部门			●	●
		初步设计图及设计说明	设计单位			●	
		消防设计审核意见	公安机关消防机构	○	○	●	●
		施工图设计文件审查通知书及审查报告	施工图审查机构	○	○	●	●
		施工图及设计说明	设计单位	○	○	●	●

工程资料类别		工程资料名称	工程资料来源	工程资料保存			
				施工单位	监理单位	建设单位	城建档案馆
A4类	招投标及合同文件	勘察招投标文件	建设单位 勘察单位			●	
		勘察合同	建设单位 勘察单位			●	●
		设计招投标文件	建设单位 设计单位			●	
		设计合同	建设单位 设计单位			●	●
		监理招投标文件	建设单位 监理单位		●	●	
		委托监理合同	建设单位 监理单位		●	●	●
		施工招投标文件	建设单位 施工单位	●	○	●	
		施工合同	建设单位 施工单位	●	○	●	
A5类	开工文件	建设项目列入年度计划的申报文件	建设单位			●	●
		建设项目列入年度计划的批复文件或年度计划项目表	建设行政管理部门			●	●
		规划审批申报表及报送的文件和图纸	建设单位 设计单位			●	
		建设工程规划许可证及其附件	规划部门			●	●
		建设工程施工许可证及其附件	建设行政管理部门	●	●	●	●
		工程质量安全监督注册登记	质量监督机构	○	○	●	●
		工程开工前的原貌影像资料	建设单位	●	●	●	
		施工现场移交单	建设单位	○	○	○	
A6类	商务文件	工程投资估算资料	建设单位			●	
		工程设计概算资料	建设单位			●	
		工程施工图预算资料	建设单位			●	
A类其他资料							
B类	监理资料						
B1类	监理管理资料	监理规划	监理单位		●	●	●
		监理实施细则	监理单位	○	●	●	
		监理月报	监理单位		●	●	
		监理会议纪要	监理单位	○	●	●	
		监理工作日志	监理单位		●		
		监理工作总结	监理单位		●	●	●

续表(二)

工程资料类别		工程资料名称	工程资料来源	工程资料保存			
				施工单位	监理单位	建设单位	城建档案馆
B1类	监理管理资料	工作联系单	监理单位 施工单位	○	○		
		监理工程师通知	监理单位	○	○		
		监理工程师通知回复单*	施工单位	○	○		
		工程暂停令	监理单位	○	○	○	●
		工程复工报审表*	施工单位	●			
B2类	进度控制资料	工程开工报审表*	施工单位	●	●	●	●
		施工进度计划报审表*	施工单位	○	○		
B3类	质量控制资料	质量事故报告及处理资料	施工单位	●	●	●	●
		旁站监理记录*	监理单位	○	●		
		见证取样和送检见证人员备案表	监理单位或建设单位	●	●		
		见证记录*	监理单位	●	●		
		工程技术文件报审表*	施工单位	○	○		
B4类	造价控制资料	工程款支付申请表	施工单位	○	○	●	
		工程款支付证书	施工单位	○	○	●	
		工程变更费用报审表*	监理单位	○	○	●	
		费用索赔申请表	监理单位	○	○	●	
		费用索赔审批表	施工单位	○	○	●	
B5类	合同管理资料	委托监理合同	监理单位		●	●	●
		工程延期申请表	施工单位	●	●	●	●
		工程延期审批表	监理单位	●	●	●	●
		分包单位资质报审表*	施工单位	●	●		
B6类	竣工验收资料	单位(子单位)工程竣工预验收报验表	施工单位	●	●		
		单位(子单位)工程质量竣工验收记录	施工单位	●	●	●	●
		单位(子单位)工程质量控制资料核查记录	施工单位	●	●	●	●
		单位(子单位)工程安全和功能检验资料核查及主要功能抽查记录	施工单位	●	●	●	●
		单位(子单位)工程观感质量检查记录	施工单位	●	●	●	●
		工程质量评估报告	监理单位	●	●	●	●
		监理费用决算资料	监理单位	○	●		
		监理资料移交书	监理单位		●	●	
B类其他资料							

续表（三）

工程资料类别		工程资料名称	工程资料来源	工程资料保存			
				施工单位	监理单位	建设单位	城建档案馆
C 类		施工资料					
C1类	施工管理资料	工程概况表	施工单位	●	●	●	●
		施工现场质量管理检查记录*	施工单位	○	○		
		企业资质证书及相关专业人员岗位证书	施工单位	○	○		
		分包单位资质报审表*	施工单位	●	●	●	
		建设工程质量事故调查、勘察记录	调查单位	●	●	●	●
		建设工程质量事故报告书	调查单位	●	●	●	●
		施工检测计划	施工单位	○	○		
		见证记录*	监理单位	●	●	●	
		见证试验检测汇总表	施工单位	●	●		
		施工日志	施工单位	●			
		监理工程师通知回复单*	施工单位	○	○		
C2类	施工技术资料	工程技术文件报审表*	施工单位	○	○		
		施工组织设计及施工方案	施工单位	○	○		
		危险性较大分部分项工程施工方案专家论证表	施工单位	○	○		
		技术交底记录	施工单位	○			
		图纸会审记录**	施工单位	●	●	●	●
		设计变更通知单**	设计单位	●	●	●	●
		工程洽商记录（技术核定单）**	施工单位	●	●	●	●
C3类	进度造价资料	工程开工报审表*	施工单位	●	●	●	●
		工程复工报审表*	施工单位	●	●	●	●
		施工进度计划报审表*	施工单位	○	○		
		施工进度计划	施工单位	○	○		
		人、机、料动态表	施工单位	○	○		
		工程延期申请表	施工单位	●	●	●	●
		工程款支付申请表	施工单位	○	○	○	
		工程变更费用报审表*	施工单位			●	
		费用索赔申请表*	施工单位	○	○	●	

工程资料类别		工程资料名称	工程资料来源	工程资料保存			
				施工单位	监理单位	建设单位	城建档案馆
C4类	施工物资资料	出厂质量证明文件及检测报告					
		砂、石、砖、水泥、钢筋、隔热保温、防腐材料、轻集料出厂质量证明文件	施工单位	●	●	●	●
		其他物资出厂合格证、质量保证书、检测报告和报关单或商检证等	施工单位	●	○	○	
		材料、设备的相关检验报告，型式检测报告，3C强制认证合格证书或3C标志	检测单位	●	○	○	
		主要设备、器具的安装使用说明书	检测单位	●	○	○	
		进口的主要材料设备的商检证明文件	检测单位	●	○	●	●
		涉及消防、安全、卫生、环保、节能的材料、设备的检测报告或法定机构出具的有效证明文件	检测单位	●	●	●	
		进场检验通用表格					
		材料、构配件进场检验记录*		○	○		
		设备开箱检验记录*	施工单位	○	○		
		设备及管道附件试验记录*	施工单位	●	○	●	
		进场复试报告					
		钢材试验报告	检测单位	●	●	●	●
		水泥试验报告	检测单位	●	●	●	●
		砂试验报告	检测单位	●	●	●	●
		碎(卵)石试验报告	检测单位	●	●	●	●
		外加剂试验报告	检测单位	●	●	○	●
		防水涂料试验报告	检测单位	●	○	●	
		防水卷材试验报告	检测单位	●	○	●	
		砖(砌块)试验报告	检测单位	●	●	●	●
		预应力筋复试报告	检测单位	●	●	●	●
		预应力锚具、夹具和连接器复试报告	检测单位	●	●	●	●
		装饰装修用门窗复试报告	检测单位	●	○	●	
		装饰装修用人造木板复试报	检测单位	●	○	●	
		装饰装修用花岗石复试报告	检测单位	●	○	●	
		装饰装修用安全玻璃复试报告	检测单位	●	○	●	
		装饰装修用外墙面砖复试报告	检测单位	●	○	●	
		钢结构用钢材复试报告	检测单位	●	●		●

续表(五)

工程资料类别		工程资料名称	工程资料来源	工程资料保存			
				施工单位	监理单位	建设单位	城建档案馆
C4类	施工物资资料	钢结构用防火涂料复试报告	检测单位	●	●	●	●
		钢结构用焊接材料复试报告	检测单位	●	●	●	●
		钢结构用高强度大六角头螺栓连接副复试报告	检测单位	●	●	●	●
		钢结构用扭剪型高强螺栓连接副复试报告	检测单位	●	●	●	●
		幕墙用铝塑板、石材、玻璃、结构胶复试报告	检测单位	●	●	●	●
		散热器、采暖系统保温材料、通风与空调工程绝热材料、风机盘管机组、低压配电系统电缆的见证取样复试报告	检测单位	●	○	●	
		节能工程材料复试报告	检测单位	●	●	●	
C5类	施工记录	**通 用 表 格**					
		隐蔽工程验收记录*	施工单位	●	●	●	●
		施工检查记录	施工单位	○			
		交接检查记录	施工单位	○			
		专 用 表 格					
		工程定位测量记录*	施工单位	●	●	●	●
		基槽验线记录	施工单位	●	●	●	
		楼层平面放线记录	施工单位	○	○		
		楼层标高抄测记录	施工单位	○	○		
		建筑物垂直度、标高观测记录*	施工单位	●	○	●	
		沉降观测记录	建设单位委托测量单位提供	●		●	●
		基坑支护水平位移监测记录	施工单位	○	○		
		桩基、支护测量放线记录	施工单位	○	○		
		地基验槽记录**	施工单位	●	●	●	●
		地基钎探记录	施工单位	○	○	●	●
		混凝土浇灌申请书	施工单位	○	○		
		预拌混凝土运输单	施工单位	○			
		混凝土开盘鉴定	施工单位	○	○		
		混凝土拆模申请单	施工单位	○	○		
		混凝土预拌测温记录	施工单位	○			
		混凝土养护测温记录	施工单位	○			

续表(六)

工程资料类别		工程资料名称	工程资料来源	工程资料保存			
				施工单位	监理单位	建设单位	城建档案馆
C5类	施工记录	大体积混凝土养护测温记录	施工单位	○			
		大型构件吊装记录	施工单位	○	○	●	●
		焊接材料烘焙记录	施工单位	○			
		地下工程防水效果检查记录*	施工单位	○	○	●	
		防水工程试水检查记录*	施工单位	○	○	●	
		通风(烟)道、垃圾道检查记录*	施工单位	○	○	●	
		预应力筋张拉记录	施工单位	●	○	●	●
		有黏结预应力结构灌浆记录	施工单位	●	○	●	●
		钢结构施工记录	施工单位	●	○	●	
		网架(索膜)施工记录	施工单位	●	○	●	●
		木结构施工记录	施工单位	●	○	●	
		幕墙注胶检查记录	施工单位	●	○	●	
		自动扶梯、自动人行道的相邻区域检查记录	施工单位	●	○	●	
		电梯电气装置安装检查记录	施工单位	●	○	●	
		自动扶梯、自动人行道电气装置检查记录	施工单位	●	○	●	
		自动扶梯、自动人行道整机安装质量检查记录	施工单位	●	○	●	
C6类	施工试验记录及检测报告	通 用 表 格					
		设备单机试运转记录*	施工单位	●	○	●	●
		系统试运转调试记录*	施工单位	●	○	●	●
		接地电阻测试记录*	施工单位	●	○	●	●
		绝缘电阻测试记录*	施工单位	●	○	●	
		专 用 表 格					
		建筑与结构工程					
		锚杆试验报告	检测单位	●	○	●	●
		地基承载力检验报告	检测单位	●	○	●	●
		桩基检测报告	检测单位	●	○	●	●
		土工击实试验报告	检测单位	●	○	●	●
		回填土试验报告(应附图)	检测单位	●	○	●	●
		钢筋机械连接试验报告	检测单位	●	○	●	●
		钢筋焊接连接试验报告	检测单位	●	○	●	●

续表（七）

工程资料类别			工程资料名称	工程资料来源	工程资料保存			
					施工单位	监理单位	建设单位	城建档案馆
C6类	施工试验记录及检测报告		砂浆配合比申请单、通知单	施工单位	○	○		
			砂浆抗压强度试验报告	检测单位	●	○	●	●
			砌筑砂浆试块强度统计、评定记录	施工单位	●		●	●
			混凝土配合比申请单、通知单	施工单位	○	○		
			混凝土抗压强度试验报告	检测单位	●	○	●	●
			混凝土试块强度统计、评定记录	施工单位	●		●	●
			混凝土抗渗试验报告	检测单位	●	○	●	●
			砂、石、水泥放射性指标报告	施工单位	●		●	●
			混凝土碱总量计算书	施工单位	●		●	●
			外墙饰面砖样板黏结强度试验报告	检测单位	●		●	●
			后置埋件抗拔试验报告	检测单位	●		●	●
			超声波探伤报告、探伤记录	检测单位	●		●	●
			钢构件射线探伤报告	检测单位	●	○	●	●
			磁粉探伤报告	检测单位	●		●	●
			高强度螺栓抗滑移系数检测报告	检测单位	●	○	●	●
			钢结构焊接工艺评定	检测单位	○	○		
			网架节点承载力试验报告	检测单位	●		●	●
			钢结构防腐、防火涂料厚度检测报告	检测单位	●	○	●	●
			木结构胶缝试验报告	检测单位	●		●	●
			木结构构件力学性能试验报告	检测单位	●		●	●
			木结构防护剂试验报告	检测单位	●	○	●	●
			幕墙双组分硅酮结构密封胶混匀性及拉试验报告	检测单位	●		●	●
			幕墙的抗风压性能、空气渗透性能、雨水渗透性能及平面内变形性能检测报告	检测单位	●	○	●	●
			外门窗的抗风压性能、空气渗透性能和雨水渗透性能检测报告	检测单位	●	○	●	●
			墙体节能工程保温板材与基层黏结强度现场拉拔试验	检测单位	●	●	●	●
			外墙保温浆料同条件养护试件试验报告	检测单位	●	●	●	●
			结构实体混凝土强度检验记录*	施工单位	●	○	●	●
			结构实体钢筋保护层厚度检验记录*	施工单位	●	○	●	●

续表(八)

工程资料类别		工程资料名称	工程资料来源	工程资料保存			
				施工单位	监理单位	建设单位	城建档案馆
C6类	施工试验记录及检测报告	围护结构现场实体检验	检测单位	●	○		
		室内环境检测报告	检测单位	●	○	●	
		节能性能检测报告	检测单位	●	○	●	●
		给排水及采暖工程					
		灌(满)水试验记录*	施工单位	○	○	●	
		强度严密性试验记录*	施工单位	●	○	●	
		通水试验记录*	施工单位	○	○	●	
		冲(吹)洗试验记录*	施工单位	●	○	●	
		通球试验记录	施工单位	○	○	●	
		补偿器安装记录	施工单位	○	○	●	
		消火栓试射记录	施工单位	●	○	●	
		安全附件安装检查记录	施工单位	●	○		
		锅炉烘炉试验记录	施工单位	●	○		
		锅炉煮炉试验记录	施工单位	●			
		锅炉试运行记录	施工单位	●	○	●	
		安全阀定压合格证书	检测单位	●	○		
		自动喷水灭火系统联动试验记录	施工单位	●	○	●	●
		建筑电气工程					
		电气接地装置平面示意图表	施工单位	●	○	●	
		电气器具通电安全检查记录	施工单位	○	○	●	
		电气设备空载试运行记录*	施工单位	●	○	●	●
		建筑物照明通电试运行记录	施工单位	●	○	●	
		大型照明灯具承载试验记录*	施工单位	●	○		
		漏电开关模拟试验记录	施工单位	●	○	●	
		大容量电气线路结点测温记录	施工单位	●	○		
		低压配电电源质量测试记录	施工单位	●	○	●	
		建筑物照明系统照度测试记录	施工单位	○	○	●	
		智能建筑工程					
		综合布线测试记录*	施工单位	●	○	●	●
		光纤损耗测试记录*	施工单位	●	○	●	●
		视频系统末端测试记录*	施工单位	●	○	●	●

续表(九)

工程资料类别		工程资料名称	工程资料来源	工程资料保存			
				施工单位	监理单位	建设单位	城建档案馆
C6类	施工试验记录及检测报告	子系统检测记录*	施工单位	●	○	●	●
		系统试运行记录*	施工单位	●	○	●	●
		通风与空调工程					
		风管漏光检测记录*	施工单位	○	○	●	
		风管漏风检测记录*	施工单位	●	○	●	
		现场组装除尘器、空调机漏风检测记录	施工单位	●	○	●	
		各房间室内风量测量记录	施工单位	●	○	●	
		管网风量平衡记录	施工单位	●	○	●	
		空调系统试运转调试记录	施工单位	●	○	●	●
		空调水系统试运转调试记录	施工单位	●	○	●	●
		制冷系统气密性试验记录	施工单位	●	○	●	
		净化空调系统检测记录	施工单位	●	○	●	
		防排烟系统联合试运行记录	施工单位	●	○	●	
		电　梯　工　程					
		轿厢平层准确度测量记录	施工单位	○	○	●	
		电梯层门安全装置检测记录	施工单位	●	○	●	
		电梯电气安全装置检测记录	施工单位	●	○	●	
		电梯整机功能检测记录	施工单位	●	○	●	
		电梯主要功能检测记录	施工单位	●	○	●	
		电梯负荷运行试验记录	施工单位	●	○	●	●
		电梯负荷运行试验曲线图表	施工单位	●	○	●	
		电梯噪声测试记录	施工单位	○	○	○	
		自动扶梯、自动人行道安全装置检测记录	施工单位	●	○	●	
		自动扶梯、自动人行道整机性能、运行试验记录	施工单位	●	○	●	●
C7类	施工质量验收记录	检验批质量验收记录*	施工单位	○	○	●	
		分项工程质量验收记录*	施工单位	●	○	●	
		分部(子分部)工程质量验收记录**	施工单位	●	●	●	●
		建筑节能分部工程质量验收记录**	施工单位	●	●	●	●
		自动喷水系统验收缺陷项目划分记录	施工单位	●	○	○	
		程控电话交换系统分项工程质量验收记录	施工单位	●	○	●	

续表（十）

工程资料类别		工程资料名称	工程资料来源	工程资料保存			
				施工单位	监理单位	建设单位	城建档案馆
C7类	施工质量验收记录	会议电视系统分项工程质量验收记录	施工单位	●	○	●	
		卫星数字电视系统分项工程质量验收记录	施工单位	●	○	●	
		有线电视系统分项工程质量验收记录	施工单位	●	○	●	
		公共广播与紧急广播系统分项工程质量验收记录	施工单位	●	○	●	
		计算机网络系统分项工程质量验收记录	施工单位	●	○	●	
		应用软件系统分项工程质量验收记录	施工单位	●	○	●	
		网络安全系统分项工程质量验收记录	施工单位	●	○	●	
		空调与通风系统分项工程质量验收记录	施工单位	●	○	●	
		变配电系统分项工程质量验收记录	施工单位	●	○	●	
		公共照明系统分项工程质量验收记录	施工单位	●	○	●	
		给排水系统分项工程质量验收记录	施工单位	●	○	●	
		热源和热交换系统分项工程质量验收记录	施工单位	●	○	●	
		冷冻和冷却水系统分项工程质量验收记录	施工单位	●	○	●	
		电梯和自动扶梯系统分项工程质量验收记录	施工单位	●	○	●	
		数据通信接口分项工程质量验收记录	施工单位	●	○	●	
		中央管理工作站及操作分站分项工程质量验收记录	施工单位	●	○	●	
		系统实时性、可维护性、可靠性分项工程质量验收记录	施工单位	●	○	●	
		现场设备安装及检测分项工程质量验收记录	施工单位	●	○	●	
		火灾自动报警及消防联动系统分项工程质量验收记录	施工单位	●	○	●	
		综合防范功能分项工程质量验收记录	施工单位	●	○	●	
		视频安防监控系统分项工程质量验收记录	施工单位	●	○	●	
		入侵报警系统分项工程质量验收记录	施工单位	●	○	●	
		出入口控制(门禁)系统分项工程质量验收记录	施工单位	●	○	●	
		巡更管理系统分项工程质量验收记录	施工单位	●	○	●	
		停车场(库)管理系统分项工程质量验收记录	施工单位	●	○	●	
		综合布线系统安装分项工程质量验收记录	施工单位	●	○	●	

续表(十一)

工程资料类别		工程资料名称	工程资料来源	工程资料保存			
				施工单位	监理单位	建设单位	城建档案馆
C7类	施工质量验收记录	综合布线系统性能检测分项工程质量验收记录	施工单位	●	○	●	
		系统集成网络连接分项工程质量验收记录	施工单位	●	○	●	
		系统数据集成分项工程质量验收记录	施工单位	●	○	●	
		系统集成整体协调分项工程质量验收记录	施工单位	●	○	●	
		系统集成综合管理及冗余功能分项工程质量验收记录	施工单位	●	○	●	
		系统集成可维护性和安全性分项工程质量验收记录	施工单位	●	○	●	
		电源系统分项工程质量验收记录	施工单位	◉	○	●	
C8类	竣工验收资料	工程竣工报告	施工单位	●	●	●	●
		单位(子单位)工程竣工预验收报验表*	施工单位	●	●	●	
		单位(子单位)工程质量竣工验收记录**	施工单位	●	●	●	●
		单位(子单位)工程质量控制资料核查记录*	施工单位	●	●	●	
		单位(子单位)工程安全和功能检验资料核查及主要功能抽查记录*	施工单位	●	●	●	
		单位(子单位)工程观感质量检查记录**	施工单位	●	●	●	
		施工决算资料	施工单位	○	○	●	
		施工资料移交书	施工单位	●	●	●	
		房屋建筑工程质量保修书	施工单位	●	●	●	
C类其他资料							
D类	竣工图						
D类	竣工图	建筑与结构竣工图	建筑竣工图	编制单位	●		●	●
			结构竣工图	编制单位	●		●	●
			钢结构竣工图	编制单位	●		●	●
		建筑装饰与装修竣工图	幕墙竣工图	编制单位	●		●	●
			室内装饰竣工图	编制单位	●		●	
		建筑给水、排水与采暖竣工图		编制单位	●		●	●
		建筑电气竣工图		编制单位	●		●	●
		智能建筑竣工图		编制单位	●		●	●
		通风与空调竣工图		编制单位	●		●	●
		室外工程竣工图	室外给水、排水、供热、供电、照明管线等竣工图	编制单位	●		●	●
			室外道路、园林绿化、花坛、喷泉等竣工图	编制单位	●		●	●
D类其他资料							

续表(十二)

工程资料类别		工程资料名称	工程资料来源	工程资料保存			
				施工单位	监理单位	建设单位	城建档案馆
E类		工程竣工文件					
E1类	竣工验收文件	单位(子单位)工程质量竣工验收记录**	施工单位	●	●	●	●
		勘察单位工程质量检查报告	勘察单位	○	○	●	●
		设计单位工程质量检查报告	设计单位	○	○	●	●
		工程竣工验收报告	建设单位	●	●	●	●
		规划、消防、环保等部门出具的认可文件或准许使用文件	政府主管部门			●	●
		房屋建筑工程质量保修书	施工单位			●	
		住宅质量保证书、住宅使用说明书	建设单位			●	
		建设工程竣工验收备案表	建设单位			●	
E2类	竣工决算文件	施工决算资料*	施工单位	○	○	●	
		监理费用决算资料*	监理单位		○	●	
E3类	竣工文档文件	工程竣工档案预验收意见	城建档案管理部门			●	●
		施工资料移交书*	施工单位	●		●	
		监理资料移交书*	监理单位		●	●	
		城市建设档案移交书	建设单位			●	
E4类	竣工总结文件	工程竣工总结	建设单位			●	●
		竣工新貌影像资料	建设单位	●		●	●
E类其他资料							

注：

① 表中工程资料名称与资料保存单位所对应的栏中的"●"表示"归档保存"；"○"表示"过程保存"。是否归档保存可自行确定。

② 表中注明"*"的表，宜由施工单位和监理或建设单位共同形成；注明"**"的表，宜由建设、设计、监理、施工等多方共同形成。

③ 勘察单位保存资料内容应包括工程地质勘察报告、勘察招投标文件、勘察合同、勘察单位工程质量检查报告以及勘察单位签署的有关质量验收记录等。

④ 设计单位保存资料内容应包括审定设计方案通知书及审查意见、审定设计方案通知书，要求征求有关部门的审查意见和要求取得的有关协议、初步设计图及设计说明、施工图及设计说明、消防设计审核意见、施工图设计文件审查通知书及审查报告、设计招投标文件、设计合同、图纸会审记录、设计变更通知单、设计单位签署意见的工程洽商记录(包括技术核定单)、设计单位工程质量检查报告以及设计单位签署的有关质量验收记录。

(2) 监理资料宜按表 1-1 中规定的类别和形成时间顺序编号。

(3) 施工资料编号宜符合下列规定：

① 施工资料编号可由分部、子分部、分类、顺序号 4 组代号组成，组与组之间应用横线隔开，如图 1-1 所示。其中：

Ⓐ 为分部工程代号(可按表 4-34 的规定执行)；

Ⓑ 为子分部工程代号(可按表 4-34 的规定执行)；

Ⓒ 为资料的类别编号，可按表 1-1 的规定执行；

Ⓓ 为顺序号，可根据相同表格、相同检查项目，按形成时间顺序填写。

$$\times\times-\times\times-\times\times-\times\times\times$$
$$Ⓐ\quad Ⓑ\quad Ⓒ\quad Ⓓ$$

图 1-1　施工资料编号

② 属于单位工程整体管理内容的资料，编号中的分部、子分部工程代号可用"00"代替。

③ 同一厂家、同一品种、同一批次的施工物资用在两个分部、子分部工程中时，资料编号中的分部、子分部工程代号可按主要使用部位填写。

④ 工程资料的编号应及时填写，专用表格的编号应填写在表格右上角的编号栏中，非专用表格应在资料右上角的适当位置注明资料编号。

三、工程资料填写、编制、审核及审批的规定

工程资料填写、编制、审核及审批的规定如下：

(1) 工程准备阶段文件和工程竣工文件的填写、编制、审核及审批应符合国家现行有关标准的规定。

(2) 监理资料的填写、编制、审核及审批应符合现行国家标准《建设工程监理规范》(GB 50319—2013)的有关规定；监理资料用表宜符合《建筑工程资料管理规程》(JGJ/T 185—2009)附录 B 的规定；附录 B 未规定的，可自行确定。本书部分选取《山西省建筑工程施工资料管理规程》(DBJ04/T214—2015)中规定的样表。

(3) 施工资料的填写、编制、审核及审批应符合国家现行有关标准的规定；施工资料用表宜符合《建筑工程资料管理规程》(JGJ/T 185—2009)附录 C 的规定；附录 C 未规定的，可自行确定。本书部分选取《山西省建筑工程施工资料管理规程》中规定的样表。

(4) 竣工图的编制及审核应符合下列规定：

① 新建、改建、扩建的建筑工程均应编制竣工图；竣工图应真实反映竣工工程的实际情况。

② 竣工图的专业类别应与施工图对应。

③ 竣工图应依据施工图、图纸会审记录、设计变更通知单、工程洽商记录(包括技术核定单)等绘制。

④ 当施工图没有变更时，可直接在施工图上加盖竣工图章形成竣工图。

⑤ 竣工图的绘制应符合国家现行有关标准的规定。

⑥ 竣工图应有竣工图章及相关责任人签字。

⑦ 竣工图应按《建筑工程资料管理规程》(JGJ/T 185—2009)规定的方法绘制和折叠。

第三节　建筑工程资料管理的意义及特征

一、建筑工程资料管理的意义

建筑工程竣工验收必须具备两个条件：一是工程实体达到验收条件；二是施工过程中质量、技术、管理资料达到验收条件，两者缺一不可。《建设工程质量管理条例》、《建筑工程施工质量验收统一标准》中明确指出，建筑工程资料是建筑工程进行竣工验收的必备条件，是城建档案的重要组成部分，是对工程进行检查、维修、管理、使用、改建的重要依据。

建筑工程从立项到工程竣工验收，涉及建设单位、设计单位、监理单位、施工单位等众多参建方，建筑工程资料管理对各参建方有不同的意义。

对于施工单位而言，施工资料不仅是施工过程的记录，更重要的是施工资料是工程质量的重要组成部分，是工程内在质量的反映。工程质量是否合格，是否存在安全隐患不是简单地反映在工程的外表，观感质量只是工程质量的一部分，而结构的安全性、功能的可靠性等是无法直接用肉眼来观察的，其质量状况只有靠工程的施工资料来反映。因此，施工资料是表明施工方全面履行合同的约定，施工质量全面达到国家质量验收标准和设计要求的唯一标志。对于优良工程的评定，更需要有完整、规范的资料。

对于建设单位及使用单位而言，由于工程建设项目普遍具有使用周期长，所有者、使用者在工程正常使用寿命中会发生多次变化的特点，工程将不可避免地发生维护、更新、改造等问题。已经投入使用的工程，如果没有妥善保存工程资料，则工程的维护、维修、改造都缺少依据，难以进行。

在贯彻执行 ISO 9000 质量管理体系系列标准工作中，资料是其一项重要内容，是证明管理有效性的重要依据，是评价管理水平的重要见证材料。由于产品结构和制造工艺复杂，因此必须在产品质量的形成过程中加强管理和实施监督，这就要求企业在生产过程中建立相应的质量体系，提供能充分证明质量符合要求的客观证据。

建筑工程资料是对工程质量及安全事故的处理，以及对工程进行检查、维修、管理、使用、改建、扩建、结算、决算、审计的重要技术依据。加强建筑工程资料管理，可以督促每个单位和个人按照标准、规范和规程进行工作。工程资料不符合有关规定和要求的，不得进行工程竣工验收。

为了保证建筑工程的安全和使用功能，必须重视工程资料的真实性、可靠性。因此，我们应当规范工程资料的管理，将工程资料视为工程质量验收的重要依据，甚至是工程质量的组成部分。

二、建筑工程资料的特征

1. 复杂性

建筑工程建设周期长，建设过程中阶段性和季节性较强，材料种类繁多，生产工艺复杂，导致工程文件和档案资料具有一定的复杂性。

2．随机性

工程资料产生于建设的整个过程中，即立项审批、勘察设计、开工准备、监理、施工或竣工验收各个阶段和环节都会产生各种文件和档案。影响工程的因素发生变化，就会随机产生相关资料。

3．时效性

工程文件和档案资料一经生成，就必须及时传达到有关部门，否则如果有关单位或部门不予认可，将会产生严重的后果。

4．真实性

建设工程文件和档案资料只有全面、真实地反映项目的各类信息，包括发生的事故和存在的隐患，才具有实用价值。

5．综合性

由于建设工程项目是综合的系统的工程，需多个专业、多种工种的协同工作才能完成。如：环境评价、安全评价、建筑、市政、园林、公用、消防、智能、电力、电信、环境工程、声学、美学等多种学科，并同时综合了合同、造价、进度、质量、安全等诸多方面的工作内容，相关资料的集成具有很强的综合性。

三、建筑工程资料管理的依据

目前工程资料管理的主要规范、规程有国家规范《建设工程文件归档整理规范》(GB/T 50328—2014)及行业标准《建筑工程资料管理规程》(JGJ/T 185—2009)。各省根据国家规范及行业标准制定了本地区的地方标准，如《山西省建筑工程施工资料管理规程》(DBJ04/T214—2015)。

第四节　工程资料管理职责与资料的形成过程

建筑工程资料管理职责涵盖建设单位、主要监理单位、施工单位、城建档案馆在内的全部工程资料的编制和管理单位。工程资料虽然由施工单位提供，但参与工程建设的建设单位，承担监理任务的监理或咨询单位，都负有收集、整理、签署、核查工程资料的责任。

一、通用职责

通用职责包括以下内容：

(1) 建设、施工、监理等单位整理的工程资料应以承包合同、审批文件、标准、规范、设计文件作为依据。

(2) 建设、施工、监理等单位应将工程资料的形成和积累纳入工程施工管理的各个环节和有关人员的职责范围。

(3) 工程资料应随工程进度及时填写、收集、整理，并按要求分类立卷。内容应真实可靠、准确、齐全，认真书写，字迹清楚，有关责任方按规定签字、盖章。

(4) 工程档案资料应实行分级管理，由建设、监理、施工单位主管技术负责人对本单位工程资料进行全过程管理。建设过程中工程资料的编制、收集、整理、审核工作应有专人负责。审核人员须按规定经培训考试合格后，方可从事该项工作。

(5) 工程资料的编制、收集和整理应采用计算机管理，资料中各种表格的记录、计算、统计和查询等工作均应采用计算机进行，逐步实现施工资料的数字化管理。

(6) 不得任意涂改、伪造、随意抽撤、损毁或丢失文件，对于弄虚作假、玩忽职守、故意隐瞒质量隐患而造成文件不符合真实情况的，由有关部门追究责任单位和个人的责任。情节严重构成犯罪的，应依法追究刑事责任。

二、工程参建各方的职责

1．建设单位职责

建设单位在资料管理过程中的主要职责如下：

(1) 负责工程准备阶段文件和工程竣工文件的收集、整理和组卷工作。

(2) 工程准备阶段文件和工程竣工文件必须按有关行政主管部门的规定和要求进行申报、审批，并保证开工与竣工手续和文件完整、齐全。

(3) 工程竣工验收应由建设单位组织勘察、设计、监理、施工等有关单位进行，并形成竣工验收文件。

(4) 在与施工、监理等企业签订施工、监理合同时，应对工程施工资料的编制要求、责任、费用、移交期限和编制份数等做出明确规定。

(5) 负责组织监督和检查施工、监理等单位的资料的形成、积累和组卷归档工作，也可委托监理单位监督、检查施工资料的形成、积累和组卷归档工作。

(6) 建设单位必须向有关的勘察、设计、施工、监理等单位提供与建设工程有关的原始资料，原始资料必须真实、准确、齐全。由建设单位采购的材料、构配件和设备应保证符合设计文件和合同的要求。

(7) 在施工过程中及时办理应由建设单位签字确认的施工资料，并收集和汇总各参建单位归档的施工资料。

(8) 在组织工程竣工验收前，建设单位应提请当地的城建档案管理机构对工程档案进行预验收；未取得建筑工程竣工档案预验收意见的，不得组织工程竣工验收。

(9) 对列入城建档案馆(室)接收范围的工程，工程竣工验收合格后 3 个月内，建设单位应向当地城建档案馆(室)移交一套符合规定的工程档案，办理好移交手续。

2．监理单位职责

监理单位在资料管理过程中的主要职责如下：

(1) 监理单位应加强对监理资料的管理工作，实行项目总监理工程师负责制，指定专人负责监理资料的收集、整理、保管和归档工作。

(2) 应按照合同约定，在施工阶段监督、检查施工单位资料的形成、收集、归档工作，保证施工资料的真实性、准确性、完整性。

(3) 对施工单位报送的资料按规定进行审查，符合要求后予以签字确认。

(4) 监理资料在移交和归档前必须由项目总监理工程师审核并签字，并在工程竣工验收后，及时向建设单位移交。

3. 施工单位职责

施工单位在资料管理过程中的主要职责如下：

(1) 施工单位应加强对施工资料的管理工作，逐级建立、健全施工资料管理部门和各级岗位责任制，实行技术负责人负责制。

(2) 施工过程中形成的施工资料应及时通过报验、报审程序，通过施工单位相关部门或总包单位审核后，方可报建设(监理)单位。

(3) 施工资料的申报和审批应有时限要求，并应在合同中明确相关各单位的责任；如无约定，施工资料的申报和审批不得影响工程的正常施工。

(4) 建筑工程实行施工总承包的，应在与分包单位签订的分包施工合同中明确施工资料的编制要求、质量标准、移交期限和编制份数。分包工程完工后应按约定移交施工资料。

(5) 施工单位应负责编制、收集、整理所承包工程的施工资料。实行总承包的工程项目，总包单位负责收集、汇总各分包单位形成的工程施工资料。各分包单位应负责将本单位形成的工程施工资料进行收集、整理、组卷后及时移交总包单位，并保证施工资料的真实、准确、齐全。

(6) 建设工程项目由建设单位分别向几个单位发包的，各承包单位负责编制、收集、整理其承包项目的工程施工资料，交建设单位汇总、整理，或由建设单位委托一个承包单位汇总、整理。

4. 勘察、设计单位职责

勘察、设计单位在资料管理过程中的主要职责如下：

(1) 应按合同和规范要求提供勘察、设计文件，并接受建设或监理单位对勘察设计文件的形成、积累、归档进行的监督和检查。

(2) 施工过程中，及时对需要勘察、设计单位签字确认的工程施工资料签署意见。

(3) 工程竣工验收时，应出具勘察、设计文件质量检查报告。

5. 城建档案馆职责

城建档案馆在资料管理过程中的主要职责如下：

(1) 负责对城建档案的编制、整理、归档工作进行监督、检查、指导；对国家重点、大型工程项目的工程档案的编制、整理、归档工作应指派专业人员进行指导。

(2) 在竣工验收前，与建设单位签订建筑工程竣工档案责任书，对列入城建档案馆接收范围的工程档案进行预验收，并出具建设工程竣工档案预验收意见。

(3) 工程竣工验收后 3 个月内，对工程档案进行正式验收。合格后，接收入馆，并发放工程项目竣工档案合格证。

(4) 应负责接收、收集、保管和利用城建档案的日常管理工作。

三、建筑工程资料的形成过程

建筑工程资料的形成宜符合图 1-2 所示的要求。

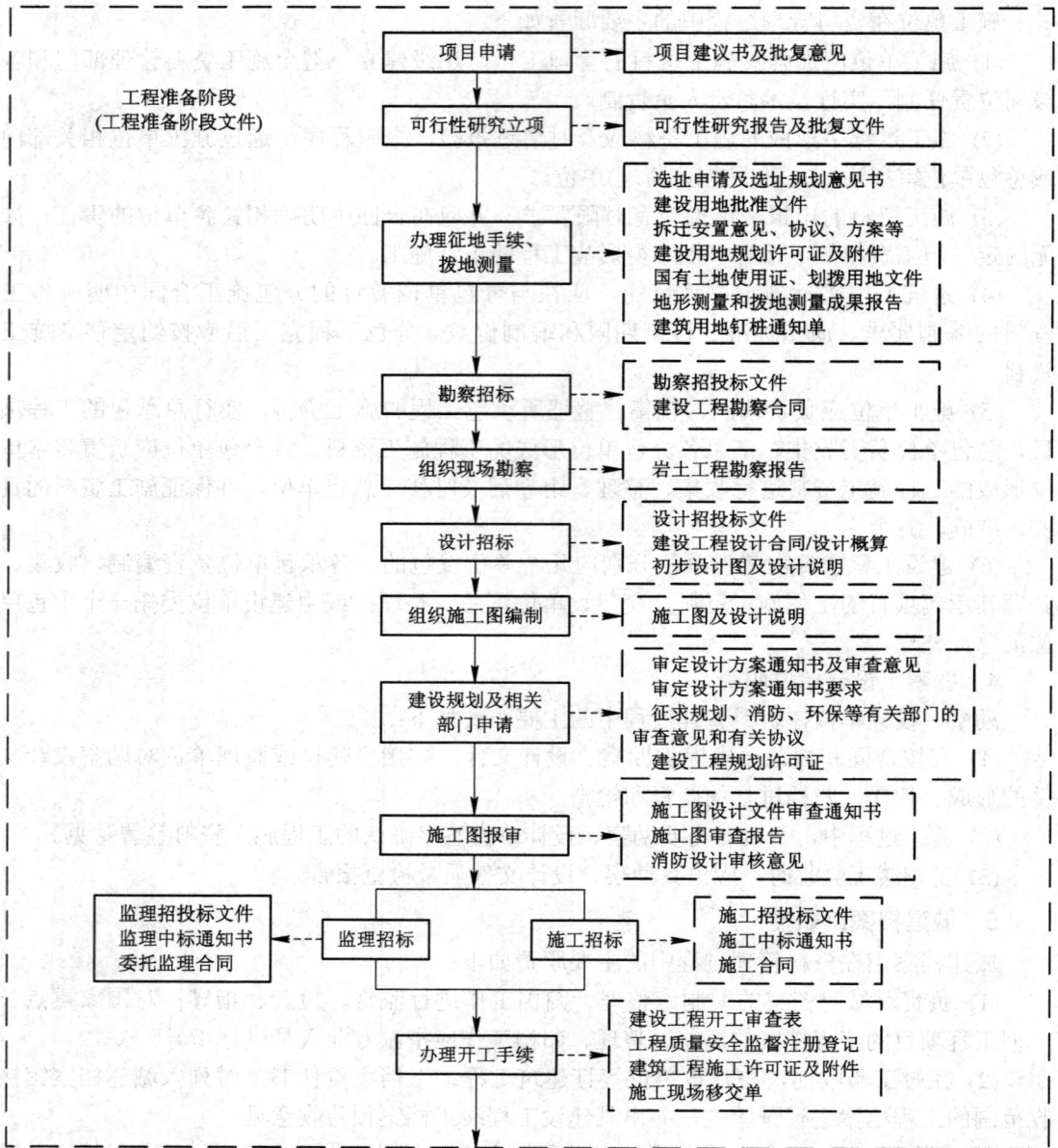

图 1-2　建筑工程资料形成过程图(1)

工程实施阶段
(监理资料)

监理单位进场
及施工监理准备

施工单位进场
及施工准备

(施工资料)

工程动工审批

工程开工申请

施工过程监理

施工过程管理

监理管理资料
进度控制资料
质量控制资料
造价控制资料
合同管理资料
竣工验收资料

组织竣工预验收

自检合格，报请
竣工预验收

施工管理资料
施工技术资料
施工进度及造价资料
施工物资资料
施工记录
施工试验记录及检测报告
施工质量验收记录
竣工验收资料

预验收
合格

预验收
合格

监理单位提交
质量评估报告

施工单位提交
工程竣工报告

列入城建档案馆接收工程

工程档案
预验收

工程档案
预验收意见

工程竣工验收报告
单位工程质量竣工验收记录
单位(子单位)工程质量控制资料核查
记录
单位(子单位)工程安全和功能检验资
料核查及主要功能抽查记录
单位(子单位)工程观感质量检查记录
规划、消防、环保等部门出具的认可
文件或者准许使用文件
勘察、设计单位质量检查报告

工程竣工验收

工程竣工阶段
(工程竣工文件、竣工图)

工程接收

房屋建筑工程质量保修书

竣工图编制

工程竣工备案

竣工验收备案文件

竣工图编制单位
移交竣工图

监理单位移交
监理资料

施工单位移交
施工资料

工程准备阶段文件
工程竣工文件立卷

工程资料汇总

工程资料移交书等资料

工程档案移交

城市建设档案移交书

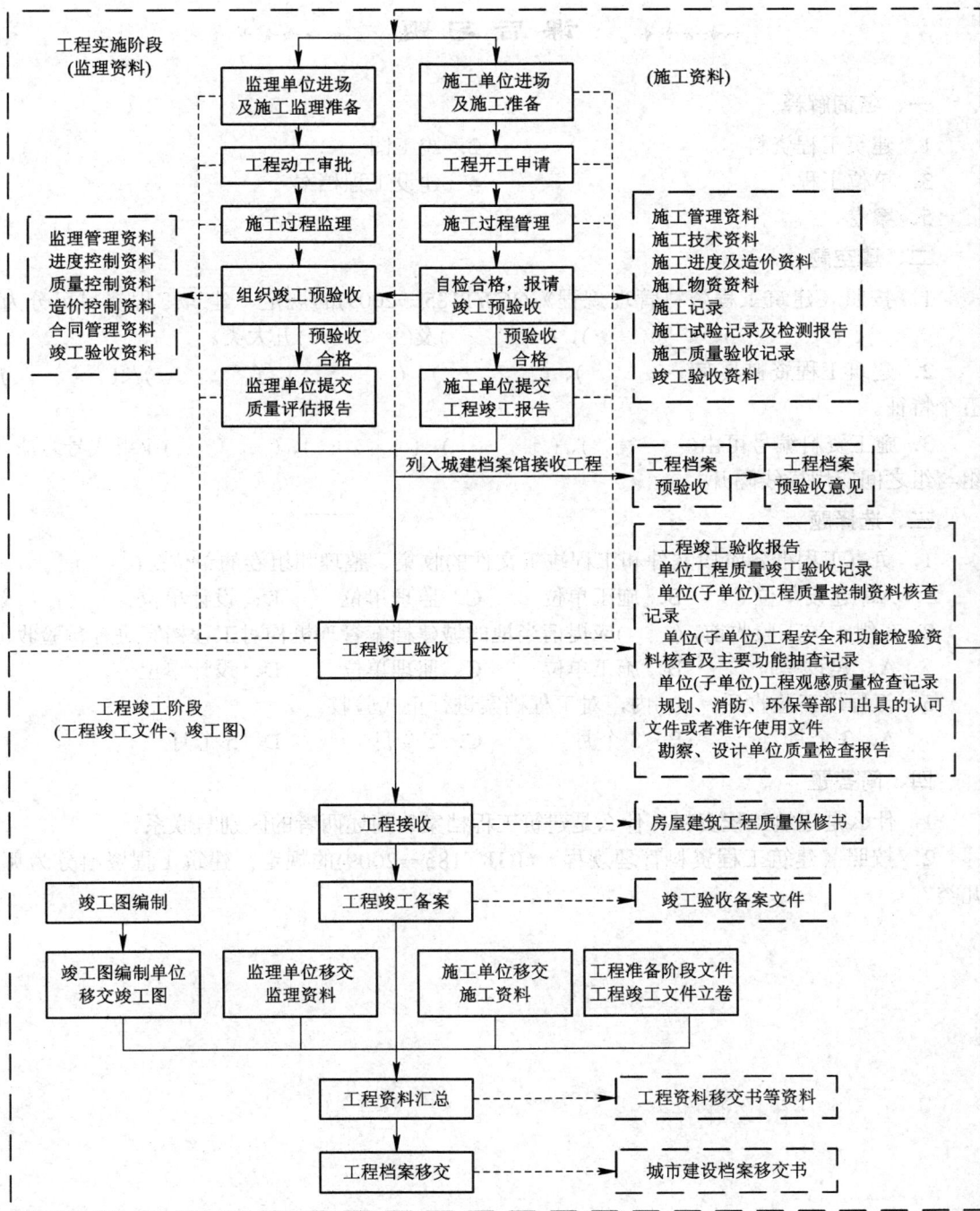

图 1-2   建筑工程资料形成过程图(2)

✦✦✦✦✦　　**课后习题**　　✦✦✦✦✦

一、名词解释

1. 建筑工程资料　　　　　　　　　2. 竣工图

3. 单位工程　　　　　　　　　　　4. 建设工程档案

5. 案卷

二、填空题

1. 按照《建筑工程资料管理规程》(JGJ/T185—2009)的规定，建筑工程资料可分为
(　　　　)、(　　　　　)、(　　　　　)、(　　　　　)及(　　　　　)五大类。

2. 建筑工程资料具有(　　　　)、(　　　　　)、(　　　　　)、(　　　　)及(　　　　)
五个特征。

3. 施工资料编号可由(　　　　)、(　　　　)、(　　　　)、(　　　　)4组代号组成，
组与组之间应用横线隔开。

三、选择题

1. 负责工程准备阶段文件和工程竣工文件的收集、整理和组卷的单位是(　　)。
　　A. 建设单位　　　B. 施工单位　　　C. 监理单位　　　D. 设计单位

2. 在组织竣工验收前，(　　)应提请当地的城建档案管理机构对工程档案进行预验收。
　　A. 建设单位　　　B. 施工单位　　　C. 监理单位　　　D. 设计单位

3. 工程竣工验收后(　　)内，对工程档案进行正式验收。
　　A. 3个月　　　　B. 3个月　　　　C. 2个月　　　　D. 5个月

四、简答题

1. 什么是建筑工程资料？什么是建筑工程档案？简述两者的区别与联系。

2. 按照《建筑工程资料管理规程》(JGJ/T185—2009)的规定，建筑工程资料分为哪
几类？

第二章　工程准备阶段文件(A 类)

学习目标 ✍

1. 知识目标
(1) 了解工程准备阶段文件的形成过程。
(2) 熟悉工程准备阶段所有文件的种类、编号、提供单位及保存时间。
(3) 掌握工程准备阶段文件的编写、收集和整理。
2. 能力目标
(1) 能解释工程准备阶段文件的形成过程。
(2) 能按照要求完成工程准备阶段文件的编写、收集、整理以及组卷工作。

教学建议 📖

教学方法：讲授法、案例教学法。
教学手段：相关的规范、规程，项目实例，多媒体教学设备，互联网资源等。
考核要求：课前预习+课堂提问+课后作业。

　　《建筑工程资料管理规程》(JGJ/T 185—2009)将"建筑工程开工前，在立项、审批、征地、拆迁、勘察、设计、招投标等工程准备阶段形成的文件"定义为工程准备阶段文件，按惯例以 A 字打头编号。工程准备阶段文件主要由建设单位负责管理，可分为决策立项文件，建设用地文件，勘察设计文件，招投标及合同文件，开工文件，商务文件 6 类。

第一节　建设单位文件资料的形成过程

建设单位文件资料的形成过程如图 2-1 所示。

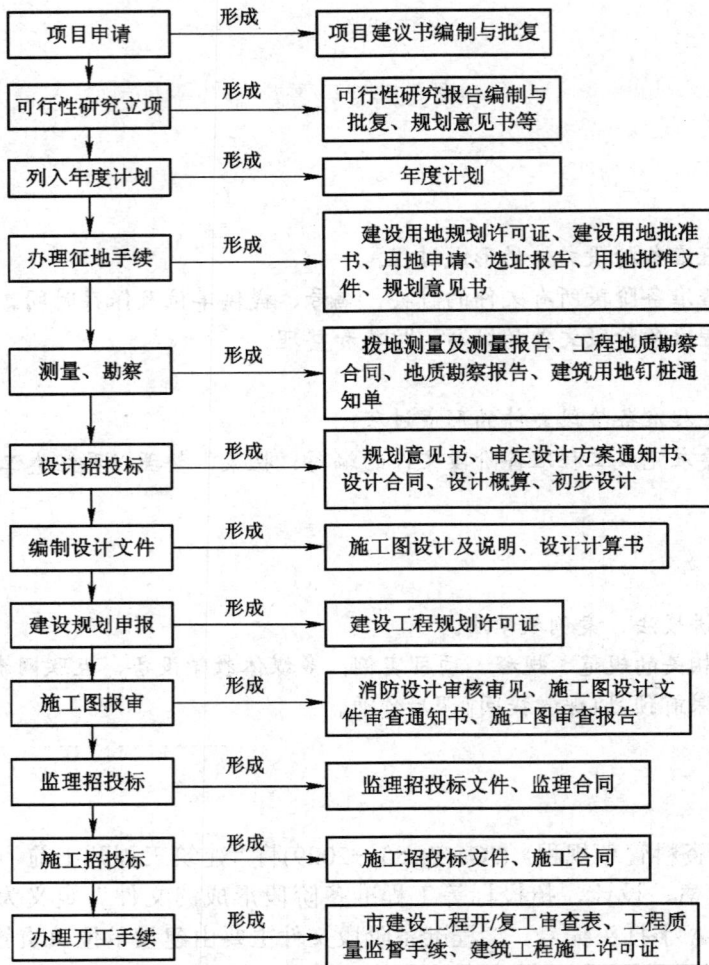

项目申请	—形成→	项目建议书编制与批复
可行性研究立项	—形成→	可行性研究报告编制与批复、规划意见书等
列入年度计划	—形成→	年度计划
办理征地手续	—形成→	建设用地规划许可证、建设用地批准书、用地申请、选址报告、用地批准文件、规划意见书
测量、勘察	—形成→	拨地测量及测量报告、工程地质勘察合同、地质勘察报告、建筑用地钉桩通知单
设计招投标	—形成→	规划意见书、审定设计方案通知书、设计合同、设计概算、初步设计
编制设计文件	—形成→	施工图设计及说明、设计计算书
建设规划申报	—形成→	建设工程规划许可证
施工图报审	—形成→	消防设计审核审见、施工图设计文件审查通知书、施工图审查报告
监理招投标	—形成→	监理招投标文件、监理合同
施工招投标	—形成→	施工招投标文件、施工合同
办理开工手续	—形成→	市建设工程开/复工审查表、工程质量监督手续、建筑工程施工许可证

图 2-1　建设单位文件资料的形成工程

第二节　决策立项文件(A1)

决策立项文件(A1)是建设单位在建设项目前期形成的文件，为项目的决策立项提供依据，主要包括项目建议书，项目建议书的批复文件，可行性研究报告及附件，可行性研究报告的批复文件，关于立项的会议纪要、领导批示，工程立项的专家建议资料，项目评估研究资料等 7 种类型的文件。

一、项目建议书

项目建议书(或称立项申请)是项目建设筹建单位或项目法人向主管部门提出的建设某一建设项目的建议性文件，是对拟建项目提出的框架性的总体设想，是从拟建项目的必要性及大方面的可能性加以考虑的。在客观上，建设项目要符合国民经济长远规划，符合部门、行业和地区规划的要求。项目建议书是项目发展周期的初始阶段，是国家选择项目的依据，也是可行性研究的依据。

项目建议书经可以由建设单位自行编制或委托其他有相应资质的咨询或设计单位编制并申报，由建设单位负责收集、提供。

项目建议书经批准后，才能进行可行性研究，也就是说，项目建议书并不是项目的最终决策，而仅仅是为可行性研究提供依据和基础。

1. 项目建议书的主要内容

项目建议书的主要内容如下：

(1) 单位名称，生产经营情况，主管单位名称，注册国家和法定地址，法人代表姓名、职务等。

(2) 项目建设的必要性和依据(若是引进技术与设备，需证明国内外的技术差距及进口的理由)。

(3) 产品方案，拟订规模和建设地点的初步设想(要有产品市场销售情况的初步调研和预测报告)。

(4) 资源情况，建设条件，协作关系，引进国别、厂房等的初步分析。

(5) 投资估算和资金筹措的初步设想(利用外资项目要说明利用外资的可能性)，偿还贷款能力的大体测算。

(6) 项目进度安排。

(7) 经济效益和社会效益的估计。

2. 项目建议书的编报要求

根据现行规定，建设项目是指在一个总体设计或初步设计范围内，由一个或几个单位工程组成，经济上统一核算，行政上实行统一管理的建设单位。因此，凡在一个总体设计或初步设计范围内，经济上统一核算的主体工程、配套工程及附属设施，应编制统一的项目建议书；在一个总体设计范围内，经济上独立核算的各工程项目，应分别编制项目建议书；在一个总体设计范围内的分期建设工程项目，也应分别编制项目建议书。

3. 项目建议书的审查

编制完成的项目建议书在审批前，建设单位应组织有关部门和专家参与审查，经审查符合要求的项目建议书才能报请有关部门审批。

项目建议书的审查内容如下：

(1) 是否符合国家的建设方针和长期规划。

(2) 产品是否符合市场需要，论证是否充分。

(3) 建设地点是否符合城市规划要求。

(4) 经济效益的估算是否合理，是否与资金投入的设想一致。

审查完后，要求咨询单位对遗漏和论证不足之处进行补充、修改。

二、项目建议书的批复文件

项目建议书的批复文件是建设单位的上级主管单位或国家有关主管部门(一般是发展和改革委员会)，对该项目建议书的批复文件，由负责批复的主管部门提供。

项目建议书的审批权限：目前，项目建议书要按现行的管理体制、隶属关系，分级审批。原则上，按隶属关系，经主管部门提出意见，再由主管部门上报，或与综合部门联合上报，或分别上报。

1. 大中型基本建设项目，限额以上更新改造项目

大中型基本建设项目与限额以上更新改造项目委托有资格的工程咨询、设计单位初评后，经省、自治区、直辖市、计划单列市发展和改革委员会及行业归口主管部门初审后，报国家发展和改革委员会审批，其中特大型项目(总投资 4 亿元以上的交通、能源、原材料项目，2 亿元以上的其他项目)，由国家发展和改革委员会审核后报国务院审批。总投资在限额以上的外商投资项目，项目建议书分别由省发展和改革委员会、行业主管部门初审后，报国家发展和改革委员会会同外经贸部等有关部门审批；超过 1 亿美元的重大项目，上报国务院审批。

2. 小型基本建设项目，限额以下更新改造项目

小型基本建设项目与限额以下更新改造项目按隶属关系由国务院主管部门或省、自治区、直辖市、计划单列市发展和改革委员会审批。地方投资建设的地方院校、医院和其他文化、教育、卫生事业的大中型项目的项目建议书，由省、自治区、直辖市、计划单列市发展和改革委员会审批，报国家发展和改革委员会有关部门备案。

三、可行性研究报告及附件

项目建议书经批准后，建设单位应紧接着进行可行性研究工作。可行性研究是项目决策的核心，是对建设项目在技术上是否先进、经济上是否可行进行全面的科学分析论证工作，是技术经济的深入论证，为项目决策提供可靠的技术经济依据。

可行性研究报告可以由建设单位自行编制或委托具有相应资质的工程咨询、设计单位编制，由编制单位提供。

(一) 可行性研究报告

可行性研究报告是根据可行性研究结果编制的综合报告。它是根据国民经济的长期发展规划、地区发展规划和国家的产业政策、生产力布局、国内外市场、所在地内外部条件，

对拟建项目在技术、经济上是否合理可行进行全面分析、系统论证、多方案比较和综合评价，以确定某一项目是否需要建设、是否可能建设、是否值得建设，并为编制和审批设计任务书提供可靠依据。

可行性研究报告的内容如下：

(1) 建设项目提出的背景、依据，投资的必要性和经济意义。

(2) 根据经济预测、市场预测确定的项目建设规模和产品方案，包括需求预测、国内现有企业的生产能力估计、销售预测、价格分析、产品竞争能力，外销产品需进行国外需求情况预测和进入国际市场前景分析，建设规模和产品方案要进行技术经济比较和分析，扩建项目需说明对原有固定资产的利用情况。

(3) 资源、原材料、燃料及公共设施情况。包括资源的储量、品位及开采情况，原材料、燃料的种类、来源、数量和供应可能，所需公共设施的数量和供应条件。

(4) 建厂条件和厂址方案。包括建厂的地理位置、气象、水文、地质、地形条件和社会经济情况，交通、运输及水、电、气的现状和发展趋势，厂址方案比较与选择的意见。

(5) 设计方案。包括项目的主要单项工程，主要技术工艺和设备选型的方案比较，引进技术、设备的来源国别和制造、交付方案，全厂土建工程量的估算和初步选择的布置方案，厂内外交通运输方式的比较和初步选择。

(6) 环境保护。包括环境现状，预测项目对环境的影响，"三废"治理的初步方案。

(7) 城市规划、防震、防洪、防空、文物保护等要求和采取相应措施方案。

(8) 企业组织。包括劳动定员和人员培训的设想。

(9) 实施进度的建议。包括勘察设计的周期和进度要求，设备制造所需时间，工程施工所需时间，建成投产所需时间。

(10) 投资估算和资金筹措。包括主体工程和协作配套工程的投资和使用计划，流动资金的估算，资金的来源、筹措方式及贷款的偿付能力、偿还方式和投资回收期。

(11) 社会及经济效益的评价。既要进行微观的项目自身的财务评价，又要进行宏观的国民经济评价和对社会影响的分析。

以上可行性研究报告的内容是以工业项目为蓝本。对于非工业项目的可行性研究报告的内容，可参照上述内容再结合自身项目的特点适当进行调整。

(二) 可行性研究报告附件

除可行性研究报告正文以外，还需具备以下几个附件。

1. 选址申请表(选址意向书)

选址就是具体选择建设项目的建设地点，确定坐落位置和东西南北四至，它是设计工作的基础。在城市规划区域内进行建设的建设项目，都需要向城市规划管理部门、建设行政主管部门申请用地，提出选址报告即工程选址申请表。

2. 选址意见书

新建、改建、扩建的建设项目，建设单位的选址意向书应报城市规划部门备案，并需征求规划部门的意见。对于安排在城市规划区内的建设项目，规划部门应给出选址意见书，并有附图。在可行性研究报告提请有关部门审批时，选址意见书是必备的附件。

3. 外协意向性协议

项目建议书经批准后，建设单位应与建设项目有关的外部协作单位主管部门进行磋商，双方签订供应使用的协议意向书。需要办理外协意向性协议的项目主要有拆迁安置、原材料及燃料供应、动力供应、电信、运输条件、配套设施和辅助设施等。

1) 拆迁安置意向书

在选址意向书圈定的征地范围内，对地上的建(构)筑物、住户，耕地上的青苗等，要与辅助拆迁安置的当地政府拆迁安置部门共同研究、协商拆迁安置具体意见。按照国家和地方有关拆迁安置条例及实施细则，协商确定安置费用意向，签订用地范围内地面和地下设施及建筑物处理意向性协议。

2) 原材料、燃料供应意向书

对原材料、燃料、辅助材料需要量比较大的种类，需与当地政府主管部门和生产厂家联系，就材料来源、质量要求、供应数量、交货地点、供应时间、交货方式等进行协商，并签订意向书，作为建设时期和投入使用后的物质保证。

3) 动力供应意向性协议

动力供应主要指供水和供电。建设单位要与当地政府主管部门签订供水水源、取水地点和取用量协议意向书。建设单位与当地供电主管部门签订外部供电意向书，主要是电力供应数量、方式、价格等内容。如果供应有困难，需要签订采取补救措施的意向书，为施工用电和建成后用电打下基础。

4) 电信协议

电信包括通信和通邮。通信要征得当地电信部门的同意，签订安装电话、广播电视信息、租用通信卫星线路等意向书。通邮要与邮政部门签订通邮意向书。

5) 运输条件

建设项目需自建铁路、公路设施的建设单位，要与当地铁道、公路的主管部门联系并备案，取得准建证和运输协议意向书。

6) 配套设施和辅助设施

配套设施指建设时的原材料加工、机械维修等，辅助设施指地方提供服务的设施，如供热、供气等，这些配套设施及辅助设施如何为项目提供服务，事先应与有关主管部门协商，如能提供服务，双方签订协作意向书。

四、可行性研究报告的批复文件

可行性研究报告的批复文件是由发展和改革委员会对该项目的可行性研究报告做出的批复文件。可行性研究报告批复文件对可行性研究报告进行客观、全面、准确地评价和认定。

可行性研究报告的审批权限同项目建议书。

可行性研究报告经批准后，项目才算正式"立项"。正式立项的建设项目应当按审批意见严格执行，任何部门、单位和个人都不得随意修改和变更，如因建设条件变化、建设项目内容变化或建设投资变化，确实需要变更或调整可行性研究报告的指标和内容时，要经过原审批单位同意，并正式办理变更手续。

五、关于立项的会议纪要、领导批示

在审批立项的过程中，由建设单位或其上级主管部门就该项目召开立项研究会议所形成的纪要文件、领导批示，由组织会议的单位负责提供。

六、工程立项的专家建议资料

工程立项的专家建议资料是由建设单位或有关部门组织专家会议所形成的有关建议性方面的文件。它由组织会议的单位提供，建设单位负责收集。

七、项目评估研究资料

项目评估研究资料是由建设单位或主管部门(一般是发展和改革委员会)组织会议，对该项目的可行性研究报告进行评估论证之后所形成的资料。它由组织评估的单位负责提供，建设单位负责收集。

项目评估研究资料的内容：项目建设的必要性；建设规模和产品方案；工艺、技术和设备的先进性、适用性和可靠性；厂址(地址或线路方案)；建设工程的方案和标准；外部协作配合条件和配套项目；环境保护；投资结算及投资来源；财务评价；国民经济评价；不确定性分析；社会效益评价；项目总评估。

第三节　建设用地文件(A2)

建设用地文件(A2)包括选址申请及选址规划意见通知书，建设用地批准文件，拆迁安置意见、协议、方案等，建设用地规划许可证及其附件，划拨建设用地文件，国有土地使用证等 6 种类型的文件。

一、选址申请及选址规划意见通知书

(一) 选址申请

在城市规划区域内进行建设的建设项目，申请人根据申请条件、依据，向城市规划管理部门提出选址申请，填写建设项目选址申请表(表 2-1)，同时还需提交以下申报材料：

表2-1　建设项目选址申请表

×× 省

建 设 项 目 选 址 申 请 表

项 目 名 称：　××市××镇×××村住宅小区 2# 楼工程

建设单位(盖章)：　　　　××房地产开发公司

××省住房和城乡建设厅

项目名称	××市××镇×××村住宅小区 2# 楼工程			
建设单位	××房地产开发公司	联系人及电话	张×× 159×××××××	
批准方式	审批制 □ 　　　　核准制 □ 　　　　备案制 ☑			
建设项目基本情况	项目规模	小型基本建设项目	用地规模	0.07 　　(公顷)
	建筑面积	10 715.38 　(m²)	投资规模	1600 　(万元)
	运输方式		运输量	(t/日)
	废　水	(t/日)	用水量	(t/年)
	废　渣	(t/日)		
拟选位置	××市××镇×××村			
建设单位简要介绍、项目拟选位置及有关情况说明	负责人签字：　　　　　　盖章： 　　　　　　　　　　　　　　年　月　日			

注：上栏由申请单位填写。"建设单位简要介绍、项目拟选位置及有关情况说明"一栏应明确项目对拟选场址区位、场地条件及环境、安全等方面的特殊要求等内容。

项目所在县(市)城乡规划主管部门初审意见	用地性质符合规划要求，同意选址 0.07 公顷。 负责人签字：　　　　　　盖章： 　　　　　　　　　　　年　　月　　日	
项目所在县(市)有关部门或单位意见	 盖章：　　　　年　　月　　日	
	 盖章：　　　　年　　月　　日	
	 盖章：　　　　年　　月　　日	
	 盖章：　　　　年　　月　　日	
项目所在设区城市城乡规划主管部门初审意见	 负责人签字：　　　　　　盖章： 　　　　　　　　　　　年　　月　　日	

备注：

(1) 设区城市、县(市)城乡规划主管部门应填写明确的初审意见，并由单位负责人签字后加盖公章。

(2) "项目所在县(市)有关部门或单位意见"栏征求意见范围由县(市)城乡规划主管部门根据项目情况确定，涉及自然与历史文化资源、公共安全、国家安全、机场净空、微波通道保护以及有关影响因素等方面的项目，应当征求其主管部门或单位的意见。

(3) 此表一式四份，由建设单位分别报县(市)、设区城市城乡规划主管部门各一份，报省住房和城乡建设厅两份。

1. 建设项目新征(占)用地(包括出让、转让用地和尚未办理建设用地规划许可证的用地)

(1) 上级主管部门对项目建议书的批复文件(原件 1 份)。

(2) 建设单位新征(占)用地申请文件(包含发文号、签发人、单位印章等基本公文要素)、选址要求及拟建项目情况说明各 1 份。

(3) 拟建项目设计方案图纸(包括主要经济技术指标) 1 份。

(4) 在基本比例尺图纸上，用铅笔画出新征(占)用地范围或位置的地形图 1 份。

(5) 依法需进行环境影响评价的建设项目，需持经相应环保部门批准的环境影响评价文件。

(6) 普测或钉桩成果。

(7) 其他法律、法规、规章规定的相关资料。

2. 自有用地建设项目

(1) 建设用地规划许可证或国有土地使用证、房产证等其他证明土地权属的文件的复印件 1 份。

(2) 建设单位对拟建项目情况的说明 1 份。建设项目拟加层的，需附设计部门出具的建筑结构基础证明文件。

(3) 拟建项目设计方案图纸(包括主要经济技术指标)1 份。

(4) 在基本比例尺图纸上，用铅笔画出新征(占)用地范围或位置的地形图 1 份。

(5) 依法需要进行环境影响评价的建设项目，需持相应环保部门批准的环境影响评价文件。

(6) 普测或钉桩成果。

(7) 其他法律、法规、规章规定的相关资料。

建设项目选址申请表必须填写完整并加盖单位印章。

(二) 选址规划意见通知书

建设项目选址规划意见通知书是城乡规划主管部门按照国家法律规定，在报送有关部门批准或者核准前向建设单位核发的同意选址证明文件。

1. 申请建设项目选址规划意见通知书的一般程序

申请建设项目选址规划意见通知书的一般程序如下：

(1) 建设项目申请人根据申请条件、依据，向城市规划管理部门提出选址申请，填写建设项目选址申请表。

(2) 建设单位的建设项目选址申请经城市规划部门审查，符合有关法规标准的，即时收取申请人申请材料，填写"选址规划意见通知书"2 份。将其中 1 份加盖收件专用印章后交申请人；将另 1 份与申请材料装袋，填写移交单，转交有关管理部门。

2. 选址规划意见通知书的下发

选址规划意见通知书由城市规划主管部门下发，并有附图，见表 2-2。

表 2-2 选址规划意见通知书

<table>
<tr><td colspan="3" align="center">中 华 人 民 共 和 国

建设项目选址意见书

中华人民共和国建设部制</td></tr>
<tr><td colspan="3">
中华人民共和国
建设项目选址意见书

编号： 晋规 字第××号

    根据《中华人民共和国城市规划法》第三十六条和国家有关规定，经审核，本建设项目符合城乡规划要求，颁发此书。

核发机关：××县规划局

日   期：2012 年×月
</td></tr>
<tr><td rowspan="6">建设项目基本情况</td><td>建设项目名称</td><td align="center">××市××镇×××村住宅小区 2# 楼工程</td></tr>
<tr><td>建设单位名称</td><td align="center">××房地产开发公司</td></tr>
<tr><td>建设项目依据</td><td align="center">登记备案编码 20××00000752000011</td></tr>
<tr><td>拟建设规模</td><td align="center">/</td></tr>
<tr><td>建设单位拟选位置</td><td align="center">××市××镇×××村</td></tr>
<tr><td>拟用地面积</td><td align="center">0.07 公顷</td></tr>
<tr><td>附件附图名称</td><td colspan="2">1. 建设用地范围线(1：2000 地形图)(图号××号)
2. 规划用地性质为住宅用地</td></tr>
<tr><td colspan="3">
说明事项：

  (1) "建设项目基本情况"一栏依据建设单位提供的有关材料填写。

  (2) 本书是城市规划行政主管部门审核建设项目选址的法定凭据。

  (3) 未经发证机关许可，本书的各项内容不得变更。

  (4) 本书所需的附件和附图，由发证机关确定，与本书具有同等法律效力。

中华人民共和国住房和城乡建设部监制
</td></tr>
</table>

二、建设用地批准文件

    建设单位持经批准的建设项目可行性研究报告或县级以上人民政府批准的有关文件，向县级以上人民政府国土资源部门申请用地，编制申请用地报告。建设单位申请用地报告经县级以上人民政府批准后，由国土资源部门填发建设用地批准书，见表 2-3。

表2-3　建设用地批准书

中华人民共和国建设用地批准书

国土资源部制

根据《中华人民共和国土地管理法》、《中华人民共和国城市房地产管理法》和《中华人民共和国土地管理法实施条例》规定，本项建设用地业经有权机关批准，现准予使用土地。特发此书。

本批准书在颁发之日起至 2013 年 3 月期间有效。

填发机关：××县国土资源局

2012 年 4 月×日

注意事项：

(1) 本批准书为建设项目单位或个人依法使用土地进行开发建设的法律凭证。

(2) 本批准书在批准的建筑施工期内有效。建设项目逾期竣工的，用地单位应提前三十天向发证机关申请延期。

(3) 用地单位必须严格按照土地管理法律、法规的规定使用土地。

(4) 本批准书必须悬挂于施工现场。土地行政主管部门检查用地情况时，应主动出示本批准书。

(5) 本批准书不得擅自涂改。如有遗失、损坏，应立即向填发机关申请补办。

(6) 本批准书由市、县土地行政主管部门负责填发。

建设用地批准书

××市××县〔2012〕土书字第××号

用地单位名称	××房地产开发公司				
建设项目名称	××市××镇×××村住宅小区 2# 楼工程				
批准用地机关及批准文号	××县人民政府 ××土〔2012〕××号				
批准用地面积	1000 平方米 0.1 公顷	建、构筑物占地面积		700 平方米	
土地所有权性质	国有	土地取得方式	公开招标	土地用途	住宅
土地坐落					
四　至	东		南		
	西		北		
批准的建设工期	自　　年　　月至　　年　　月				
本批准书有效期	自 2012 年 3 月至 2013 年 3 月				
备注					

建设用地批准书(存根)

××市××县〔2012〕土书字第××号

用地单位名称	××房地产开发公司			
建设项目名称	××市××镇×××村住宅小区 2# 楼工程			
批准用地机关及批准文号	××县人民政府 ××土〔2012〕××号			
批准用地面积	1000 平方米 0.1 公顷			
建、构筑物占地面积	700 平方米			
土地所有权性质	国有			
土地取得方式	公开招标			
土地用途	住宅			
土地坐落				
四　　至	东			
	南			
	西			
	北			
批准的建设工期	自　　年　　月至　　年　　月			
本批准书有效期	自 2012 年 3 月至 2013 年 3 月			
备注				

三、拆迁安置意见、协议、方案等

建设单位与被征用土地单位以及有关单位依法商定征用土地协议和补偿、安置方案，报县级以上人民政府批准。

四、建设用地规划许可证及其附件

为保证城乡规划区内的土地利用符合城市规划，依据《中华人民共和国城乡规划法》规定，城乡规划行政主管部门核发《建设用地规划许可证》，作为建设单位向土地主管部门申请征用、划拨和有偿使用土地的法律凭证。

1. 提出规划用地申请

建设单位持有按国家基本建设程序批准的建设项目立项的有关证明文件，向城市规划管理部门提出用地申请，填写规划审批申报表和准备好有关文件。

规划审批申报表主要内容为建设单位、申报单位、工程名称、建设内容、地址、规模等概况。规划审批申报表按当地城市规划行政主管部门的统一表式执行，以城市规划行政主管部门最终审批的文件归档。填写的申报表要加盖建设单位和申报单位公章。

需要准备好的有关文件，主要有项目批准部门批准的征用土地计划、土地管理部门的拆迁安置意见、地形图和规划管理部门选址意见书，以及要求取得的有关协议、意向书等文件和图纸。

经审查符合申报要求的用地申请，发给建设单位或申报单位建设用地规划许可证立案表，作为取件凭证。

2．建设用地规划许可证及其附件的下发

规划管理部门根据城市总体规划的要求和建设项目的性质、内容，以及选址定点时初步确定的用地范围界限，提出规划设计条件，核发建设用地规划许可证及附件(见表 2-4、表 2-5)。建设用地规划许可证是确定建设用地位置、面积、界限的法定凭证，是建设单位用地的法律凭证。

征用土地是项目建设的最基本条件，要在工程设计时完成办理规划用地许可证和拆迁安置协议等有关事宜。办理建设用地规划许可证时应当注意：

(1) 征用农村集体土地时，由城市规划行政主管部门提出选址规划意见通知书，待批准后，方可办理建设用地规划许可证；使用国有土地时，城市规划行政主管部门提出选址意见通知书，待批准后方可办理建设用地规划许可证。

(2) 国有土地管理部门提出拆迁安置意见后，正式确定使用国有土地的范围和数量，并待城市规划行政主管部门审定设计方案后，方可办理建设用地规划许可证。

(3) 建设用地规划许可证规定的用地性质、位置和界线，未经原审批单位同意，任何单位和个人不得擅自变更。

表 2-4　建设用地规划许可证

中华人民共和国

建设用地规划许可证

(2012)××县城建规地字第_____号

根据《中华人民共和国城市规划法》第三十七条、第三十八条规定，经审核，本用地项目符合城市规划要求，颁发此证。

发证机关：××县规划局

日期：2012 年×月×日

用地单位	××房地产开发公司
用地项目名称	××市××镇×××村住宅小区 2# 楼工程
用地位置	××市××镇×××村
用地面积	1000 平方米
附图及附件名称	

遵守事项：

(1) 本证是城市规划区内，经城市规划主管部门审核，许可用地的法律凭证。

(2) 凡未取得本证，而取得建设用地批准文件、占用土地的，批准文件无效。

(3) 未经发证机关审核同意，本证的有关规定不得变更。

(4) 本证所需附图与附件由发证机关依法确定，与本证具有同等法律效力。

中华人民共和国住房和城乡建设部监制

表 2-5　建设用地规划许可证附件

建设用地规划许可证附件

建设工程

2012—规地字—012

　　用地单位：××房地产开发公司　　　　　　　　(盖章)

　　用地位置：××市××镇×××村　　　　　　　图幅号：×-×

　　用地单位：×××　　　　　电话：　　　　　　发件日期：2012 年×月×日

用地项目名称		用地面积(m²)	备　注
建设用地	公共设施用地	700	其中： 粮田____ m² 菜地____ m² 其他____ m²
待征用地	城市道路用地		
待征用地	城市绿化用地		
其他用地			
合　计		700	

说明：

(1) 本附件与《建设用地规划许可证》具有同等效力。

(2) 遵守事项见《建设用地规划许可证》。

注意事项：

(1) 概略范围见附图，准确位置及坐标由×××测绘院钉桩后另行通知。

(2) 请当地区(县)人民政府土地或房管部门按有关规定办理用地手续。

(3) 用地时，如涉及房屋、绿化、交通、环保、测量标志、军事设施、市政、文物古迹等地上地下设施，要注意保护，并事先与有关主管部门联系，妥善处理。

(4) 建设项目需施工时，应按有关规定另行办理《建设用地规划许可证》。

(5) 当建设任务撤销或部分任务撤销后，本《建设用地规划许可证》及附件也相应撤销。用地单位应主动向所在地区(县)主管部门交回土地，不得转让、荒废或作其他用途。

五、划拨建设用地文件

　　建设用地的申请，依照法律规定，经县级以上人民政府批准后，由国土资源部门根据建设进度需要一次或者几次分期划拨，形成划拨建设用地文件。

六、国有土地使用证

　　国有土地使用证(见表 2-6)是证明土地使用者(单位或个人)使用国有土地的法律凭证，受法律保护。建设单位到有相应权限的国土资源部门办理，由批准部门提供。

　　国有土地使用证必须由县级以上人民政府国土资源部门核发，按当地国土资源部门统一表式执行，经县级以上人民政府依法批准。

表2-6　国有土地使用证

××国用(2012)字第××号

中华人民共和国

国有土地使用证

　　根据《中华人民共和国宪法》、《中华人民共和国土地管理法》和《中华人民共和国城市房地产管理法》等法律法规，为保护土地使用权人的合法权益，对土地使用权人申请登记的本证所列土地权利，经审查核实，准予登记，发给此证。

××人民政府(章)

2012 年×月×日

土地使用权人	××房地产开发公司			
坐落	××市××县×××村			
地号	××—2012—××	图号	457	
地类(用途)	城镇住宅用地	取得价格	土地等级为五级	
使用权类型	出让	终止日期	2082 年×月×日	
使用权面积	700　　m²	其中	独用面积	700　　m²
			分摊面积	m²

附图

粘贴

线

登记机关

　(章)

2012 年××月××日

　　　　　　　　　　　　　　　　证书监制机关

说明:

　　(1) 本证是土地登记的法律凭证，由土地权利人持有，登记的内容受法律保护。本证书经监制机关、县级以上人民政府和土地登记机关共同盖章方有效。

　　(2) 土地登记内容发生变更及土地他项权利设定、变更、注销的，持证人及有关当事人必须办理变更土地登记。

　　(3) 土地抵押必须按规定办理抵押登记。直接以本证作抵押的，抵押无效。

　　(4) 未经批准，不得改变土地用途。

　　(5) 本证应妥善保管，凡有遗失、损毁等情况，须按规定申请补发。

　　(6) 本证不得擅自涂改，擅自涂改的证书一律无效。

　　(7) 土地登记机关有权查验本证，持证人应按规定出示本证。

中华人民共和国国土资源部监制

第四节 勘察设计文件(A3)

勘察设计文件(A3)包括岩土工程勘察报告、建设用地钉桩通知单(书)、地形测量和拨地测量成果报告、审定设计方案通知书及审查意见、审定设计方案通知书要求征求有关部门的审查意见和要求取得的有关协议、初步设计图及设计说明、消防设计审核意见、施工图及设计说明、施工图设计文件审查通知书及审查报告等 9 种文件。

一、岩土工程勘察报告

岩土工程勘察报告是为查明建筑地区工程地质条件，进行综合性的地质勘察工作所获得的成果而编写的报告。

勘察工作是基本建设的基础工作之一，通过工程地质勘察，对建筑地区工程地质情况和存在问题做出评价，为工程建设的规划、设计、施工提供必需的参考依据。

1. 岩土工程地质勘察的方法

常用的地质勘察方法有野外调查、测绘、钻探、槽探、现场试验、室内试验和长期观测等。对于城市基本建设勘察来说，一般多采用槽探、井探、物探、试验室试验等方法。

2. 岩土工程地质勘察的阶段

1) 选址勘察阶段

选址勘察是工程地质勘察的第一阶段，任务是对拟选场地的稳定性和适宜性做出评价。

2) 初步勘察阶段

初步勘察是工程地质勘察的第二阶段，任务是对建设场地内建设地段的稳定性做出评价。

3) 详细勘察阶段

详细勘察是工程地质勘察的第三阶段，任务是对建筑地基做出工程地质评价，并为地基基础设计、地基处理与加固、不同地质现象的防治工程提供工程地质资料。

4) 施工勘察阶段

施工勘察是对工程地质条件复杂或有特殊施工要求的建筑物地基进行进一步的勘察工作。

3. 岩土工程勘察报告的内容

岩土工程勘察报告的内容分为文字和图表两部分。

1) 文字部分

文字部分的内容包括前言、地形、地貌、地层结构、含水层构造、不良地质现象、土的最大冻结深度、地震基本烈度、预测环境工程地质的变化和不良影响、工程地质建议等。

2) 图表部分

图表部分包括工程地质分区图、平面图、剖面图、勘测点平面位置图、钻孔柱状图，以及不良地质现象的平剖面图、物探剖面图和地层的物理力学性质、试验成果资料等。

岩土工程勘察报告要由经国家批准的有资质等级的单位在批准的建设用地规划界线内进行岩土工程地质勘察工作后进行编写。城市规划区内的建设项目，因建筑范围有限，一般只进行岩土工程地质勘察工作就可以满足设计需要，不需要进行水文地质勘察工作。

二、建设用地钉桩通知单(书)

　　建设用地钉桩通知单(书)(见表 2-7)为建设单位委托测绘设计单位根据划拨土地等文件提供的用地测绘资料填写，由规划行政主管部门审批。

表 2-7　建设用地钉桩(验线)通知单

工程名称	××市××镇×××村住宅小区 2# 楼工程	许可证号	
建设单位	××房地产开发公司	涉及图幅号	457
施工单位	×××建筑工程有限公司	钉桩时间	2012 年×月×日
建设项目钉桩(验线) 情况说明			
附图：			
现场签名	建设单位代表	施工单位代表	规划院代表	规划局代表

　　规划行政主管部门在核发规划许可证时，应当向建设单位一并发放建设用地钉桩通知单(书)。

　　建设单位在施工前应当向规划行政主管部门提交填写完整的《建设用地钉桩(验线)通知单》。规划行政主管部门应当在收到验线申请后 3 个工作日内组织验线。经验线合格的，方可施工。

三、地形测量和拨地测量成果报告

　　地形测量和拨地测量成果报告是建设单位委托测绘单位进行测量的结果资料。工程测量是工程建设中各种测量工作的总称。工程设计阶段的工程测量，按工作程序和作业性质主要有地形测量和拨地测量。

　　1. 地形测量

　　工程建设的地形测量指建设用地范围内的地形测量，反映地貌、水文、植被、建筑物和居民点。地形测量大都采用实地测量的方法，测量结果直接，内容较详尽。基建项目地形测量所绘地形图的比例尺一般为 1∶1000 或 1∶500。根据测绘地点的水平位置、高程和地面形态及建筑物、构筑物等实测结果，绘制出建设用地范围内的地形图。

　　2. 拨地测量

　　征用的建设用地，要进行位置测量、形状测量和确定四至，一般称为拨地测量。拨地测量是根据所批用地的位置及测量坐标，测量放线并定出用地边界桩位，作为建筑物定位、施工放线和验线的控制桩。

　　根据拨地条件，一般以规划部门批准的建设用地钉桩通知单中规定的条件，选定测量控制点，进行拨地导线测量、距离测量、测量成果计算等一系列工作，编制出征用土地的测量报告。

测量报告的内容为拨地条件、成果表、工作说明、略图、条件坐标、内外作业计算记录手簿等资料，并将拨地资料和定线成果展绘在 1∶1000 或 1∶500 的地形图上，建立图档。测量成果报告是征用土地的依据性文件，也是工程设计的基础资料。

四、审定设计方案通知书及审查意见

审定设计方案通知书及审查意见就是对建设单位提交的规划设计条件、规划设计方案，规划行政主管部门给出审查意见并下发审定设计方案通知书。

(一) 规划设计条件

规划设计条件是在建设工程项目可行性研究报告批准后，规划部门按照城市总体规划的要求和项目建设地点的周边环境状况，对该项目的设计提出的规划条件。

1. 建设单位申报规划设计条件

建设项目立项后，建设单位应向规划行政管理部门申报规划设计条件，并准备好相关文件和图纸。相关文件和图纸包括：

(1) 发展和改革委员会批准的可行性研究报告。

(2) 建设单位对拟建项目的说明。

(3) 拟建方案示意图。

(4) 地形图和用地范围。

(5) 其他。

2. 规划行政管理部门签发《规划设计条件通知书》

规划行政管理部门对建设单位申报的规划设计条件进行审查和研究，同意进行设计时，签发《规划设计条件通知书》(见表 2-8)，作为方案设计的依据。

《规划设计条件通知书》的主要内容如下：

(1) 用地情况：包括规划建设用地面积和待征城市公共用地面积(代征道路用地和绿化用地面积)。

(2) 用地使用性质：土地使用性质及其可兼容性质。

(3) 用地使用强度：用地范围的容积率、建筑密度、居住人口毛密度和居住建筑面积毛密度。

(4) 建设设计要求：建筑规模、建筑高度、建筑层数(地上、地下)、建筑规划用地边界线、建筑间距、交通出入口方位(机动车、人流)、停车数量及规模(机动车、自行车)、绿化要求(绿地率、绿地位置、保留古树及其他树木)。

(5) 城市设计要求。

(6) 市政要求。

(7) 城市配套要求。

(8) 其他。

(9) 遵守事项。

表 2-8 规划设计条件通知书

××县城市规划管理局
规划设计条件通知书

2012 规条字－0211
规划管理专用章
发件日期：2012 年×月×日

××房地产开发公司：

你单位 2012 年×月×日根据(××)计建字(2012)第 001 号计划任务申报的×××村住宅小区 2# 楼工程，经研究，同意在×××村按下列规划设计条件进行设计：

1. 用地情况

　1.1 规划建设用地面积约：700 ㎡

　1.2 代征城市公共用地面积：

2. 用地使用性质

　2.1 使用性质：

　2.2 可兼容性质：

3. 用地使用强度

　3.1 容积率：

　3.2 建筑密度：

　3.3 居住人口毛密度：

　3.4 居住建筑面积毛密度：

4. 建筑设计要求

　4.1 建筑规模：

　4.2 建筑高度：

　4.3 建筑层数：

　4.4 建筑规划用地边界：

　4.5 建筑间距：

　4.6 交通出入口方位：

　4.7 停车数量及规模：

　4.8 绿化要求：

5. 城市设计要求

6. 市政要求

7. 城市配套要求

8. 其他

9. 遵守事项

　9.1 持本通知书委托具有符合承担本工程设计资格及业务范围的设计单位进行方案设计。

　9.2 本通知书所列规划设计条件是我局审批设计方案的依据。

　9.3 本工程为局(或处)项目。

　9.4 本通知书附有设计方案报审表 2 份，设计方案编制完成后，填写设计方案报审表和规划审批申报表，按要求报送有关文件和图纸，申报审批设计方案。

　9.5 报审设计方案图纸装订成 A3 规格。

　9.6 本工程涉及消防、市政等问题时，应与有关行政主管部门取得联系。

　9.7 本工程在申报设计方案前，应取得下列行政主管部门的审查意见或有关协议：

　9.8 本通知书附图 1 份，图文一体方为有效文件。

　9.9 本通知书有效期一年(从发出之日算起)，逾期无效。

(二)办理审定设计方案通知书及审查意见

1.建设单位送审建筑设计方案

建设单位送审设计方案时,应报送下列图纸、文件:

(1) 填报《建设项目规划(建筑)设计方案审查申请表》及其附表(见表 2-9、表 2-10、表 2-11)。

表 2-9 建设项目规划(建筑)设计方案审查申请表

<table>
<tr><td colspan="6" align="center">建设项目规划(建筑)设计方案审查申请表</td></tr>
<tr><td colspan="3">申报编号:×方( )第 号</td><td colspan="3">项目总编号:×规建( ) 号</td></tr>
<tr><td rowspan="3">建设单位概况</td><td>单位名称
(盖章)</td><td colspan="2">××房地产开发公司</td><td>单位代码</td><td></td></tr>
<tr><td>详细地址</td><td colspan="2">××市××镇×××村</td><td>邮政编码</td><td></td></tr>
<tr><td>法定代表人</td><td>×××</td><td>报建联系人</td><td>张××</td><td>联系电话</td></tr>
<tr><td rowspan="5">建设工程概况</td><td>项目名称</td><td colspan="2">××市××镇×××村住宅小区 2# 楼工程</td><td>用地面积
(公顷)</td><td>0.07 公顷</td></tr>
<tr><td>建设地点</td><td colspan="2">××市××街道</td><td>建筑面积
(平方米)</td><td>10 715.38 m²</td></tr>
<tr><td>项目批准机关</td><td>××发展和
改革委员会</td><td>批准文号</td><td>备案号:××</td><td>使用性质</td></tr>
<tr><td colspan="4" align="right">城镇住宅</td></tr>
<tr><td>设计单位</td><td colspan="2">××设计院</td><td>联系电话</td><td></td></tr>
<tr><td colspan="6"></td></tr>
<tr><td rowspan="2">建设工程概况(续)</td><td>项目负责人</td><td>×××</td><td colspan="2">本次报审是第(×)次</td><td></td></tr>
<tr><td rowspan="2">方案报审、设计、竞选、修改情况</td><td colspan="4" rowspan="2"></td></tr>
<tr></tr>
<tr><td rowspan="2">报审须知</td><td colspan="3">　　根据有关法律规定,申请人应如实提交有关材料(含电子文件、图纸)和反映真实情况,并对提交材料内容的真实性负责。
　　建设单位报审的规划设计文件必须符合国家设计规范和《江苏省城市规划管理技术规定》的有关规定,必须符合规划部门提供的该项目规划设计要点、审查意见或核准事项;各项经济技术指标数据,必须符合规划部门确定的指标值,图件标注的数据必须与比例尺和实际相符合,各类控制指标的合计数据必须与各部分数据之和相一致,电子文件必须与图纸相一致。</td><td colspan="2">　　我单位已阅知报审须知,并承诺对报审资料(含电子文件与图纸)的真实性及数据的准确性负责。
　　我单位自愿承担虚报、瞒报、造假等不正当手段而产生的一切法律责任。

　　　　　　(建设单位盖章)
　　　　　　2012 年×月×日</td></tr>
<tr><td colspan="5"></td></tr>
<tr><td>收件人</td><td colspan="2">收件日期</td><td>承诺办结日期</td><td>项目类别</td><td>类</td></tr>
</table>

表 2-10　建设项目规划(建筑)设计方案审查申请表(附表一)

建设项目规划(建筑)设计方案审查申请表(附表一)

设计单位(公章)：××设计院

序号	项　目			单　位	规划控制指标	报审方案指标
1	总用地面积			m²	700	
2	可建设用地面积			m²		
3	建筑面积			m²	10 715.38	
	其中	地上		m²	10 161.9	
		地下		m²	553.48	
4	建筑密度			%		
5	建筑容积率					
6	绿地率			%		
7	建筑层数	主楼		层	17	
		裙房		层	/	
8	建筑层高	主楼		m	3.0	
		裙房		m	/	
9	建筑高度	主楼		m	51.45	
		裙房		m	/	
10	建筑后退红线	主次干道		m	/	
		一般道路		m	/	
11	后退边界距离			m	/	
12	停车面积	机动车	室内	m²		
			室外	m²		
		非机动车	室内	m²		
			室外	m²		
13	停车泊位	机动车	室内	个		
			室外	个		
		非机动车	室内	个		
			室外	个		
14	地坪标高	一层室内		m	0.450	
		室外		m	0	
15	出入口方位	机动车				
		非机动车				
16	公建配套					
17	市政基础设施					
项目负责人				注册证书号		总工程师
主要设计人员						

表 2-11 建设项目规划(建筑)设计方案审查申请表(附表二)

建设项目规划(建筑)设计方案审查申请表(附表二)

综合经济技术指标				公共建筑、服务设施配套指标			
项目	单位		设计指标	项目		国标指标	设计指标
总用地	ha			教育	中学		
住宅用地	ha				小学		
公建用地	ha				幼儿园		
公共绿地	ha				托儿所		
道路用地	ha			医疗卫生	门诊所		
总居住户数	户				卫生站		
总居住人口	人				医院		
总建筑面积	m^2			文化体育	文化站		
其中	地上	m^2			文化活动中心		
	地下	m^2			运动场		
住宅建筑面积	m^2			行政管理	社区中心		
公建建筑面积	m^2				居委会		
人均公建面积	m^2				派出所		
居住建筑密度	$10^4\,m^2/ha$				房管所		
住宅建筑毛密度	$10^4\,m^2/ha$				停车库		
平均每户建筑面积	$m^2/户$			市政公用	公共厕所		
人口毛密度	人/ha				煤气调压站		
人口净密度	人/ha				垃圾中转站		
绿地率	%				路灯配电室		
平均层数	层				供电开闭所		
日照间距					公交站屋		
标准层高	m				人防设施		
					储蓄所		
				商业服务	邮电所		
					银行储蓄点		
					新华书店		
					农贸市场		
					饮食小吃		
					百货店		
					副食品店		
					综合修理店		
					浴室		
					理发店		

注：此表为住宅项目的附表，由设计单位填写。

(2) 附送批准的可行性研究报告或其他计划批准文件。

(3) 附送规划管理部门核发的建设项目选址意见书(复印件)。

(4) 建设基地的地形图一份(向市测绘院晒印,比例 1:500 或 1:1000),并应在地形图上划示拟建工程的基地范围及工程位置。

(5) 建筑设计方案图(1:500 或 1:1000 总平面设计图,建筑单体 1:100 平、立、剖面图,绿化布置图,建筑物的透视效果图或鸟瞰效果图)两套,并需加盖设计单位的设计方案或初步设计出图章,如高层建筑,还应附建筑分层面积表一份。

(6) 市地名办建设工程命名征询单。

建设单位送审建筑设计方案时,应注意下列事项:

(1) 建设单位在向规划管理部门送审建筑设计方案的同时,应征询消防、环保、卫生防疫、园林和民防等相关管理部门的意见。

(2) 国有土地使用权有偿出让地块上的建筑工程设计方案,应同时分送环境保护、消防安全、劳动保护、卫生防疫、民防、安保等部门会审。

2. 规划主管部门签发审定设计方案通知书及审查意见

规划行政主管部门对建设单位申报的建筑设计方案进行审查和研究,同意设计时,签发审定设计方案通知书及审查意见(见表 2-12)。

表 2-12　审定设计方案审查通知书

×规审〔2013〕××号

××市城乡规划局关于××项目
规划建筑设计方案审定通知书

××房地产开发公司:

你公司报送的××项目规划建筑设计方案收悉,经审查(专题纪要〔2012〕××号)并公示无异议,同意按下列审定意见进行扩大初步或施工图设计,并按基本建设有关规定办理下一阶段规划许可:

(1) 原则同意××项目总平面布置及建筑单体设计方案。

(2) 用地使用性质:城镇住宅用地。

(3) 主要规划指标:

① 征地面积:700 m^2;规划建设用地面积:700 m^2。

② 总建筑面积:10 715.38 m^2。其中:计容建筑面积×× m^2(住宅建筑面积×× m^2,商业建筑面积×× m^2,社区配套用房建筑面积×× m^2)。不计容建筑面积×× m^2(地下室建筑面积×× m^2,地上市政设施用房建筑面积×× m^2)。容积率:××。

③ 建筑基底占地面积:553.48 m^2。建筑密度:××%。

④ 绿地面积:×× m^2。绿地率:××%。

⑤ 机动车(小汽车)停车位:××车位。非机动车(自行车)停车位:××车位。

⑥ 建筑层数:18 层。

(4) 户型比例:按照市长办公会议关于户型比例的议定(市长办公会议纪要〔2012〕3 号),套型面积小于 90 m^2 的住宅建筑面积合计×× m^2,占开发建设住宅总建筑面积的××%,套型面积 90~120 m^2 的住宅建筑面积合计×× m^2,占开发建设住宅总建筑面积的××%。

(5) 建筑间距:符合《××省城市规划管理技术规定》的要求。

(6) 建筑退让:北侧地块地上建筑退让规划路道路红线 15 m,退让西侧××路规划道路红线 11 m,退让东侧用地红线 14.2 m;南侧地块地上建筑退让规划路道路红线 28 m,退让西侧××路规划道路红线 10.8 m,退让东侧用地红线 13.8 m;地下室退让中间规划路道路红线 10 m。

续表

(7) 交通组织：小区车行出入口位于用地西侧，人行出入口位于中部规划路两侧，其中 2#楼车行出入口应当按交通有关规范执行，确保交通安全。

(8) 配套设施建设：物业管理用房建筑面积××m²，社区居委会办公用房建筑面积××m²，文化活动室建筑面积××m²，其他社区配套用房建筑面积××m²。社区居委会办公用房建成经验收合格后，产权应无偿交给项目所在管辖区域的社区，并由社区统一管理。住宅建筑底层商业不应布置易产生油烟的餐饮店。

(9) 市政设施建设：公厕建筑面积××m²，应对外开放，设独立标志，建成经验收合格后产权应无偿交给环卫部门，并由环卫部门统一管理。其他各项市政配套设施建设应符合相关职能部门的要求，并按规范要求设置垃圾收集设施、垃圾收集点，服务半径不应大于 70 m。

(10) 应进一步收集相关资料，确保道路断面、场地竖向规划及管线综合设计符合该区域规划要求。

(11) 涉及消防、人防、水利等要求的，以相关部门的审核意见为准。

(12) 工程建设过程中的一切活动，如有损害或破坏周围环境或设施、使国家或个人遭受损失的，建设方应负责赔偿等法律责任。

(13) 本通知书有效期六个月(从本文发出之日算起)，六个月内应申请办理《建设工程规划许可证》(建筑施工图图纸主要规划指标应符合本文的规定要求)，否则，应按届时规划要求重新审批规划设计方案。

××市城乡规划局

2012 年×月×日

五、审定设计方案通知书要求征求有关部门的审查意见和要求取得的有关协议

审定设计方案通知书要求征求有关部门的审查意见和要求取得的有关协议是指分别由人防、环保、消防、交通、园林、河湖、市政、文物、通讯、保密、教育、卫生等有关行政主管部门对项目涉及的相关方面的审查批准文件或协议文件。由负责审查的部门负责提供。

(一) 建设项目人民防空审查

为了加强人防工程的维护管理和开发利用，国家对具有防范自然灾害、城市工业事故灾害和战争灾害等功能的地下、半地下防护设施的人防工程(含等级人防工程和简易人防工程)实施监督管理，明确了人防主管部门在项目建筑设计方案、初步设计、施工图设计及竣工验收各阶段对人防工程的要求及管理程序。

1. 建设单位申报人民防空建设审查(规划设计条件)时需提交的材料

(1) 填写完整并加盖印章的《建设项目人民防空审查申报表》(见表 2-13)。

(2) 填写完整并加盖印章的《人防工程面积指标明细表》(可选)。

(3) 设计单位提供的单体建设项目各层建筑面积指标明细表(可选)。

(4) 规划部门对设计方案招投标活动的监管结果或咨询服务意见(复印件)(可选)。

(5) 规划部门出具的修建性详细规划审查意见(复印件)(可选)。

(6) 《建设项目人民防空工程设计条件》(复印件)(见表 2-14)。

(7) 拟建人民防空工程的设防方案及总平面图(一式四份)(可选)。

(8) 单体建设项目设计方案图(一套)(可选)。

(9) 《人防工程建设规划设计条件修改通知书》(复印件)(可选)。

表2-13　建设项目人民防空审查申报表

建设项目人民防空审查申报表

项目名称		××市××镇×××村住宅小区 2#楼工程			
建设地址		××市××镇×××村			
项目审批文号		并发改核厅字【2012】××号			
建设单位		××房地产开发公司			
勘察单位	××勘察院	设计单位		××设计院	
地面总建筑面积	10 161.9 m²	地面建筑用途		住宅	
地下总建筑面积	553.48 m²	地下建筑用途		商业、车库	
占地面积	700 m²	建筑工程栋数		1	
单项工程名称	地上/地下层数	地面建筑面积	地面首层建筑面积	地下建筑面积	基础埋深
住宅楼	17/1	10 161.9 m²	597.7 m²	553.48 m²	3.5 m
联系人		联系电话			
申请内容及理由： 　　本项目同步修建防空地下室，地下空间开发项目兼顾人民防空功能，建设项目不影响已建人防工程防护功能。 　　　　　　　　　　　　　　　　　　　　　　　建设单位(公章) 　　　　　　　　　　　　　　　　　　　　　　　××年×月×日					

说明：
　　(1) 申请内容主要填写：建筑项目是否同步修建防空地下室，地下空间开发项目是否兼顾人民防空功能，建设项目是否影响已建人防工程防护功能，以及依法申请易地建设防空地下室、减免易地建设费等。
　　(2) 建设单位在办理工程规划许可证前需填写此表，由人民防空主管部门对建设项目进行人民防空审查，并出具《建设项目人民防空审查批准书》，作为办理规划、建设、消防等手续的依据。
　　(3) 建设单位申报时应向人民防空主管部门同时报送项目说明、可行性研究报告、立项批准文件、地质勘察报告和工程设计文件。

表2-14　建设项目人民防空工程设计条件

建设项目人民防空工程设计条件

　　　　　　　　　　　　　　　　　　　　　　　　编号：　　　市(县)　　　　号

项目名称	××市××镇×××村住宅小区 2#楼工程		
建设地址	××市××镇×××村		
项目审批文号	并发改核厅字【2012】××号		
建设单位	××房地产开发公司		
设计单位	××设计院		
地面建筑面积	10 161.9 m²	首层建筑面积	597.7 m²
建筑层数	18 层	基础埋深	3.5 m
人防工程面积	553.48 m²	建筑形式	附建、单建、兼顾
防护类别	核六级	战时用途	战备和救灾
防护级别	6 级	防化级别	乙
联系人		联系电话	
审核意见： 　　负责人： 　　　　　　　　　　　　　　　　　市、县人防(审查专用章) 　　　　　　　　　　　　　　　　　××年×月×日			

2．人民防空主管部门对建设项目的审查

人民防空主管部门收到申报材料后，根据相关的法律法规进行审查，并下发《建设项目人民防空审查批准书》(见表 2-15)，作为办理工程规划许可证、施工许可证、消防等手续的依据。

表 2-15　建设项目人民防空审查批准书

<table>
<tr><td colspan="4" align="center">建设项目人民防空审查批准书</td></tr>
<tr><td colspan="4" align="right">编号： 市(县) 号</td></tr>
<tr><td>项 目 名 称</td><td colspan="3">××市××镇×××村住宅小区 2# 楼工程</td></tr>
<tr><td>建 设 地 址</td><td colspan="3">××市××镇×××村</td></tr>
<tr><td>项目审批文号</td><td colspan="3">并发改核厅字【2012】××号</td></tr>
<tr><td>建 设 单 位</td><td colspan="3">××房地产开发公司</td></tr>
<tr><td>设 计 单 位</td><td colspan="3">××设计院</td></tr>
<tr><td>地面建筑面积</td><td>10 161.9 m²</td><td>首层建筑面积</td><td>597.7 m²</td></tr>
<tr><td>建 筑 层 数</td><td>18 层</td><td>基 础 埋 深</td><td>3.5 m</td></tr>
<tr><td colspan="4">人防审查意见：
　　经审查，该建设项目符合下列第　项：</td></tr>
<tr><td colspan="4">　　第一项　符合不建不缴的项目：拟建地址无已建人防工程，也不影响周围已建人防工程的使用功能，根据《山西省人民防空工程建设条例》规定，可不修建人民防空工程。
　　承办人：　　　　　　　　　　　　　　　　年　月　日</td></tr>
<tr><td colspan="4">　　第二项　符合应建设人防工程的：按照《山西省人民防空工程建设条例》规定，应建设人防工程。
　　　　　　　面　　积：　　　　　　　　建筑形式：
　　　　　　　防护类别：　　　　　　　　战时用途：
　　　　　　　防护级别：　　　　　　　　防化级别：
　　该建设项目施工图设计文件符合建设项目人民防空工程设计条件和相关人民防空工程设计规范的要求，应严格按照批准的施工图设计文件进行施工，不得随意变更。
　　承办人：　　　　　　　　　　　　　　　　年　月　日</td></tr>
<tr><td colspan="4">　　第三项　符合可以易地建设人防工程的：同意易地建设。
　　应缴易地建设费的金额：　　　　　万元
　　大写：
　　经省人防办批准减免的金额：　　　　万元
　　大写：
　　实缴易地建设费的金额：　　　　　万元
　　大写：
　　承办人：　　　　　　　　　　　　　　　　年　月　日</td></tr>
<tr><td colspan="4">分管领导意见：
　　签字：　　　　　　　　　　　　　　　　　年　月　日</td></tr>
<tr><td colspan="4">批准意见：
　　负责人：　　　　　　　　　　　　市、县人防办公室
　　　　　　　　　　　　　　　　　　　年　月　日</td></tr>
<tr><td colspan="4">说明：(1) 建设单位办理工程规划许可证、施工许可证、消防手续时应出示本批准书。
　　(2) 本书一式三份，建设单位一份、市(县)人防办一份，报省人防办备案一份(由批准的人防办公室每季度末集中向省人防办备案)。
　　(3) 施工图确需变更的，应重新办理批准手续。</td></tr>
</table>

以下各"审定设计方案通知书要求征求有关部门的审查意见和要求取得的有关协议"不再详细介绍，均同"人防审查"。

(二) 建设项目环境保护审查

为了加强建设项目的环境保护管理，防止废水、废气、废渣、粉尘、烟雾、恶臭、热污染、放射性物质、电磁辐射、噪声、振动等引起的环境污染，对人体健康、周围环境和自然资源造成有害或者不良影响(包括潜在影响)，政府对新建、改建、扩建的建设项目(包括区域开发项目)和技术改造项目(包括不含土建的设备更新)以及可能受到环境影响的住宅建设项目的环境保护建设，规定都必须执行环境影响评价和环境保护设施与主体工程同时设计、同时施工、同时投入生产和使用(简称"三同时")。

(三) 建设项目消防审核

为了预防火灾和减少火灾危害，保护公民人身、公共财产和公民财产的安全，维护公共安全，国家有关部门明确了建设单位应当将建筑工程消防设计图纸及有关资料报送公安消防机构审核。经公安消防机构审核的建筑工程消防设计需要变更的，应当报经原审核的公安消防机构核准。按照国家工程建筑消防技术标准进行消防设计的建筑工程竣工时，必须经公安消防机构进行消防验收。

(四) 建设项目道路交通审查

为了加强道路交通管理，维护交通秩序，保障交通安全和畅通，国家有关部门明确了城市道路建设和工程项目建设应当适应道路交通的发展要求，为此对部分建设项目的道路交通内容进行审查。

(五) 建设项目绿化审查

为了促进植树造林绿化工作，加强树(林)木、绿(林)地建设和管理，保护和改善城乡生态环境，实施可持续发展战略，国家有关部门明确规定所有建设项目的绿化配套方案应当按照有关技术标准预留耕植位置和面积，并符合规划绿线要求。建设项目绿化经费由建设单位承担，列入建设项目总投资。绿化建设工程设计须报送绿化管理部门审核，并办理相关手续，建筑工程竣工后，绿化管理部门应当参与绿化工程的验收。

(六) 河道管理范围内建设项目审核

为了加强河道管理范围内建设项目的管理工作，充分发挥河道的综合效益，保障河道防汛排涝安全，改善城乡水环境，对河道管理范围内建设项目以及临时使用河道管理范围内水域或者陆域的，按照河道专业规划和防洪排涝的标准进行审核，以维护河道水质和堤防安全，保持河势稳定和行洪排涝通畅。

(七) 建设项目市容环境卫生审查

为了加强城市环境卫生设施的规划、建设，提高城市环境卫生水平，保障人民的身体健康，国家有关部门明确了建设项目的环卫公共设施、公共厕所、化粪池、垃圾管道、垃圾容器和垃圾容器间、废物箱及环卫车辆通道等，应符合其相应标准。建设单位在其项目规划、方案设计、施工图设计、施工及竣工验收各阶段应到市容环境卫生管理部门办理有关手续。

(八) 建筑节能审查

为节约能源、保护环境、促进经济社会可持续发展，提高人民生活质量和改善建筑条件，国家有关部门对建筑工程规划方案、可行性研究报告、初步设计方案、施工图设计文件、竣工验收提出一系列节能要求，建设单位应按照《夏热冬冷地区居住建筑节能设计标准》(JGJ 134—2010)等相关的公共建筑节能设计标准，进行规划、设计、施工和竣工验收。

(九) 建设项目抗震设防审查

为了防御和减轻地震灾害，保护人民生命和财产安全，保障社会主义建设顺利进行，国家有关部门对建设项目从可行性研究、初步设计、施工图设计、施工直至竣工验收，提出一系列要求和规定，以提高建筑项目抗御地震的能力，保障人民生命和财产的安全，维护国家经济的持续、快速、健康发展。

(十) 建设项目卫生防疫审查

为了使建设单位生产性项目和非生产性项目的规划、设计的功能分区合理布局，工业企业的劳动卫生防护设施、工业企业与居住区的卫生防护隔离区、饮食业防止食品污染和变质的设施均应符合卫生原则，国家有关部门对建设项目实施卫生防疫审查。

(十一) 建设项目供电申请

为了保障和促进电力建设事业的发展，建立正常的供电用电秩序，维护电力投资者、经营者的合法权益，保障电力安全运行，电力供应与使用双方应当根据平等自愿、协商一致的原则，签订供电、用电合同，确定双方的权利和义务。

国家对电力的供应和使用，实行安全用电、节约用电、计划用电的管理原则，因此申请新装用电、临时用电、增加用电容量、变更用电和终止用电都应当依照有关规定的程序办理手续。

电力设施是建设项目的重要配套条件，建设项目的用电，在可行性研究、设计、施工、验收、使用各阶段均需按有关程序办理相关的手续。

(十二) 建设项目给水申请

建设项目在施工、交付使用和生产时，都需要自来水供水系统供应生产用水和生活用水，并进行配套建设。建设单位在申请给水供应时，应向自来水公司提供接水业务申请书、建设征用土地批准书、可行性研究报告批复、建设区域地形图、给水系统设计图、给排水总平面图和透视图、水处理设施平面图和透视图；在申请消防接水时，应向公安消防部门提出申请，并取得同意。

(十三) 建设项目排水申请

城市排水设施是建设项目的重要配套工程之一。对于较大区域内没有排水设施而需新建排水设施的，一般由国家及地方政府投资；对于工程项目规划红线范围内的排水设施，一般由建设单位投资建设。

建设项目在建成投产或使用后的工业废水、生活污水和大气降水，无论是纳入公共排水系统，还是自建排水设施，均属于城市排水的体系。为此，建设单位在进行可行性研究时，应及时向排水行政主管部门征询意见，提出申请，报告排放的污水、废水的质量和数量，建设区外排水管线设计图，化粪池、泵站和各种污水、废水处理装置，建设区域内排水管线设计图。

排水行政主管部门按照国家关于污水排放的标准和城市排水系统的接纳能力，规定建设工程投产、使用后排放污水的质量和数量，规定建设区域内与城市排水系统的衔接口。道路和排水设施配套工程竣工后，建设单位应组织设计、施工和排水行政主管部门进行工程验收，还应办理设备养护、维护的交接手续。

(十四) 建设项目燃气申请

工程项目中的燃气设施建设，应征得燃气公司的同意。有关室内燃气管道管径、走向、出产点及燃气设备布局设计必须符合设计、施工检验技术规范，与室外燃气管道正确衔接。

(十五) 建设项目电信申请

为了规范电信市场秩序，维护电信用户和电信业务经营者的合法权益，保障电信网络和信息的安全，促进电信业的健康发展，电信用户申请安装、移装电信终端设备的，电信业务经营者应当在其公布的时限内保证装机开通，为电信用户缴费和查询提供方便；电信用户应当按照约定时间和方式及时足额地向电信业务经营者缴纳电信费用。建筑物内的电信管线和配线设施，以及建设项目用地范围内的电信管道，应当纳入建设项目的设计文件，并随建设项目同时施工与验收。所需经费应当纳入建设项目概算。

六、初步设计图及设计说明

初步设计的内容依项目的类型不同而有所变化，一般来说，它是项目的宏观设计，即项目的总体设计、布局设计，包括主要的工艺流程，设备的选型和安装设计，土建工程量及费用的估算等。初步设计文件应当满足编制施工招标文件、主要设备材料订货和编制施工图设计文件的需要，是下一阶段施工图设计的基础。

1. 初步设计图

初步设计图纸主要包括总平面图、建筑图、结构图、给水排水图、电气图、弱电图、采暖通风及空气调节图、动力图、技术与经济概算等。

2. 初步设计说明书

初步设计说明书由设计总说明和各专业的设计说明书组成。

设计总说明一般应包括下列几个方面的内容：

(1) 工程设计的主要依据。

(2) 工程设计的规模和设计范围。

(3) 设计的指导思想和设计特点。

(4) 总指标。

(5) 需提请在设计审批时解决或确定的主要问题。

3．初步设计图及说明的审批

初步设计(包括项目概算)，根据审批权限，先由发展和改革委员会委托投资项目评审中心组织专家审查，通过后，再按照项目实际情况，由发展和改革委员会审批或会同其他有关行业主管部门审批。

建设单位送审初步设计时，必须提交的文件资料如下：

(1) 工程建设项目可行性研究报告的批准文件(复印件)。

(2) 规划部门签发的规划设计要求及设计方案审核意见。

(3) 有设计资质的单位提供的全套初步设计文件。若为多家设计单位联合设计，应由总设计单位负责汇总资料；若为境外设计，需提交国内设计顾问单位的咨询意见。初步设计文件必须加盖统一颁发的出图专用章。

(4) 租赁地块的土地使用有偿转让合同(复印件)。

(5) 相关土地批准文件。

七、消防设计审核意见

建设项目在开工前要将初步设计方案提交公安消防机构审核，公安消防机构会出具《消防设计审核意见书》(见表 2-16)。

表 2-16　消防设计审核意见书

<table>
<tr><td colspan="4" align="center">××市公安消防支队
建筑工程消防设计审核意见书</td></tr>
<tr><td colspan="4" align="right">×公消行审字[2012]第××号</td></tr>
<tr><td>申报单位</td><td>××房地产开发公司</td><td>申报时间</td><td>2012 年×月×日</td></tr>
<tr><td>工程名称</td><td colspan="3">××市××镇×××村住宅小区 2# 楼工程</td></tr>
<tr><td>工程地址</td><td colspan="3">××市××镇×××村</td></tr>
<tr><td>审
核
意
见</td><td colspan="3">　　认为该单位 2#住宅楼(位于××路，18 层，建筑物总高度 51.450 m，总建筑面积 10 715.38 m²)。工程的消防设计基本符合《建筑设计防火规范》及其他消防技术标准要求，同意按报送的图纸与设计变更配套进行施工，下列要求应在施工中严格遵照执行：
　　(1) 经此次审核的图纸如需变动消防设计，应当重新申报审核。
　　(2) 工程竣工后须申报我支队验收，合格后方可投入使用。</td></tr>
<tr><td colspan="4">承 办 人：</td></tr>
<tr><td colspan="4">法制审核人：</td></tr>
<tr><td colspan="4">签 发 人：</td></tr>
<tr><td>备注</td><td colspan="3"></td></tr>
</table>

申报审核时需提交以下报审资料：

(1) 由建设单位填写的《建筑消防设计防火审核申报表》。

(2) 规划局审定的建设工程用地许可证。

(3) 工程立项批文。

(4) 总平面图、建筑施工图、建筑给排水图、建筑供暖通风施工图和建筑电气施工图等。

(5) 消防设计专篇。

八、施工图及设计说明

施工图设计的主要内容是根据批准的初步设计，绘制出正确、完整和尽可能详细的建筑、安装图纸。施工图设计主要包括总平面图、建筑图、结构图、给水排水图、电气图、弱电图、采暖通风及空气调节图、动力图、预算等。

施工图设计完成后，必须委托由施工图设计审查单位审查并加盖审查专用章后使用。经审查的施工图设计还必须经有权审批的部门进行审批。

九、施工图设计文件审查通知书及审查报告

施工图设计文件审查是为了加强建设项目设计质量的监督和管理，保护国家和人民生命财产安全，保证建设项目设计质量而实施的行政管理。

《建设工程质量管理条例》规定：建设单位应当将施工图设计文件报县级以上政府建设行政主管部门或者其他有关部门审查，施工图设计文件未经审查和批准的不得使用。

1. 施工图设计文件报审需提交的资料

(1) 初步设计批准文件(包括初步设计与规划部门在施工图上的签字意见复印件)。

(2) 工程勘察、设计合同各 1 份。

(3) 施工图全套(需经规划部门审查同意)。

(4) 结构计算书。

(5) 采暖通风计算书(根据工程是否涉及而定)。

(6) 设计概(预)算书。

(7) 工程地质勘察报告。

(8) 勘察、设计单位资质副本复印件。

(9) 外地勘察设计单位在承担项目时需提供本地建设管理委员会发放的单项工程勘察设计任务通知书。

(10) 建设行政主管部门认为应当报送的其他资料。

2. 施工图设计文件审查内容

(1) 建筑物的稳定性、安全性，包括地基基础和主体结构体系是否安全、可靠。

(2) 是否符合消防、节能、环保、抗震、卫生、人防等有关强制性标准和规范。

(3) 施工图是否达到规定的设计深度。

(4) 是否符合公众利益。

3. 施工图设计文件审查过程

经建设行政主管部门或其他有关部门审查后，开具《施工图设计文件审查通知书》，建设单位持《施工图设计文件审查通知书》将施工图送施工图审查机构进行审查。审查机构在规定期限内完成审查工作，施工图设计文件经审查(或复审)合格后，审查机构向建设行政主管部门提交《施工图设计文件审查报告》(见表 2-17)和一套加盖"工程设计施工图审查专用章"的施工图设计文件，由建设行政主管部门转交建设单位。

表2-17 施工图设计文件审查报告

施 工 图 设 计 文 件 审 查 报 告

工程项目：××市××镇×××村住宅小区 2#楼工程

子项名称： /

报告编号： 226××2012-0310-091

项目编号： YZ2012-091

审查机构(签章)：××建设工程咨询有限公司

资质印章(签章)：

审查机构负责人(签章)：

日　期：××年×月×日

施工图审查意见汇总表

报告编号：226××2012-0310-091　　　　项目编号：YZ2012-091

建设单位	××房地产开发公司	送审日期	
		审毕日期	
勘察单位	××勘察院	资质等级	丙级
		证书编号	225426
设计单位	××设计院	资质等级	乙级
		证书编号	223021-sy
建设地点	××市××镇×××村	抗震设防烈度(度)	7 度
工程项目	××市××镇×××村住宅小区 2# 楼工程	子项名称	/

子 项 概 况

工程性质	设计使用年限(交通饱和)	设计使用年限(路面结构)	设计车速(km/h)	道路长度(m)	道路宽度(m)	设计荷载	路面类型	道路等级(级)	安全等级(级)

工程概况

审查专业	审查结论		处理意见				违反强制性条文数	是否复审	审查人审核人
	合格	不合格	不修改	一般修改	重大修改	重新设计			
地勘			√						
道路	√		√						
结构									
给排水	√								
电气 强	√								
电气 弱									
绿化									

综合结论	□合格　　　　□不合格		备注	
汇总人(签字)		年　月　日	审查机构(签章)	
技术负责人(签字)		年　月　日		年　月　日

附注：(1) 根据各专业审查意见在审查结论和处理意见下打"√"。

(2) 在综合结论栏的正方形内打"√"，如☑。

(3) 审查专业名称可根据工程具体情况进行变更，结构、桥梁、隧道专业应有审查人及审核人签字，其他专业可不签审核人。

第　次审查　共　页　第　页

续表(一)

施 工 图 审 查 意 见 表

(结　构)专业

报告编号：226××2012-0310-091　　　　　　　　　　　　项目编号：YZ2012-091

工程项目	××市××镇×××村住宅小区 2# 楼工程	子项名称	

审查意见	本专业工程概况与基本评价： 　　本工程位于××省××市××镇×××村住宅小区，室内外高差 0.45 m，剪力墙结构。地下 1 层，地上 17 层，结构总高度为 51.450 m。设计使用年限 50 年。建筑抗震设防类别为丙类，抗震设防烈度为 7 度。砌体施工质量控制等级要求达到 B 级。地下耐火等级为一级，地上耐火等级为二级。结构构件的燃烧性能和耐火极限均应满足《高层建筑设计防火规范》表 3.0.2 的限值。建筑结构的安全等级为二级。基本风压 0.40 kN/m²，基本雪压 0.35 kN/m²，地面粗糙度类别 B 类。基础采用墙下梁式筏板基础。 　　勘察设计执行工程建设标准强制性条文及涉及安全、公众利益等方面存在的主要问题： 建议：

审查结论	☑合格　　□不合格	违反强制性条文数	0
处理意见	☑不修改 □一般修改 □重大修改 □重新设计	是否复审	否
审查人(签字)	××年×月×日	审查机构 (签 章)	
审核人(签字)	××年×月×日		××年×月×日

注：

(1) 结构、桥梁、隧道专业应有审查人及审核人签字；其他专业可不签审核人。

(2) 凡违反强制性条文的，请在该条前面加"●"做标识。

(3) 在审查结论和处理意见正方形内打"√"，如☑。

第　　次审查　共　页　第　页

续表(二)

××省建设工程施工图设计文件审查

合 格 书

编号：<u>226××2012-0310-091</u>

<u>××房地产开发公司</u>(建设单位)：

　　你单位于 <u>2012</u> 年<u>×</u>月<u>×</u>日委托审查的<u>××市××镇×××村住宅小区 2# 楼工程</u>工程项目施工图设计文件经(一审□　二审□　三审□)合格。

项目基本情况	工程项目	××市××镇×××村住宅小区 2# 楼工程						
	子项名称	/						
	工程地址	××市××镇×××村						
	结构类型	剪力墙		设计年限		50 年		
	道路长度(m)			设计荷载				
	道路宽度(m²)			设计车速 km/h				
	勘察单位	××勘察院		资质等级		丙级		
				证书编号		225314		
	设计单位	××设计院		资质等级		乙级		
				证书编号		223021-sy		
	审查报告编号	226××2012-0310-091		项目编号		YZ2012-091		
	备　注							

审查专业	勘察	建筑	结构	给排水	强电	弱电	暖通	
审查人员(签字)								
审核人员(签字)	/	/	/	/	/	/	/	
法定代表人(签字)			技术负责人(签字)					

注：
　　(1) 审查专业名称可根据工程具体情况进行变更，结构、桥梁、隧道专业应同时有审核人签字，其他专业可不签审核人。
　　(2) 本表一式七份，分别由建设、勘察、设计、监理单位、质监部门使用和城建档案馆、建设行政施工图审查管理部门备案。

(审查机构名称)(盖章)

××年×月×日

续表(三)

建设工程施工图设计文件审查备案通知

备案编号：

建 设 单 位	××房地产开发公司		联系人		
工 程 项 目	××市××镇××× 村住宅小区 2# 楼工程		联系电话		
子 项 名 称	/				
工 程 地 址	××市××镇×××村				
勘 察 单 位	××勘察院	资质等级	丙级	证书编号	225314
设 计 单 位	××设计院	资质等级	乙级	证书编号	223021-sy
审 查 机 构		资质等级		资质等级	

工 程 概 况

建筑性质及用途	住宅	结构类型	剪力墙	建筑总高度(m)	51.450
工程等级	乙级	建筑面积(m²)	10715.38	建筑层数(地上/地下)	17/1

审查情况

审查 专业	审查结论	处理意见	复审 次数	违强 条数	审查人	审核人	违反工程建设强制性 标准编号及条文编号
勘察							
建筑							
结构							
给排水							
电 气　强							
弱							
暖通							

审查综合结论		审查合格书编号	
		审查项目编号	
备案部门		备案时间	
备案部门意见			

签发人 ××年×月×日	经办人	××年×月×日	备案部门(盖章)
	审核人	××年×月×日	

注：

(1) 本通知一式五份，分别由备案部门、建设单位、施工许可部门、规划管理部门、竣工验收备案机构持有。

(2) 本通知由备案部门填写。

第五节 招投标及合同文件(A4)

招投标及合同文件(A4)包括勘察招投标文件、勘察合同、设计招投标文件、设计合同、监理招投标文件、委托监理合同、施工招投标文件和施工合同等 8 种。

一、勘察招投标文件

勘察招投标文件是指建设单位在选择工程项目勘察单位时进行的招标、投标活动中形成的文件资料。

建设工程勘察是指根据建设工程的要求，查明、分析、评价建设场地的地质、地理环境特征和岩土工程条件，编制建设工程勘察文件的活动。勘察任务在于查明工程项目建设地点的地形地貌、地层土壤岩性、地质构造、水文条件等自然地质条件资料，做出鉴定和综合评价。工程勘察工作是设计和施工的基础。

1．实行勘察招标的建设项目应具备的条件

实行勘察招标的建设项目应具备以下条件：

(1) 具有经过审批机关批准的设计任务书。

(2) 具有规划管理部门同意的用地范围许可文件。

(3) 有符合要求的地形图。

2．勘察招投标的工作程序

勘察招投标的工作程序如下：

(1) 办理招标登记，组织招标工作机构，组织评标小组，编制招标文件。

(2) 报名参加投标，对投标单位进行资格审查，领取招标文件，编制投标书并送达招标单位。

(3) 开标，评标，决标，选定中标单位，发出中标通知，签订勘察合同。

二、勘察合同

勘察合同是指建设单位与中标单位或委托的勘察单位为完成特定的勘察任务，明确相互权利义务关系而订立的合同。订立合同委托勘察任务是发包人与承包人的自主市场行为，但必须遵守《中华人民共和国合同法》、《中华人民共和国建筑法》、《建筑工程勘察设计管理条例》、《建筑工程勘察设计市场管理规定》等法律、法规的要求。为了保证勘察合同的内容完整、责任明确、风险责任合理分担，住房和城乡建设部与国家工商行政管理局颁布了《建设工程勘察合同示范文本》。

依据《建设工程勘察合同示范文本》订立建设工程勘察合同时，双方应根据工程项目的特点，通过协商，在合同的相应条款内明确以下具体内容：

1) 发包人应提供的勘察依据文件和资料

(1) 提供本工程批准文件(复印件)，用地(附红线范围)、施工、勘察许可等批准文件(复

印件)。

(2) 提供工程勘察任务委托书、技术要求和工作范围的地形图、建筑总平面布置图。

(3) 提供勘察工作范围已有的技术资料及工程所需的坐标和高程资料。

(4) 提供勘察工作范围内地下已有埋藏物的资料(如电力、通信电缆、各种管道、人防设施、洞穴等)及具体位置图。

(5) 其他必要的相关资料。

2) 委托任务的工作范围

(1) 工程勘察内容。

(2) 技术要求。

(3) 预计的勘察工作量。

(4) 勘察成果资料提供的份数。

3) 合同工期

合同约定的勘察工作的开始时间和终止时间。

4) 勘察费用

(1) 勘察费用的预算金额。

(2) 勘察费用的支付程序和每次支付的百分比。

5) 发包人应为勘察人提供的现场工作条件

根据工程项目的具体情况，合同双方当事人可以在合同内约定由发包人负责保证勘察工作顺利开展应提供的条件。

6) 违约责任

(1) 承担违约责任的条件和处理办法。

(2) 违约金的计算方法等。

7) 合同争议的最终解决方式

合同中应明确约定解决合同争议的最终解决方式是采用仲裁还是诉讼。采用仲裁时，约定仲裁委员会的名称。

三、设计招投标文件

设计招投标文件是指建设单位在选择工程项目设计单位时进行的招标、投标活动中形成的文件资料。

1. 实行设计招标的建设项目应具备的条件

实行设计招标的建设项目应具备以下条件：

(1) 具有经过审批机关批准的设计任务书。

(2) 具有工程设计所需的基础资料。

2. 设计招投标的工作程序

设计招投标的工作程序如下：

(1) 编制招标文件，发布招标公告或招标通知书，领取招标文件，投标单位报送申请书及提供资格预审文件，对投标者进行资格审查。

(2) 组织投标单位现场踏勘,编制投标书并按规定送达。

(3) 当众开标,组织评标,确定中标单位,与中标单位签订合同。

四、设计合同

设计合同是指建设单位与中标单位或委托的设计单位为完成特定的设计任务,明确相互权利义务关系而订立的合同。

订立建设工程设计合同时,双方应根据工程项目的特点,通过协商,在《建筑工程设计合同示范文本》(范本)的相应条款内明确以下具体内容:

(1) 发包人应提供的文件和资料。

① 设计依据文件和资料:主要包括经批准的项目可行性研究报告或项目建议书;城市规划许可文件、工程勘察资料等。

② 项目设计的要求:主要包括工程的范围和规模,限额设计的要求,设计依据的标准、法律、法规规定应满足的其他条件。

(2) 委托任务的工作范围。

① 设计范围:合同内应明确建设规模,详细列出工程分项的名称、层数和建筑面积。

② 建筑物的合理使用年限要求。

③ 委托的设计阶段和内容:包括方案设计、初步设计和施工图设计的全过程,还是其中的某个阶段。

④ 设计深度的要求:方案设计文件应当满足编制初步设计文件和控制概算的需要;初步设计文件应当满足编制施工招标文件、主要设备材料订货和编制施工图设计文件的需要;施工图设计文件应当满足设备材料、非标准设备制作和施工的需要。具体的内容应根据项目的特点在合同中约定。设计人应根据国家有关标准进行设计,设计标准可以高于国家规范强制性规定。

⑤ 设计人配合施工的要求:包括向发包人和施工承包人进行设计交底;处理有关设计问题;参加重要隐蔽工程部位验收和竣工验收等。

(3) 设计人交付设计资料的时间。

设计人交付设计资料的时间包括合同约定的方案设计、初步设计和施工图设计交付时间。

(4) 设计费用。

① 合同双方应根据国家有关规定,确定最低的设计费用。

② 设计费用分阶段支付进度款的条件和每次支付总设计费的百分比及金额。

(5) 发包人应为设计人提供的现场服务。

现场服务指发包人在施工现场为设计人提供的工作条件、生活条件及交通等方面的内容。

(6) 违约责任。

(7) 合同争议的最终解决方式。

五、监理招投标文件

监理招投标文件是指建设单位在选择工程项目监理单位时进行的招标、投标活动中形成的文件资料。

1．招标文件

监理招标文件应包括以下几个方面的内容：

(1) 投标须知。

① 工程项目综合说明：包括主要的建设内容、规模、工程等级、地点、总投资、现场条件。

② 开竣工日期。

③ 委托的监理范围和监理业务。

④ 投标文件的格式、编制、递交。

⑤ 无效投标文件的规定。

⑥ 投标起止时间，开标、评标、定标的时间和地点。

⑦ 招标文件、投标文件的澄清与修改。

⑧ 评标的原则等。

(2) 合同条件。

(3) 业主提供的现场办公条件(包括交通、通信、住宿、办公用房等)。

(4) 对监理单位的要求(包括现场监理人员、检测手段、工程技术难点等方面)。

(5) 有关技术规定。

(6) 必要的设计文件、图样、有关资料。

(7) 其他事宜。

2．投标文件

投标人根据招标文件编制投标书，投标书应注意以下几个方面的问题：

(1) 投标人的资质(包括资质等级、批准的监理业务范围、主管部门或股东单位、人员综合情况等)。

(2) 监理大纲的合理性。

(3) 拟派项目的主要监理人员(总监理工程师和主要专业监理工程师)。

(4) 人员派驻计划和监理人员的素质(学历证书、职称证书、上岗证书等)。

(5) 监理单位提供用于工程的检测设备和仪器，或委托有关单位检测的协议。

(6) 近几年监理单位的业绩和奖惩情况。

(7) 监理费报价和费用的组成。

(8) 招标文件要求的其他情况。

六、委托监理合同

建设工程委托监理合同简称监理合同，是委托人与监理人就委托的工程项目管理内容签订的明确相互权利、义务关系的有法律效力的协议。《建设工程委托监理合同示范文本》中把合同分为建设工程委托监理合同、建设工程委托监理合同标准条件、建设工程委托监理合同专用条件三个部分。

1．建设工程委托监理合同

监理合同是一个总的协议，是纲领性的法律文件，经双方当事人签字盖章后合同即成立。合同中需要明确和填写的主要内容包括：工程概况(工程名称、地点、规模、等级、总投资、现场条件、开竣工日期)；委托人向监理人支付报酬的期限和方式；合同签订、生效、完成时间；双方愿意履行约定的各项义务的表示。

2．建设工程委托监理合同标准条件

建设工程委托监理合同标准条件是委托监理合同的通用性文件，适用于各类建设工程项目监理，委托人和监理人都必须遵守。其内容包括：词语定义及合同文件；双方责任、权利和义务；合同生效；变更与终止；监理报酬；争议的解决；其他。

3．建设工程委托监理合同专用条件

由于标准条件适用于各种行业和专业项目的建设工程监理，对于具体建设工程项目监理，某些条款内容已不具有适用性，需要在签订建设工程委托监理合同时，根据建设工程项目的具体情况和实际要求，对标准条件中的某些条款进行补充和修正，形成专用条件。

七、施工招投标文件

施工招投标文件是指建设单位在选择工程项目施工单位时进行的招标、投标活动中形成的文件资料。

建设工程施工招标投标是指建设单位通过招标的方式，将工程建设任务一次或分步发包，由具有相应资质的承包单位通过投标竞争的方式承接。

(一)　建设工程施工招标应具备的条件

建设工程施工招标应具备的条件如下：

(1) 项目已正式引入国家部门或地方的年度固定投资计划。

(2) 建设用地的征用工作已经完成。

(3) 有能够满足施工需要的施工图纸及技术资料。

(4) 建设资金和主要建筑材料、设备来源已经落实。

(5) 建设项目所在地规划部门已经批准，施工现场的"三(五)通一平"已经完成或一并列入施工招标范围。

(二)　施工招投标程序

建设工程施工招投标程序与设计招投标程序基本相同，一般按下述程序进行：

1．招标准备阶段

招标准备阶段的工作由招标人单独完成，投标人不参与。此阶段工作包括选择招标方式，办理招标备案手续，组织招标班子和编制招标有关文件等。

2．招投标阶段

在招投标阶段，招标人应做好招标的组织工作，投标人则按照招标有关文件规定程序和具体要求进行投标报价的竞争。此阶段工作包括发布招标公告，资格预审，确定投标单位名单，分发招标文件以及图样和技术资料，组织踏勘现场和招标文件答疑，接受投标文件，建立评标组织，制定评标、决标的办法。

3．决标阶段

从开标日到签订合同这一时期称为决标阶段，是对各投标书进行评审比较，最终确定中标人的过程。此阶段的工作包括召开开标会议，审查投标标书，组织评标，公开标底，决标前谈判，决定中标单位，发布中标通知书，签订施工承发包合同。

(三) 编制招标文件

1．招标公告

由招标人通过指定的报刊、信息网或其他媒介，并同时在中国工程建设网和建筑业信息网上发布招标公告；实行邀请招标的，应向 3 个以上符合资质条件的投标人发出投标邀请书。招标公告和投标邀请书应当载明招标人的名称和地址，招标项目的性质、数量、实施地点和时间，以及获取招标文件的办法等事项。

2．资格预审文件

资格预审文件包括投标申请人资格预审须知、投标申请人资格预审申请书以及投标申请人资格预审合格通知书等。资格预审须知明确参加投标单位应知事项和申请人应具备的资历及有关证明文件。资格预审申请书是投标人按照招标单位对投标申请人的要求条件而编写的。

3．招标文件

招标文件是投标人编写投标书和报价的依据，文件中的各项内容应尽可能完整、详细，明确而具体，要最大限度减少误解和可能产生的争议。

工程建设项目施工招标文件一般包括：投标邀请书；投标人须知；合同主要条款；投标文件格式；工程量清单(采用工程量清单招标的)；技术条款；设计图样；评标标准和方法；投标辅助材料。

4．标底(招标控制价)

工程施工招投标通常要编制标底，标底一般委托工程造价单位进行编制。编制标底应根据图样和有关资料确定工程量，标底价格要考虑成本、利润和税金，而且要与市场实际相一致，还要考虑人工、材料、机械价格等变动因素和不可预见因素的影响，既利于竞争，又保证工程质量。

标底须报请主管部门审定，审定后应密封保存，严格保密，不得泄露，直至开标。

(四) 编制投标文件

投标单位在正式投标前进行投标资格预审，投标单位要填写资格预审文件，申请投标。招标单位要对参加申请的投标单位进行资质审查，并将审查结果通知各申请投标人，确定合格的投标单位。

1．投标单位应向招标单位提供的文件材料

投标单位应向招标单位提供以下文件材料：

(1) 企业的营业执照和资质证书。

(2) 企业概况。

(3) 自有资金情况和财务状况。

(4) 目前剩余劳动力和施工机具设备情况。

(5) 近三年承建的主要工程及其质量。

(6) 现有的主要施工任务。

2．编写投标文件

建设工程投标人应按照招标文件的要求编制投标文件，投标文件编制完成后应在规定的期限内密封送达招标单位。从合同订立过程来分析，招标文件属于要约邀请，投标文件属于要约，其目的在于向招标人提出订立合同的意愿。投标文件作为一种要约，必须符合以下条件：

(1) 必须明确向招标人表示愿以招标文件的内容订立合同的意思。

(2) 必须对招标文件提出的实质性要求和条件做出响应(包括技术要求、投标报价要求、评标标准等)。

(3) 必须按照规定的时间、地点提交给招标人。

投标文件是由一系列有关投标方面的书面资料组成的。一般来说，投标文件由投标函部分、商务部分和技术部分三部分组成，采用资格后审的还应包括资格审查文件。

（五）开标、评标和中标

1．开标

开标由招标人主持，邀请所有的投标人参加。由投标人或其推选的代表检查投标文件的密封情况，也可以由招标人委托的公证机构检查并公证。当众宣读投标人名称、投标价格和投标文件的其他主要内容。

2．评标

评标由招标人依法组建的评标委员会负责，在严格保密的情况下进行。评标委员会应当客观公正地履行职责，遵守职业道德，对所提的评审意见承担个人责任。

3．中标

中标单位确定后，招标单位应向中标单位发出通知书，并与中标单位签订施工合同。

八、施工合同

建设工程施工合同是建设单位(招标单位)与施工单位根据有关法律、法规，遵循平等、自愿、公平和诚实信用的原则，签订完成某一建设工程施工任务，明确相互权利、义务关系的有法律效力的协议。《建设工程施工合同示范文本》中把合同分为合同协议书、通用合同条款、专用合同条款三个部分。

1．合同协议书

合同协议书是施工合同的总纲性法律文件，经双方当事人签字盖章后合同即成立。协议书虽然其文字量不大，但它规定了合同当事人双方最基本的权利、义务，规定了组成合同的文件及合同当事人对履行合同义务的承诺，并且合同双方当事人要在这份文件上签字盖章，因此具有很高的法律效力。标准化的协议书需要填写的主要内容包括工程概况、合同工期、质量标准、签订合同价和合同价格形式、项目经理、合同文件构成、承诺以及合同生效条件等。

2. 通用合同条款

通用合同条款是合同当事人根据《中华人民共和国合同法》、《中华人民共和国建筑法》等法律、法规，对承发包双方的权利义务做出的原则性约定。除双方协商一致对其中的某些条款做出修改、补充或取消外，其余条款双方都必须履行。它是将建设工程施工合同中有共性的一些内容抽出来编写的一份完整的合同文件。通用合同条款具有很强的通用性，基本适用于各类建设工程。通用条款共 20 条。

3. 专用合同条款

考虑到建设工程的内容各不相同，工期、造价也随之变动，承包人、发包人各自的能力和施工现场的环境也不相同，通用合同条款不能完全适用于各个具体工程，因此配之以专用合同条款对其作必要的修改和补充，使通用合同条款和专用合同条款共同成为双方统一意愿的体现。专用合同条款的条款号与通用合同条款相一致，但主要是空格，由当事人根据工程的具体情况予以明确或者对通用合同条款进行修改。

第六节　开工文件(A5)

开工文件(A5)包括建设项目列入年度计划的申报文件、建设项目列入年度计划的批复文件或年度计划项目表、规划审批申报表及报送的文件和图纸、建设工程规划许可证及其附件、建筑工程施工许可证及其附件、工程质量安全监督注册登记、工程开工前的原貌影像资料、施工现场移交单等 8 种类型文件。

一、建设项目列入年度计划的申报文件

建设单位就本单位拟(已)建建设项目进展和准备情况编写本单位的申报文件，向建设行政主管部门申报，经建设行政主管部门综合平衡，待批准后列入国家和地方的基本年度计划。已被列入年度计划的工程项目，才允许开工建设。

申报文件的内容主要包括文字和表格两部分内容。

1. 文字部分

申报文件的文字部分应包括以下内容：

(1) 编制年度计划的具体依据、指导思想、建设部署。

(2) 工程建设的主要目标、内容、进度要求。

(3) 关键项目的进度、总体形象进度。

(4) 资金投入情况。

(5) 材料设备、施工力量等条件的落实情况。

(6) 存在的主要问题及解决措施，要求有关部门解决的重大技术等问题。

2．表格部分

申报文件的表格部分应包括以下内容：

(1) 建设项目年度基本建设计划项目表。

(2) 项目进度表、年度总进度表、单项工程进度表。

(3) 施工进度网络计划表。

二、建设项目列入年度计划的批复文件或年度计划项目表

建设行政主管部门根据建设单位提交的申报文件给予批复或列入年度计划项目表，准许项目开工建设。

三、规划审批申报表及报送的文件和图纸

建设单位在城市规划区内新建、改建、扩建建筑物、构筑物、道路、管线和其他工程设施，必须持有相关批准文件向城市规划行政主管部门提出申请，由城市规划行政主管部门根据城市规划提出的规划设计要求，核发建设工程规划许可证。建设单位或者个人在取得建设工程规划许可证和其他有关批准文件后，方可申请办理开工手续。

建设工程规划许可证是由城市规划行政主管部门依法核发的，是确认有关建设工程符合城市规划要求的法律凭证。建设工程规划许可证是建设工程办理建设工程施工许可证、进行规划验线和验收、商品房销(预)售、房屋产权登记等的法定要件，同时也是建设活动过程中接受城市规划行政主管部门监督检查的法律依据。

申请办理建设工程规划许可证，应当报送以下文件和图纸：

(1) "建设工程规划许可证申请表"(见表 2-18) 2 份，并加盖申请人印章。

(2) 有关计划批准文件、设计条件或规划方案审批意见。

(3) 土地使用权属证件及附图。

(4) 1：500 或 1：1000 地形图 2 份，地形图上应由设计单位用 HB 铅笔标明下列内容：建筑基地用地界限；建筑物外轮廓及层数；新建建筑物与基地用地界限；道路规划红线及相关控制线；相邻建筑物间距尺寸轴线标号。

(5) 符合出图标准并加盖建筑设计单位设计出图章的 1：500 或 1：1000 总平面设计图 2 份。

(6) 建筑施工图 1 套，图纸须加盖设计单位图章。

(7) 分层面积表(应按国家有关建筑面积规定计算)。

(8) 建筑工程预算书。

(9) 相关单位部门审核意见。

(10) 日照分析文件 1 份(可选)。

(11) 规划部门要求提供的其他材料。

(12) 涉及拆迁的，应附送拆迁文件。

表 2-18　建设工程规划许可证申请表

建设工程规划许可证申请表

××年×月×日

建设单位(盖章)	单位负责人	×××	施工单位(盖章)	单位负责人	×××
电话：	工程负责人	×××	电话：	工程负责人	×××
建设性质：城镇住宅			承包方式：施工总承包		

工程项目批准机关、文号、日期、内容提要：

设计批复文号：

工程地点：××市××镇×××村

工程内容	单位工程名称	结构	层数	建筑面积(m²)	单位造价(元/m²)	总造价(万元)	施工预算资金(万元)
	××市××镇×××村住宅小区 2# 楼工程	剪力墙	18	10 715.38			

建设用地批准文号：

工程日期	开工　　　　　　　年　　　月　　　日 竣工　　　　　　　年　　　月　　　日	
建行意见		(盖章)
施工主管部门意见		(盖章)
有关部门意见		(盖章)
工程质量监督部门意见	(盖章)　　　白蚁防治部门意见	(盖章)

建设收费情况	基础设施配套费(元)	规划技术服务费(元)	垃圾管理费(元)	质量监督费(元)	其他	合计(元)

许可证号		经办人		审批人	

申请说明	(1) 凡新建、扩建、翻建的各项工程，必须向市建设主管部门领取建设工程规划许可证。凡未领取合法证件的工程一律按违法建设处理。 (2) 领证时必须携带项目批文、设计批复、使用土地的批复及其他相关部门意见、工程平面图、施工图纸等。 (3) 有关收取费用情况：① 基础设施配套费 75 元/m²；② 规划技术服务费 1～1.4 元/m²；③ 垃圾管理费 2 元/m²；④ 质量监督费 3‰(非住房建设项目)，2.3‰(住房建设项目)。 (4) 建设工程竣工后，必须通知建设部门参加工程验收。 (5) 此表一式二份，一份交发证机关，一份留建设单位存档。

四、建设工程规划许可证及其附件

建设工程规划许可证是由城市规划行政主管部门依法核发的，是确认有关建设工程符合城市规划要求的法律凭证。

1. 建设工程规划许可证申报程序

建设工程规划许可证申报程序如下：

(1) 领取并填写规划审批申请表，加盖建设单位公章。

(2) 提交要求报送的文件和图纸。

(3) 城市规划行政管理部门填发建设工程规划许可证立案表。

(4) 城市规划行政管理部门进行审查。

(5) 经审查合格的建设工程，建设单位在取件日期内在规划管理单位领取建设工程规划许可证。

(6) 办理建设工程规划许可证要经过建设单位申请和规划行政管理部门审查批准。

2. 建设工程规划许可证附件

建设工程规划许可证还包括建设工程规划许可证附图与附件(见表 2-19)。

附图与附件由发证机关确定，与建设工程规划许可证具有同等的法律效力。附图包括总平面图、各层建筑平面图、各向立面图和剖面图。

表 2-19　建设工程规划许可证及其附件

<table>
<tr><td colspan="2">中华人民共和国
建设工程规划许可证
 建字第　　号
　根据《中华人民共和国城乡规划法》第四十条规定，经审核，本建设工程符合城乡规划要求，颁发此证。
 发证机关
日　　期 </td></tr>
<tr><td>建设单位</td><td>××房地产开发公司</td></tr>
<tr><td>建设项目名称</td><td>××市××镇×××村住宅小区 2# 楼工程</td></tr>
<tr><td>建设位置</td><td>××市××镇×××村</td></tr>
<tr><td>建设规模</td><td>小型基本建设项目</td></tr>
<tr><td colspan="2">附图及附件名称

　1.《建设工程红线位置图》　2. 工程施工图(平、立、剖面图)　3. 申请报告</td></tr>
<tr><td colspan="2">遵守事项：
　(1) 本证是经城乡规划主管部门依法审核，建设工程符合城乡规划要求的法律凭证。
　(2) 未经取得本证或不按本证规定进行建设的，均属违法建设。
　(3) 未经发证机关许可，本证的各项规定不得随便变更。
　(4) 城乡规划主管部门依法有权查验本证，建设单位(个人)有责任提交查验。
　(5) 本证所需附图与附件由发证机关依法确定，与本证具有同等法律效力。</td></tr>
</table>

五、建筑工程施工许可证及其附件

建筑工程施工许可证是建筑施工单位符合各种施工条件、允许开工的批准文件，是建设单位进行工程施工的法律凭证，也是房屋权属登记的主要依据之一。

建设单位在取得建设工程规划许可证和其他有关行政主管部门的批准文件后，向建设行政主管部门提出申请开工报告，填报建设工程开工审查表，由建设行政主管部门审查批准，核发给建筑工程施工许可证。

1. 申请领取施工许可证应当具备的条件

申请领取施工许可证应当具备下列条件：

(1) 已经办理该建筑工程用地批准手续。

(2) 在城市规划区的建筑工程，已经取得规划许可证。

(3) 需要拆迁的，其拆迁进度符合施工要求。

(4) 已经确定建筑施工企业。

(5) 有满足施工需要的施工图纸及技术资料。

(6) 有保证工程质量和安全的具体措施。

(7) 建设资金已经落实。

(8) 法律、行政法规规定的其他条件。

2. 建筑工程施工许可证申请

新建、改建、扩建项目在工程正式动工前，对具备了开工条件的建设项目，由建设单位向建设行政主管部门提出要求开工的申请。一般情况下由建设单位会同施工单位共同办理，其基本内容包括：

(1) 建设工程概况。

(2) 可行性研究报告和初步设计的批准文件。

(3) 列入年度建设计划。

(4) 完成了施工现场准备，完成了三(五)通一平、测量放线等工作。

(5) 施工材料、物资准备基本就绪，建筑材料、施工机具等已做好准备，开工必备的物资已进场。

(6) 完成了施工图设计和施工组织设计。

(7) 建立了项目组织机构和项目管理规划。

(8) 资金准备已出具证明文件，审计部门出具了审计证明。

(9) 与施工单位签订了施工合同。

(10) 与监理单位签订了监理合同。

(11) 其他。

3. 审批建筑工程施工许可证

建设行政主管部门及有关部门接到工程开工审批表后，要进行逐项认真审查、核实，确定是否具备了开工条件。

(1) 大中型项目批准开工之前，国家发展和改革委员会或委托有关部门派人到现场检查落实开工条件，凡未达到开工条件的，不予批准。

(2) 小型项目的开工审批工作按各地区、各部门制定的具体办法办理。

(3) 军队建设项目由军队系统基本建设行政主管部门直接进行审核，并核发建筑工程施工许可证。

4. 核发建筑工程施工许可证

建筑行政主管部门应当自收到申请之日起在规定的时间内，对符合条件的申请者发给建筑工程施工许可证(见表 2-20)。

建设单位应当自领取施工许可证之日起三个月内开工。因故不能按期开工的，应当向发证机关申请延期。延期以两期为限，每次不超过三个月。既不开工又不申请延期或者超过延期时限的，施工许可证自行废止。因故不能按期开工超过六个月的，应当重新办理开工报告的审批手续。

表 2-20 建筑工程施工许可证

<table>
<tr><td colspan="4">中华人民共和国
建筑工程施工许可证

编号：

根据《中华人民共和国建筑法》第八条规定，经审查，本建筑工程符合施工条件，准予施工。

发证机关
日 期</td></tr>
<tr><td>建设单位</td><td colspan="3">××房地产开发公司</td></tr>
<tr><td>工程名称</td><td colspan="3">××市××镇×××村住宅小区 2# 楼工程</td></tr>
<tr><td>建设地址</td><td colspan="3">××市××镇×××村</td></tr>
<tr><td>建设规模</td><td>10 715.38 m²</td><td>合同价格</td><td>万元</td></tr>
<tr><td>设计单位</td><td colspan="3">××设计院</td></tr>
<tr><td>施工单位</td><td colspan="3">××建筑工程有限公司</td></tr>
<tr><td>监理单位</td><td colspan="3">××监理公司</td></tr>
<tr><td>合同开工日期</td><td></td><td>合同竣工日期</td><td></td></tr>
<tr><td>备注</td><td colspan="3"></td></tr>
</table>

注意事项：

(1) 本证放到施工现场，作为准予施工的凭证。

(2) 未经发证机关的许可，本证的各项内容不得变更。

(3) 建设行政主管部门可以对本证进行查验。

(4) 本证自核发之日起三个月内应予施工，逾期应办理延期手续。不办理延期或延期次数、时间超过法定时间的，本证自行废止。

(5) 凡未取得本证擅自施工的属违法建设，将按《中华人民共和国建筑法》的规定予以处罚。

六、 工程质量安全监督注册登记

凡由市建设行政主管部门审批开工的建设工程，建设单位应在开工前到市建设工程质量监督部门办理工程质量安全监督注册登记。由区(县)建设行政主管部门审批开工的建设工程，建设单位应在开工前到区(县)建设工程质量监督站办理工程质量安全监督注册登记。

工程质量安全监督注册登记由建设单位在领取施工许可证前向当地建设行政主管部门委托的工程质量监督部门申报。

办理工程质量监督注册手续时，建设单位应提供以下文件资料：

(1) 建设工程规划许可证。

(2) 建设工程开工审查表。

(3) 勘察、设计单位资质等级证书和工程勘察设计文件。

(4) 施工图审查批准书。

(5) 监理单位、施工单位资质等级证书。

(6) 监理、施工中标通知书。

(7) 建设工程勘察、设计、监理、施工合同。

建设单位在提交上述文件后，方可办理监督注册登记并填写建设工程质量监督注册证书(见表 2-21)。由监督注册部门审查符合要求后，当即办理监督注册手续，指定监督机构并发出质量监督通知书。然后在建设工程开工审查表及建设工程质量注册登记表内加盖监督机构专用章。

表 2-21　建设工程质量监督注册证书

<table>
<tr><td colspan="2" align="center">建设工程质量监督注册证书</td></tr>
<tr><td colspan="2">××× 公司：
　　你单位报监时提供的文件和资料经审查，符合规定。同意办理××××× 工程质量监督注册手续。要求按《建筑工程质量管理条例》第七章条款履行责任和义务，质量监督机构对该工程实施政府质量监督管理。</td></tr>
<tr><td colspan="2">　　　　　　　工程名称：××市××镇×××村住宅小区 2#楼工程
　　　　　　　工程地点：××市××镇×××村
　　　　　　　监督注册号： ××
　　　　　　　×××监督站(章)

　　　　　　　　　　　　　　　　　　　　　　　××年×月×日</td></tr>
<tr><td colspan="2">　注：此表一式四份，建设、监理、施工、监督各一份。</td></tr>
</table>

七、工程开工前的原貌影像资料

建设单位应在开工前，对工程所在区域留存原貌影像资料，包括原址重要建筑物、植被、自然村落、厂区、街区及周边状况原貌，原址及附近纪念碑、塔、亭等文物及古建筑等，并存档。

八、施工现场移交单

施工现场移交单指的是建设单位向施工单位提供施工现场及毗邻区域内供水、排水、供电、广播、电视、通信、地下管线和地质、水文、气象、施工现场相邻建筑物、地下工程等相关资料清单。

当建设单位为承包单位提供满足施工条件的现场后，建设单位应向承包单位移交，并签署施工现场移交单。移交后，施工现场由施工承包单位全权管理。

第七节　商务文件(A6)

商务文件(A6)包括工程投资估算资料、工程设计概算资料、工程施工图预算资料等 3 种类型。

一、工程投资估算资料

工程投资估算资料是指由建设单位委托工程设计单位、咨询单位或勘察设计单位编制的对建设项目投资数额进行估计的资料。

投资估算是指在整个投资决策过程中，依照现有资料和一定的方法对建设项目的投资数额进行的估计，是项目可行性研究报告的重要组成部分，是项目决策的基本依据之一。

投资估算内容应根据建设项目费用研究制定，包括建设工程费、预备及工具购置费、工程建设其他费、固定资产投资方向调节税、建设期贷款利息、预备费，以及经营性项目铺底流动资金。

二、工程设计概算资料

工程设计概算资料是指由建设单位委托设计单位编制的设计概算资料，是设计文件的组成部分。

工程设计概算通常是指初步设计概算，即在初步设计或扩大初步设计阶段，由设计单位根据初步设计或扩大初步设计文件(图纸、设备材料表、设计说明以及其他有关文件等)、概算定额或概算指标、各项费用取费定额，以及与之配套使用的有关规定等资料，预先计算和确定拟建项目建筑工程费用的文件。

按建设程序规定，设计单位在初步设计阶段必须编制总概算，技术设计阶段必须编制修正概算。

设计概算分为三级，即单位工程概算、单项工程综合概算、建设项目总概算。

1. 单位工程概算

单位工程概算是确定单项工程中的各单位工程建设费用的文件，是编制单项工程综合概算的依据。

单位工程概算分为建筑工程概算和设备及安装工程概算两大类。建筑工程概算分为土建工程概算、给排水工程概算、采暖工程概算、通风工程概算、电气照明工程概算、工业管道工程概算、特殊构筑物工程概算。设备及安装工程概算分为机械设备及安装工程概算，电气设备及安装工程概算，器具、工具及生产家具购置费概算。

2. 单项工程综合概算

单项工程综合概算是确定一个单项工程所需建设费用的文件，是由根据单项工程内各专业单位工程概算汇总编制而成的。

3．建设项目总概算

建设项目总概算是确定整个建设项目从筹建到竣工验收所需全部费用的文件。它是由各个单项工程综合概算以及工程建设其他费用和预备费用概算汇总编制而成的。

建设项目总概算的组成内容：

(1) 工程费用：主要工程项目综合概算；辅助和服务性工程项目综合概算；住宅、宿舍、文化福利和公共建筑项目综合概算；室外工程项目综合概算；场外工程项目综合概算。

(2) 工程建设其他费用：土地使用费；建设单位管理费；勘察设计费和研究试验费；联合试运转费和生产准备费；施工机构迁移费；引进技术、进口设备项目的其他费用；供电贴费；临时设施费；办公和生活用家具费；工程监理费、工程保险费、财务费用；经营项目铺底流动资金。

(3) 预备费、投资方向调节税、建设期贷款利息等。

三、工程施工图预算资料

工程施工图预算资料是由建设单位委托承接工程的施工总包单位编制的预算资料。

施工图预算是确定建筑工程预算造价的文件，是以施工图设计为依据，根据预算定额、取费标准，以及地区人工、材料、机械台班的预算价格进行编制的。

由于各工程项目在设计时所含单位工程不尽相同，因此在编制施工图预算时，要编制哪些单位工程预算书，应视其设计文件内容中所含单位工程加以确定，两者是相辅相成的。一个典型的工程项目的施工图预算分为建筑工程施工图预算和设备及安装工程施工图预算。

1．建筑工程施工图预算

建筑工程施工图预算包括以下内容：

(1) 一般土建单位工程预算：各种房屋及一般构筑物工程预算；铁路、公路及其附属构筑物工程预算；厂区围墙、道路工程预算。

(2) 卫生技术单位工程预算：室内给排水管道工程预算；采暖通风(包括室外暖气管道)工程预算；室内外煤气管道工程预算；卫生工程中的附属构筑物工程预算；属于卫生工程中的有关设备(如水泵、锅炉等)工程预算。

(3) 工业管道单位工程预算：蒸汽管道工程预算；氧气管道工程预算；压缩空气管道工程预算；煤气管道工程预算；生产用给排水管道工程预算；重油管道工程预算；润滑系统管道工程预算；其他工业管道工程预算。

(4) 特殊构筑物单位工程预算：设备基础工程预算；工业管道用隧道及地沟工程预算；设备的金属支架工程预算；炉衬工程预算；设备的绝缘工程预算；各种工业炉砌筑工程预算；烟囱和烟道工程预算；涵洞、栈桥、高架桥工程预算；其他特殊构筑物工程预算等。

(5) 电气照明单位工程预算：室内照明工程预算；室内照明及室外线路工程预算；照明的变配电工程预算。

2．设备及安装工程施工图预算

设备及安装工程施工图预算包括以下内容：

(1) 机械设备及其安装工程预算：各种切削、锻压、铸造、起重、输送设备和电梯、风机、泵安装以及压缩机、工业炉、煤气发生设备安装工程预算。

(2) 热力设备及其安装工程预算：各种锅炉、汽轮发电机、燃煤供应等设备安装工程预算。

(3) 化学工业设备及其安装工程预算：各种容器、反应器、热交换器、塔类设备安装工程预算；干燥、过滤等设备安装工程预算；工业炉安装工程预算。

(4) 电气设备及其安装工程预算：各种变压器、配电装置安装工程预算；动力、照明控制设备安装工程预算；电机、调相机、起重设备电气装置、电梯电气装置等安装工程预算。

(5) 通信设备及其安装工程预算：各种通信电源设备、交换设备、通信设备、传真设备安装工程预算；通信线路工程、共用天线电视系统及有限广播等安装工程预算。

(6) 此外，还有工艺管道工程、通风空调工程、自动化控制装置及仪表工程、工艺金属结构工程、炉窑砌筑工程等预算。

✦✦✦✦✦ 课 后 习 题 ✦✦✦✦✦

一、名词解释

1. 工程准备阶段文件　　　　　　　　　　2. 建设工程规划许可证

二、填空题

1. 大中型基本建设项目与限额以上更新改造项目报(　　　　　　)审批，特大型项目由(　　　　　)审核后报(　　　　)审批。

2. 可行性研究报告可以由(　　　　)自行编制或(　　　　)具有相应资质的工程咨询、设计单位编制。

3. 可研报告附件包括(　　　　　)、(　　　　　)、外协意向性协议。

4. 建设用地规划许可证的取件凭证是(　　　　　　)。

5. 岩土工程勘察报告的内容分为(　　)和(　　)两部分。

6. 建设单位应当自领取施工许可证之日起(　　　)个月内开工。

三、选择题

1. 工程准备阶段文件是指在(　　)，在准备阶段形成的文件。
    A. 开工以后　　　　　　　　　　B. 施工中
    C. 开工以前　　　　　　　　　　D. 竣工时

2. 可行性研究报告审批意见建设单位要(　　)保存。
    A. 长期　　　　　　　　　　　　B. 短期
    C. 临时　　　　　　　　　　　　D. 永久

3. (　　)不属于工程准备阶段文件。
    A. 项目建议书　　　　　　　　　B. 可研报告
    C. 可研报告批复　　　　　　　　D. 监理规划

4. 工程开工文件不包括(　　)。

    A. 建设工程规划许可证　　　　　　　B. 年度计划项目表

    C. 建筑工程施工许可证　　　　　　　D. 工程投标保函

5. 勘察设计文件不包括(　　)。

    A. 审定设计方案的审查意见　　　　　B. 项目净现值等经济指标

    C. 施工图设计　　　　　　　　　　　D. 施工图审查合格证书

6. 招标的方式包括(　　)。

    A. 公开招标、自主招标　　　　　　　B. 公开招标、邀请招标

    C. 议标、要约招标　　　　　　　　　D. 邀请招标、代理招标

7. 建设单位领取施工许可证是要具备一定条件的,下列选项中哪一项不是必需条件
(　　)。

    A. 已经办理建筑工程用地批准手续　　B. 已经确定建筑施工企业

    C. 建设资金已落实　　　　　　　　　D. 工程施工工作已开始

8. 建设工程规划许可证由(　　)核发。

    A. 建设行政主管部门　　　　　　　　B. 规划行政主管部门

    C. 国土房管行政主管部门　　　　　　D. 项目审批部门

9. 工程地质勘察报告的内容分为(　　)。

    A. 文字和图表部分　　　　　　　　　B. 数据部分

    C. 钻孔柱状图　　　　　　　　　　　D. 地质剖面图

10. 勘察设计文件不包括(　　)。

    A. 审定设计方案的审查意见　　　　　B. 建设用地批准书

    C. 施工图设计　　　　　　　　　　　D. 施工图审查合格证书

四、简答题

1. 立项文件包括哪些内容?

2. 可研报告的编制依据是什么?

3. 施工图设计文件的审查过程是什么?

4. 开工审批文件有哪些?

5. 申请领取建筑工程施工许可证应当具备哪些条件?

第三章　　监理资料(B 类)

学习目标 ✍

1. 知识目标
(1) 了解监理单位文件资料的形成过程。
(2) 熟悉建设单位、施工单位、设计单位等相关单位提交的资料；会填写与各相关单位来往的表格。
(3) 掌握监理资料的组成、编制和填写。
2. 能力目标
能够熟练地填写、收集、整理各类监理资料。

教学建议 📖

教学方法：讲授法、讨论法、案例教学法、实战教学法。
教学手段：相关规范、规程，项目实例，多媒体教学设备，互联网技术。
考核要求：课前预习+课堂提问+课堂作业+课后作业。

第一节　　监理单位文件资料的形成过程

建筑工程监理是建设工程活动的一个重要环节，就整个工程项目建设而言，工程建设监理对提高项目的投资效益，对项目的质量、进度、安全的控制有积极的重要意义。

监理资料是工程资料的一项重要内容，是证明工程建设质量符合要求的客观依据。

一、监理资料的概念

监理资料是指监理单位在工程设计、施工等监理过程中形成的信息记录。本章重点阐述施工阶段的监理资料。

按照《建筑工程资料管理规程》(JGJ/T 185—2009)，监理资料可分为监理管理资料、进度控制资料、质量控制资料、造价控制资料、合同管理资料和竣工验收资料等六类。本章按照《山西省建筑工程施工资料管理规程》(DBJ 04/T214—2015)将监理资料分为监理管理文件(B1)、进度控制文件(B2)、质量控制文件(B3)、造价控制文件(B4)、合同管理资料(B5)、分包单位资质管理资料(B6)等六类。

二、监理资料的管理

监理单位的文件资料管理是指监理工程师受建设单位的委托，在其进行监理工作期间，对工程建设实施过程中所形成的与监理相关的文档进行收集积累、加工整理、立卷归档和检索利用等一系列工作。

根据《建设工程监理规范》(GB/T 50319—2013)的要求，监理单位应做到以下几点：

(1) 加强施工资料的管理工作，实行项目总监理工程师负责制，指定专人负责施工监理资料的收集、整理和归档工作。负责编制两套施工监理资料，其中移交建设单位一套，自行保存一套。

(2) 按照合同约定，在施工阶段监督、检查施工单位资料的形成、收集、归档工作，验证施工资料的真实性、准确性和完整性，即监理资料应满足"整理及时、真实齐全、分类有序"的要求。

(3) 对施工单位报送的资料按规定进行通查，符合要求后予以确认。

(4) 施工监理资料在移交和归档前必须由项目总监理工程师审核并签字，并在工程竣工验收后及时向建设单位移交。

三、工程监理资料的形成过程

工程监理资料的形成过程如图 3-1 所示。

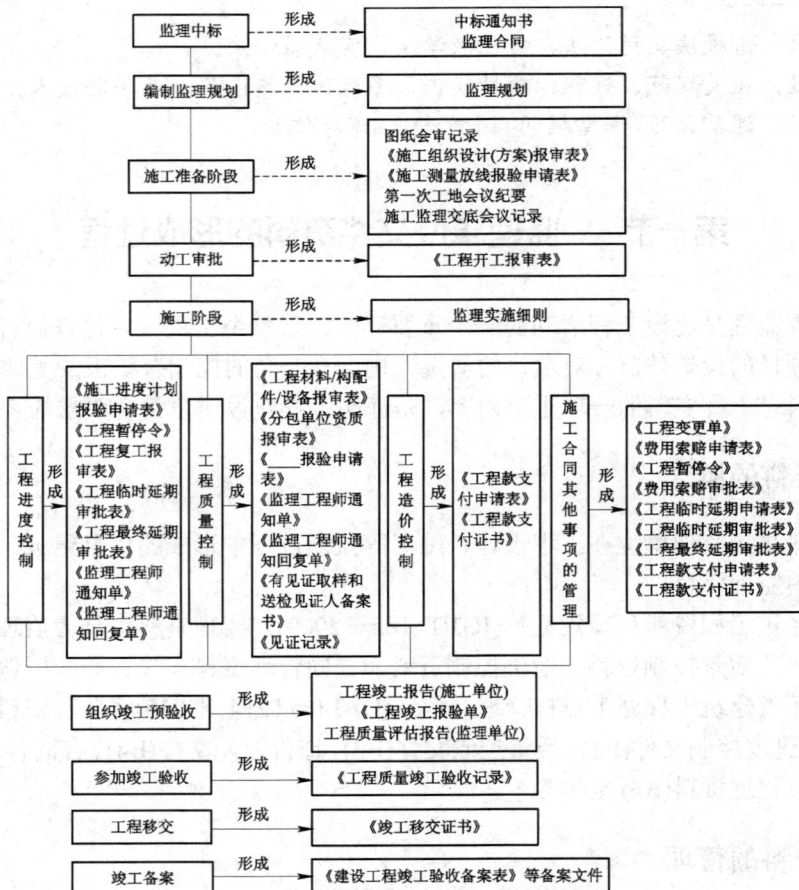

图 3-1　监理资料的形成过程

四、监理资料归档管理

1. 监理资料归档的内容

监理资料归档的内容包括：监理合同；项目监理规划及监理实施细则；监理月报；会议纪要；分项、分部工程施工报验表；质量问题和质量事故的处理资料；造价控制资料；工程验收资料；监理通知；合同其他事项管理资料；监理工作总结。

2. 监理档案的验收、移交和管理

监理档案的验收、移交和管理应按如下要求进行：

(1) 工程师组织监理资料的归档整理工作，负责审核，并签字验收。

(2) 工程竣工后三个月内总监理工程师负责将监理档案送公司总工程师审阅，并与监理单位档案管理人员办理移交手续。

(3) 存档的监理档案需要借阅时应办理借阅和归还手续。

(4) 一般工程建设监理档案保存期至少为工程保修期结束后一年，超过保存期的监理档案，应经总工程师批准后销毁，但应有记录。

第二节　监理管理文件(B1)

一、总监理工程师任命书

总监理工程师是项目监理机构的总负责人，是由工程监理单位法定代表人书面任命，负责履行建设监理合同，主持项目监理机构工作的注册监理工程师。

总监理工程师任命书是工程监理单位对总监理工程师的任命以及相应的授权范围书面通知建设单位。

总监理工程师任命书必须有工程监理单位法定代表人签字，并加盖单位公章。

二、监理规划

监理规划是结合项目具体情况制定的指导整个项目监理工作开展的指导性文件。

1. 监理规划的编制要求

监理规划的内容应有针对性，做到控制目标明确、措施得力有效、工作程序合理、工作制度健全、职责分工明确，对监理工作确实起到指导作用。监理规划的内容还应有时效性，在建设项目实施过程中，应根据情况的变化做出必要的调整和修改，并再经原审批程序批准后，报送建设单位。

2. 监理规划的编制程序和依据

监理规划应在签订监理合同、收到施工合同、施工组织设计、设计图纸文件后 1 个月内，由总监理工程师主持专业监理工程师参加编制完成，并必须经过监理单位和建设单位审核批准。工程项目的监理规划，经监理公司技术负责人审核批准后，在召开第一次工地会议前报送建设单位。

监理规划内容应符合《建设工程监理规范》(GB/T 50319—2013)的要求。监理规划封

面由总监理工程师及编制人员、监理单位技术负责人签字，并加盖监理单位公章。

3．监理规划的内容

监理规划应包括以下内容：工程概况；监理工作的范围、内容、目标；监理工作依据；监理组织形式、人员配备及进退场计划，监理人员岗位职责；监理工作制度；工程质量控制；工程造价控制；工程进度控制；安全生产管理的监理工作；合同与信息管理；组织协调；监理工作设施。

三、监理实施细则

监理实施细则是在监理规划指导下，由专业监理工程师针对各专业具体情况制定的具有实施性和可操作性的业务文件。监理实施细则必须有项目总监理工程师批准方可实施。

1．监理实施细则的编制要求

对于采用新材料、新工艺、新技术、新设备的工程，及专业性较强、危险性较大的分部分项工程，项目监理机构应编制监理实施细则。监理实施细则应符合监理规划的要求。

2．监理实施细则的编制程序和依据

监理实施细则是在监理规划指导下，由专业监理工程师结合工程项目专业特点进行编制，做到详细具体、具有可操作性。监理实施细则应在相应工程施工开始前编制完成。由项目总监理工程师审批，其编制程序、依据和主要内容应符合《建设工程监理规范》(GB/T 50319—2013)第 4.3 条的要求。

3．监理实施细则的内容

监理实施细则应包括以下内容：专业工程的特点；监理工作的流程；监理工作的控制要点及目标值；监理工作的方法及措施。

在监理工作实施过程中，监理实施细则应根据实际情况进行补充、修改和完善。

四、监理月报

监理月报即在项目施工过程中，项目监理机构就工程实施情况和监理工作向建设单位和监理单位所作的汇报。监理月报由项目总监组织各专业监理工程师编写，签署后报送建设单位和本监理单位。

监理月报内容应符合《建设工程监理规范》(GB/T 50319—2013)第 7.2.3 条的要求。

监理月报的内容包括本月工程实施情况、本月监理工作情况、本月施工中存在的问题及处理情况、下月监理工作重点。

监理月报报送时间由监理单位和建设单位协商确定。一般在收到施工单位项目经理部报来的工程进度、汇总了当月已完成的工程量和当月计划完成工程量的工程量表、工程款支付申请表等相关资料后，在最短的时间内提交，大约为 5~7 天。监理月报的编制周期通常为上月 26 日到本月 25 日，在下月 5 日前发出。

五、监理会议纪要

监理会议纪要是由项目监理部根据项目监理机构主持的会议记录整理，经过总监理工

程师审阅，与会各方代表会签确认的文件。

监理会议包括第一次工地会议、工地例会及专题会议等。

1．第一次工地会议

在单位工程开工前，总监理工程师应组织召开施工现场第一次工地会议，主要目的是了解施工准备工作的情况。第一次工地会议由建设单位主持，会后由监理单位负责整理会议纪要，见表3-1。

表 3-1 第一次工地会议纪要

工程名称	××市××镇×××村住宅小区 2# 楼工程	编号	×××××
时间：××年×月×日下午×时×分			
地点：××市××镇×××村住宅小区 2# 楼工程现场办公室			
主持人：××房地产开发公司×××			

主要内容：

(1) 建设单位、施工单位和监理单位分别介绍各自驻现场的组织结构、人员及其分工。

(2) 单位的总工程师×××，依据监理合同和监理规范的规定，宣布对总监理工程师的授权，并希望监理机构正确执行国家和地方的法规、规范、规程和标准，认真履行岗位职责，对工程的质量、进度、投资和安全进行严格的控制，建设单位还表示对监理机构开展监理工作将给予全力支持。

(3) 建设单位×××，向与会人员介绍了工程开工前的准备工作，重点讲述了施工前期手续已经全部具备，已经领取了施工许可证，施工现场的"三(五)通一平"工作也顺利完成，希望施工单位能够抓紧施工。另外本工程项目的建设得到了政府各级领导的重视和支持，行业主管部门也本着特事特办的原则，同意先行根据预放线进行基础土方开挖，但基础工程施工必须待正式放线手续完善后方可进行。

(4) 施工单位项目经理×××介绍了施工的准备情况：施工管理体系已经建立健全，施工作业人员已经到位，工程材料已经进场，施工机械已经安装完毕并经法定检测部门检测合格，施工组织设计及各专项施工方案已经过监理机构审批合格，施工图纸会审完毕，完全具备了开工要求，待建设单位取得正式放线手续后立即组织施工。

(5) 总监理工程师×××就监理工作的范围、内容、依据、程序、制度、方法、手段、措施等事项，对施工单位进行了全面系统的监理交底。

会议决定：

(1) 确定了各方在施工过程中参加工地例会的主要人员，召开工地例会的周期、地点及主要议题。

(2) 参加工地例会的人员有：

① 建设单位的总工程师×××、工程部长×××。

② 监理单位的总监理工程师×××、土建监理工程师×××、电气监理工程师×××、水暖监理工程师×××。

③ 施工单位的项目经理×××、单位工程技术负责人×××、专职质量检查员×××、专职安全监督员×××。

(3) 召开工地例会的周期为一周，特殊情况下，各参建单位的现场负责人可以提议召开专题会议。

(4) 会议的地点在建设单位的现场办公室。

到会人员签字：				
建设单位				
监理单位				
施工单位				

2. 工地例会

工地例会是总监理工程师或其授权的专业监理工程师定期主持召开的工地会议，主要针对工程质量、进度、造价与合同管理等事宜进行研究和处理，会议纪要由监理机构负责起草，并经与会各方代表会签。

工地例会会议纪要(见表 3-2)应包括以下内容：

(1) 检查上次例会议定事项的落实情况，分析未完事项的原因。

(2) 检查分析工程项目的质量、施工安全管理状况，针对存在的问题提出改进措施。

(3) 检查分析工程项目进度计划的完成情况，提出下一阶段进度目标及其落实措施。

(4) 检查工程量核定及工程款的支付情况。

(5) 解决需要协调的有关事项。

(6) 其他有关事宜。

表 3-2　××市××镇×××村住宅小区 2# 楼监理例会会议纪要

工程名称：××市××镇×××村住宅小区 2# 楼工程　　　　　　　　　　编号：×××

时间：××年×月×日	地点：×××会议室	主持人：×××总监理工程师
与会单位及人员：×××　　　监理公司：×××　　　××房地产开发公司：××× ×××建筑工程有限公司：×××		
主要内容： 　　×××建筑工程有限公司： 　　1) 目前进度情况 　　(1) CFG 桩可以进场。 　　(2) 车库部分还有一步土，计划明天挖至 -5.9 m。 　　(3) 边坡护身栏正在刷漆，然后挂网。 　　(4) 现场办公室暂设今天完成，路面已部分硬化，根据情况继续硬化。 　　2) 下周工作安排 　　(1) 挖土及护坡计划 10 月 22 日完成。 　　(2) CFG 桩明天进场，后天开始施工。 　　3) 目前存在的问题 　　(1) 独立柱基础做法由我方出节点图，请管理公司与设计单位沟通确认。 　　(2) 东侧污水和上水请尽快解决。		
会议决定： 　　(1) 独立柱基础做法，管理公司与设计单位于××年×月×日确认。 　　(2) 东侧污水和上水于××年×月×日解决。		
到会人员签字：(另附"签到表") 　　　　　　　　　　　　记录人：×××　　　　××年×月×日		

3. 专题会议

专题会议是为解决施工过程中的各种专项问题而召开的不定期会议，由总监理工程师或其授权的监理工程师主持或参加，会议应有主要议题。专题会议的会议纪要与工地例会会议纪要相同。

六、监理日志

监理日志是项目监理机构每日对建设工程监理工作及施工进展情况所作的记录。

监理日志以项目监理工作为记载对象，自该项目监理工作开始之日起至该项目监理工作结束止，由专人负责逐日连续记载。

监理日志应使用统一制定的表格——《监理日志》，每册封面应标明工程名称、册号、记录时间段，以及建设、设计、施工、监理单位名称，并由总监理工程师签字。监理日志不得补记，不得隔页或扯页，以保持其原始记录。

监理日志(见表 3-3)内容填写应符合下列要求：

表 3-3 监 理 日 志

工程名称	××市××村住宅小区 2# 楼			
日期	2012 年×月×日	气象	晴	最高与最低气温	18～28℃
施工部位	标高 5.80 m(二层)		风力	3～4 级东南风

当日施工主要内容：

(1) 下午 3 时开始①～⑤轴梁板浇注混凝土 C30。

(2) ⑤～⑩轴梁板绑扎钢筋。

(3) 施工方法：现场搅拌 C30 混凝土，采用 QT40t.m 塔式(固定式)起重机做现场垂直运输。

(4) 二层梁板使用的钢筋及拟浇注的混凝土中所用的碎石、中砂、水泥，前期已经复试合格，试验单编号分别为×××、×××、×××、×××。

记录：

(1) 下午 1 时，监理工程师对二层①～⑨轴梁板平行检验时发现，KL—1 梁的梁底钢筋采用的是直径 22 mm 的螺纹钢筋，而图纸要求的是直径 25 mm 的螺纹钢筋，随即下达了监理工程师通知，要求施工单位进行返工处理。施工单位接到监理工程师通知后立即进行了整改，于下午 2 时整改完毕并向监理机构重新报验，经监理工程师复验合格，同意施工单位浇注混凝土，并签署钢筋隐蔽工程验收记录。报验单编号：×××，验收人：×××。

(2) 土建专业监理工程师×××对现场搅拌的混凝土配比进行了抽检，情况如下：

理论配比(kg/罐)：PS32.5 水泥　　中砂　　1～30 mm 碎石
　　　　　　　　　　50　　　 280.8　　　 479.2

计量实测：水泥平均每袋 49.5 kg，少 1%(允许±2%)；中砂每罐 288.8 kg，多 2.85%(允许±3%)；碎石 486 kg，多 1.42%(允许±3%)。

抽查结果：合格。

(3) 二层①～⑨轴梁板浇注混凝土时，监理工程师×××派监理员×××实施旁站监理，其相关内容详见旁站监理记录。

(4) 上午 10 时，监理工程师在巡视检查时发现，外双排钢管脚手架局部高于二层楼面的尺寸，未达到 1.2 m，不符合安全防护要求，监理工程师立即下达了监理工程师通知，要求施工单位整改并及时撤离该部位的作业人员，施工单位接到监理工程师通知后立即进行了整改，于 11 时整改完毕，经监理工程师检查合格。

总监审阅意见	×××	监理工程师	×××

1. 施工内容

施工内容指施工人数、作业内容及部位，使用的主要施工设备、材料等。

2. 记录

(1) 施工过程巡视检查、旁站监理和见证取样情况。

(2) 施工测量放线、工程报验情况及验收结果。

(3) 材料、设备、构配件、半成品和主要施工机械设备进场情况及进场验收结果。

(4) 施工单位资料报审及审查结果。

(5) 施工图交接、工程变更的有关事项。

(6) 所发监理通知(书面或口头)的主要内容及签发、接收人。

(7) 建设单位、施工单位提出的有关事宜及处理意见。

(8) 施工现场议定的有关事项及协调确定的有关问题。

(9) 工程质量事故(问题)及处理方案。

(10) 异常事件(可能引发索赔的事件)及对施工的影响情况。

(11) 设计人员到工地及处理、交代的有关事宜。

(12) 质量监督人员、有关领导来工地检查、指导工作的情况及有关指示。

(13) 其他重要事项。

七、监理工作总结

监理工作总结是项目施工监理工作结束后监理单位对履行委托监理合同情况及监理工作进行的总结。

监理工作总结由总监理工程师组织项目监理机构有关人员编写。监理工作总结的内容应符合《建设工程监理规范》(GB/T 50319—2013)第7.2.4条的规定。监理工作总结由项目总监理工程师签字并加盖监理单位公章，并在施工阶段监理工作结束后，由监理单位向建设单位提交。

监理工作总结编制的内容：工程概况；项目监理机构、监理合同的履行情况；监理工作成效；监理工作中发现的问题及处理情况；说明和建议。

八、监理专题报告

监理专题报告是指在施工过程中，项目监理机构就某项工作、某一问题、某一任务或某一事件向建设单位所做的报告。监理专题报告应当用标题清楚地表明问题的性质，主体内容应详尽地阐述发生问题的情况、原因分析、处理结果和建议。监理专题报告由报告人、总监理工程师签字，并加盖项目监理机构公章。

施工过程中的合同争议、违约处理等可采用监理专题报告，并附有关记录。

九、建设工程质量评估报告

建设工程质量评估报告是项目监理机构对被监理工程的单位(子单位)工程施工质量进行总体评价的技术性文件。

工程竣工预验收合格后，由总监理工程师组织专业监理工程师编写建设工程质量评估报告。其内容包括：工程概况；工程监理情况；工程分部、分项施工质量验收情况；工程质量事故及其处理情况；竣工资料审查情况；工程质量评估结论。

建设工程质量评估报告由总监理工程师签字并报监理单位技术负责人审核签字且加盖监理单位盖章后，报送建设单位。

十、工作联系单

工作联系单用于监理单位和其他参建单位传递意见、建议、决定、通知等的联系用表，工作联系单可采用表 3-4 的格式。当不需回复时应有签收记录，并应注明收件人的姓名、单位和收件日期，由有关单位各保存一份。

表 3-4　工 作 联 系 单

工程名称	××市××镇×××村住宅小区 2# 楼工程	编号	00-00-B1-×××

致：　　×××建筑工程有限公司　　　　(施工单位)

事由：
　　关于贵公司资质及项目组织机构报审事宜

内容：
　　请×××建筑工程有限公司于××年×月×日前将贵公司的资质副本复印件及教学楼项目组织机构人员名单、人员岗位证件报送我公司现场监理部。

　　　　　　　　　　　　　　　　单　　　位：　　××监理公司　　
　　　　　　　　　　　　　　　　负 责 人：　　　×××　　　
　　　　　　　　　　　　　　　　日　　　期：　　××年×月×日　　

十一、　监理通知单

项目监理机构依据建设工程监理合同授予的权限，针对施工单位出现的各种问题，对施工单位所发出的指令、提出的要求，除另有规定外，均应签发监理通知单(见表 3-5)。监理现场发出的口头指令及要求，也应采用本表予以确认。

监理通知单可由总监理工程师或专业监理工程师签发，对于一般问题可由专业监理工程师签发，重大问题应由总监理工程师或经其同意后签发。

表 3-5 监 理 通 知 单

工程名称	××市××村住宅小区2#楼	编号	01-01-B1-×××

致××建筑安装有限公司(施工总承包单位/专业承包单位)

事由:
    关于基坑开挖边坡放坡相关事宜

内容:
    (1) 贵单位承建的教学楼在基坑开挖时未按施工方案进行放坡,请接通知后立即整改,按原定施工方案施工。
    (2) 现正当雨季,请做好边坡防护工作,防止边坡塌方。

监 理 单 位:××监理有限责任公司
总/专业监理工程师: ×××
日 期: ××年×月×日

施工单位存在下列情况时,项目监理机构应及时签发监理通知单:
(1) 施工存在质量问题、采用不适当的施工工艺或施工不当。
(2) 在施工过程中出现不符合设计要求、工程建设标准或合同约定的。
(3) 使用不合格的工程材料、构配件和设备。
(4) 实际进度严重滞后于进度计划且影响合同工期时。
(5) 危险性较大的分部分项工程未按专项施工方案实施时。
(6) 工程质量、进度、造价等方面存在违法、违规等行为。

十二、监理通知回复单

施工单位在收到"监理通知单"后,根据通知要求进行整改,自检合格后,向监理机构报送回复意见即用此表。监理机构收到此表后,按照规范对整改情况和附件资料进行复查,提出复查意见,由总监理工程师或专业监理工程师签字确认。

十三、见证单位及见证人授权书

见证单位及见证人授权书(见表3-6)是建设单位或建设单位委托监理单位向监督该工程的质量监督部门申报备案用表,也是通知施工单位和委托进行试验检验的试验单位的用表。见证人员应由该工程的监理单位或建设单位中具备建筑施工知识和具有见证员资格的专业技术人员担任。

表 3-6　见证单位及见证人授权书

见证单位及见证人授权书

工程名称：××市××镇×××村住宅小区 2# 楼工程　　　　　　　　编号：

致：＿＿太原市＿＿＿＿＿＿＿＿＿＿＿＿＿＿＿＿＿质量监督站

　　现委托＿＿×××、×××、×××＿＿为我单位承建＿××市××镇×××村住宅小区 2# 楼＿工程的见证单位，负责该工程的见证取样、送样工作。

　　具体见证人如下：

姓名＿＿＿＿＿＿＿＿签字手迹＿＿＿＿＿＿见证人编号：(印章)＿＿＿＿＿＿＿

姓名＿＿＿＿＿＿＿＿签字手迹＿＿＿＿＿＿见证人编号：(印章)＿＿＿＿＿＿＿

姓名＿＿＿＿＿＿＿＿签字手迹＿＿＿＿＿＿见证人编号：(印章)＿＿＿＿＿＿＿

　　见证单位地址：

　　联系电话：

监理(建设)单位(章)
年　　月　　日

十四、工程项目参建单位用章及相关人员签字备案表

　　为了规范各参建单位项目部管理和施工单位的签字审批程序，特制定此表，各参建单位填写后报建设单位和项目监理机构审查后备案。

　　各参建单位主要包括建设单位、监理单位、施工单位、设计单位和试验、检测单位等。需要备案的单位用章包括单位公章、项目部公章(监理机构公章)。需要备案的相关人员包括项目负责人、专业技术负责人、专业质量检查员、安全员、施工员；总监理工程师、专业监理工程师等。备案时相关人员须本人亲自手写签名。

第三节　进度控制文件(B2)

一、工程开工/复工报审表

　　工程开工/复工报审表为工程项目开工及停工后恢复施工的报审用表，承包单位报项目监理机构复核并批复开工和复工时间。即专业监理工程师应审查承包单位报送的工程开工报审表及相关资料，具备以下条件时，由总监理工程师签发，并报建设单位。

(1) 设计交底和图纸会审已完成。

(2) 施工组织设计已获总监理工程师批准。

(3) 承包单位现场质量、安全生产管理体系已建立，管理及施工人员已到位，施工机械具备使用条件，主要工程材料已落实。

(4) 进场道路及水、电、通信等已满足开工要求。

整个项目一次开工，只填报一次。如工程项目含有多个单位工程且开工时间不同，则每个单位工程都应填报一次，此时将表头和表内的"复工"两字划掉。因各种原因工程暂停，承包单位准备恢复施工，工程复工报审时，将表头和表内的"开工"两字划掉。

工程开工/复工报审表宜采用表 3-7 的格式。

表 3-7　工程开工/复工报审表

工程名称	××市××村住宅小区2# 楼	编号	00-00-B2-×××

致　　××房地产开发公司　建设单位

　　××监理有限责任公司　项目监理机构

　　我方承担的　　××市××村住宅小区2# 楼　　　工程，已完成相关准备工作，具备开工/复工条件，特此申请施工，请予以审批。

附件：证明文件资料

　　(1) 开工报告。

　　(2) 施工现场质量管理检查记录。

施工项目部(盖章)：

项目负责人(签字)：×××

日　　　期：××年×月×日

审核意见：

　　　　经审核，符合开工/复工条件，请建设单位审批。

项目监理机构(盖章)：

总监理工程师(签字、加盖执业印章)：×××

日　　　期：××年×月×日

审批意见：

　　　　同意开工/复工。

建设单位项目部(盖章)：

建设单位项目负责人(签字)：×××

日　　　期：××年×月×日

二、工程开工/复工令

总监理工程师组织专业监理工程师审查施工单位报送的开工/复工报审表及相关资料，审查符合条件后，总监理工程师签署审核意见，并报建设单位批准，然后由总监理工程师签发开工/复工令。

三、施工进度计划报审表

施工进度计划报审表是由承包单位根据已批准的施工总进度计划，按承包合同约定或监理工程师的要求编制的施工进度计划，报项目监理机构审查、确认和批准。

施工进度计划报审表宜采用表 3-8 的格式。

表 3-8　施工进度计划报审表

工程名称	××市××村住宅小区 2# 楼	编号	00-00-B2-×××
致：　××监理有限责任公司　项目监理机构 　　由我方承包　××市××村住宅小区 2# 楼　工程的施工进度计划已编制完成，请审查确认。 附件： 　××市××村住宅小区 2# 楼施工进度计划(120页) 　　　　　　　　　　　施工项目部(盖章)： 　　　　　　　　　　　项目负责人(签字)：××× 　　　　　　　　　　　日　　期：××年×月×日			
审核意见： 　　经审核，此施工进度满足施工合同有关工期的需要，请总监理工程师审批。 　　　　　　　　　　　专业监理工程师(签字)：××× 　　　　　　　　　　　日　　期：××年×月×日			
审批意见： 　　同意按此施工进度施工，施工单位需加大施工人员的投入，确保工期按合同要求完成。 　　　　　　　　　　　项目监理机构(盖章)： 　　　　　　　　　　　总监理工程师(签字)：××× 　　　　　　　　　　　日　　期：××年×月×日			

四、工程暂停令

监理人员发现施工存在重大质量隐患，可能造成质量事故或已经造成质量事故，应通过总监理工程师及时下达工程暂停令，要求承包单位停工整改。整改完毕并经监理人员复查，符合规定要求后，总监理工程师应及时签署工程复工报审表。总监理工程师下达工程暂停令和签署工程复工报审表，宜事先向建设单位报告。

在发生下列情况之一时，总监理工程师可签发工程暂停令：建设单位要求暂停施工且工程需要暂停施工；施工单位未经批准擅自施工或拒绝项目监理机构管理；施工单位未按审查通过的工程设计文件施工；施工单位未按批准的施工组织设计、(专项)施工方案施工或违反工程建设强制性标准；施工存在重大质量、安全事故隐患或发生质量、安全事故。

工程暂停是由承包单位造成的，承包单位申请复工时，除了填报"工程复工报审表"外，还应报送针对导致停工原因所进行的整改工作报告等有关材料。工程暂停是由非承包单位造成的，若是建设单位的原因(或应由建设单位承担责任的风险)，总监理工程师在签发工程暂停令之后，应尽快按承包合同的规定处理因工程暂停而引起的工期、费用等有关问题。

监理单位签发的工程暂停令应一式三份，建设单位、监理单位、施工单位各保存一份。工程暂停令宜采用表 3-9 的格式。

表 3-9　工 程 暂 停 令

工程名称	××市××镇×××村住宅小区 2# 楼工程	编号	01-01-B1-×××
致：×××建筑工程有限公司(施工总承包单位/专业承包单位) 　　由于_____贵单位边坡开挖放坡坡度不够，仍断续基础施工的_____原因，现通知你方必须于 ×× 年 ×月×日 12:00 时起，对本工程的 独立基础施工部位(工序)实施暂停施工，并按要求做好下述各项工作： (1) 做好基坑边的临边防护。 (2) 边坡放坡不够的地方应进行放坡处理，消除安全隐患。 (3) 做好现场其他工作。 　　　　　　　　　　　　　　监　理　单　位：　　××监理公司　　 　　　　　　　　　　　　　　总监理工程师：　　　×××　　　 　　　　　　　　　　　　　　日　　　　期：　　××年×月×日			

第四节　质量控制文件(B3)

一、施工组织设计(方案)报审表

施工组织设计(方案)报审表(见表 3-10)用于承包单位报审施工组织设计(方案)。工程项目开工前，承包单位按施工合同规定时间向项目监理机构报送自审手续完备的施工组织设计(方案)，总监理工程师应组织专业监理工程师在合同规定时间内完成审查工作，提出审查意见，经总监理工程师审核、签字确认后，报建设单位。审查不合格的施工组织设计(方案)，监理工程师应提出修改完善的审查意见，要求承包单位在指定时间内重新报审。重新报审或经批准的施工组织设计(方案)发生改变时的报审同样也采用此表。

表 3-10　施工组织设计(方案)报审表

工程名称：××市××村住宅小区 2# 楼　　　　　　　　　　编号：

致：__××监理有限责任公司__ 项目监理机构 　　我方根据有关规定已完成了 __××市××村住宅小区 2# 楼__ 工程施工组织设计(方案)的编制，并按规定已完成本单位的相关审批手续，经我公司(项目)技术负责人审查批准，请予以审查。 　　附件：施工组织设计   　　　　　　　　　　　　　　　　　　施工项目部(盖章)： 　　　　　　　　　　　　　　　　　　项目负责人(签字)： 　　　　　　　　　　　　　　　　　　日　　期：
审查意见： 　　经审查，此施工组织设计能满足工程质量要求，请总监理工程师审核。 　　　　　　　　　　　　　　　　　　专业监理工程师： 　　　　　　　　　　　　　　　　　　日　　期：
审核意见： 　　同意按此施工组织设计施工。   　　　　　　　　　　　　　　　　　　项目监理机构(盖章)： 　　　　　　　　　　　　　　　　　　总监理工程师(签字、加盖执业印章)： 　　　　　　　　　　　　　　　　　　日　　期：
审批意见(仅对超过一定规模且危险性较大的分部、分项工程专项施工方案)：   　　　　　　　　　　　　　　　　　　建设单位项目部(盖章)： 　　　　　　　　　　　　　　　　　　建设单位项目负责人(签字)： 　　　　　　　　　　　　　　　　　　日　　期：

二、各种报验表

1. 工程材料、构配件、设备报验表

　　工程材料、构配件、设备报验是承包单位对拟进场的主要工程材料、构配件、设备，在自检、复试、测试合格后报项目监理机构进行进场验收，并将复试结果及出厂质量证明文件作为附件报项目监理机构审核。验收完毕，附件应归还施工单位存档。

　　对未经监理人员验收或验收不合格的工程材料、构配件、设备，监理人员应拒绝签字确认，承包单位不得在工程上使用，并应限期将不合格的材料、构配件、设备撤出现场。

工程材料、构配件、设备报验表(见表 3-11)必须按单位工程分开报验，并应有时限要求，施工单位和监理单位应按施工合同的约定完成各自的报送和审批工作。

表 3-11　工程材料、构配件、设备报验表

工程名称：××市××镇×××村住宅小区 2# 楼工程　　　　　　　　　　　　编号：

致：××监理公司　　　　　　　　　　　　　　　　　　　　　　(项目监理机构) 　　于 2012 年×月×日进场的拟用于工程 二层①～⑨轴梁板 部位的钢筋 ϕ28，经我方检验合格，现将相关资料报上，请予以审查。 　　附件： 　　(1) 工程材料、构配件或设备清单。 　　(2) 质量证明文件。 　　(3) 自检结果。 　　　　　　　　　　　　　施工项目经理部(盖章)：＿＿＿＿＿＿＿＿ 　　　　　　　　　　　　　项　目　经　理：＿＿＿＿＿＿＿＿ 　　　　　　　　　　　　　日　　　　　期：＿＿＿＿＿＿＿＿
审查意见： 　　经检查，上述工程材料、构配件或设备，符合设计文件和规范的要求，准许进场，同意使用于拟定部位。 　　　　　　　　　　　　　项目监理机构(章)：＿＿××监理公司＿＿ 　　　　　　　　　　　　　专业监理工程师：＿＿＿＿＿＿＿＿ 　　　　　　　　　　　　　日　　　　　期：＿＿＿＿＿＿＿＿

注意：

(1) 材料、构配件或设备质量证明文件：指生产单位提供的证明工程材料、构配件或设备质量的证明资料，如合格证、性能检测报告等。凡无国家或省正式标准的新材料、新产品、新设备，应有省级及以上有关部门的鉴定文件，并委托国家认可的检测机构进行试验，出具检测报告；凡进口的材料、产品、设备，应有商检的证明文件。

(2) 自检结果：指承包单位的进场验收记录、复试报告和项目监理机构见证取样证明。

2. 施工控制测量成果报验表

施工单位施工控制测量完成并自检合格后，用此表报项目监理机构检查、复核验收。专业监理工程师查验后，签字并盖章。

3. ＿＿＿＿＿＿＿＿＿报审/报验表

＿＿＿＿＿＿＿＿＿报审/报验表(见表 3-12)为报审、报验通用表，主要用于分项工程的报验，也可用于施工单位试验室、检测机构资质报验，重要材料、构配件、设备供应单位、试验报告、试运调试等其他内容的报验。

表 3-12 报审/报验表

工程名称：××市××镇×××村住宅小区 2# 楼工程 编号：

致：××监理公司 (监理单位) 　　我单位已完成地下一层①～⑩轴/A～D 轴顶板钢筋绑扎，按设计文件和有关规范进行了自检，质量合格。请予以审查和验收。 　　附件：   　　　　　　　　　　　　　　　　承包单位(章)：×××建筑工程有限公司 　　　　　　　　　　　　　　　　项 目 经 理：＿＿＿＿＿＿＿＿＿＿ 　　　　　　　　　　　　　　　　日　　　　期：＿＿＿＿＿＿＿＿＿＿
审查意见： 　　同意验收。   　　　　　　　　　　　　　　　　项目监理机构(章)：　××监理公司　 　　　　　　　　　　　　　　　　总/专业监理工程师：＿＿＿＿＿＿＿＿ 　　　　　　　　　　　　　　　　日　　　　期：＿＿＿＿＿＿＿＿＿＿

附件包括：

(1) 所报验的分项工程工程质量验收记录表。

(2) 工程质量控制资料。

(3) 安全和功能检验(检测)报告。

(4) 观感质量检查记录。

(5) 施工放样成果。

4．分部工程报验表

　　施工单位对分部工程的报验采用此表。分部工程所包含的分项工程全部合格且质量控制资料齐全后，施工单位可以报请项目监理机构申请验收，专业监理工程师和总监理工程师签署审查意见并盖章。

三、单位工程竣工验收报审表

　　单位(子单位)工程承包单位自检符合竣工条件后，填写《单位工程竣工验收报审表》并附相应的竣工资料，报项目监理机构，提出工程竣工预验收。

　　总监理工程师组织项目监理人员根据有关规定与施工单位共同对工程进行预验收，合格后总监理工程师签署《单位工程竣工验收报审表》(见表 3-13)，并及时报告建设单位和编写《工程质量评估报告》。

表 3-13　单位工程竣工验收报审表

工程名称：××市××镇×××村住宅小区 2# 楼工程　　　　　　　　编号：

致：××监理公司(监理单位) 　　根据合同规定，我方已完成了××市××镇×××村住宅小区 2# 楼 工程项目的全部施工内容，经自检符合合同及设计要求，且技术资料齐全，现报请竣工预验，请予以检查和验收。 　　附件： 　　　　　　　　　　　　　　　　承包单位 (章)：×××建筑工程有限公司 　　　　　　　　　　　　　　　　项　目　经　理：＿＿＿＿＿＿＿ 　　　　　　　　　　　　　　　　日　　　　　期：＿＿＿＿＿＿＿
审查意见： 　　经初步审查，该工程： 　　(1) 构成单位工程的各分部工程全部/未全部验收合格。 　　(2) 文件资料完整/不完整，符合/不符合有关规定。 　　(3) 符合/不符合设计文件要求。 　　(4) 符合/不符合施工合同要求。 　　经核查，该工程初步验收合格/不符合，可以/不可以组织正式验收。 　　说明： 　　　　　　　　　　　　　　　　项目监理机构(章)：××监理公司 　　　　　　　　　　　　　　　　总 监 理 工 程 师：＿＿＿＿＿＿＿ 　　　　　　　　　　　　　　　　日　　　　　期：＿＿＿＿＿＿＿

四、见证取样记录表

单位工程施工前，项目监理机构应根据施工单位报送的施工试验计划编制见证取样和送检计划。在施工过程中，见证人员应按照见证取样和送检计划，对施工现场的取样和送检进行见证，取样人员应在试样或其包装上做出标识、封志。标识和封志应标明工程名称、取样部位、取样日期、样品名称和样品数量，并由见证人员和取样人员签字。见证人员应按规定填写《见证取样记录表》(见表 3-14)，并将见证记录归入施工技术档案。监理单位填写的见证记录应一式三份，建设单位、监理单位、施工单位各保存一份。见证人员应对试样的代表性和真实性负责。

表 3-14　见证取样记录表

工程名称	××市××镇×××村住宅小区 2# 楼工程		编号	01-06-B3-005
开始时间	××年×月×日	试件编号	HNT001　取样数量	3 组
见证取样记录	见证取样取自 6 号罐车，在试块上已做出标识，注明取样部位、取样日期			
见证取样 和送检印章	××监理公司 见证取样和送检印章			
签字栏	取样人员		见证人员	
	刘××		李××	

五、混凝土浇灌申请书

承包单位在做好各项准备工作，准备浇灌混凝土之前，应填写《混凝土浇灌申请书》，报送项目监理机构核查签发。项目监理机构应认真核查混凝土浇灌的各项准备工作是否符合要求，并组织相关专业的施工人员共同核验。当全部符合要求并具备浇灌混凝土的条件时签发《混凝土浇灌申请书》，要求相关专业的施工负责人也要会签。

六、旁站记录

担任旁站工作的监理员在发现问题后应及时指出并向专业监理工程师报告，且要做好监理日记和有关的监理记录。监理单位填写的旁站记录应一式三份，建设单位、监理单位、施工单位各保存一份。旁站记录宜采用表 3-15 的格式。

表 3-15 旁 站 记 录

工程名称	××市××镇×××村住宅小区 2# 楼工程			编号	01-06-B3-×××
开始时间	××年×月×日×时	结束时间	××年×月×日×时	日期及天气	晴
监理部位或工序：独立基础及防水筏板混凝土浇筑					
施工情况：采用 C40 商品混凝土泵送浇筑，施工过程按规范操作。					
监理情况：×××监理从混凝土浇筑开始至结束均在现场。					
发现问题：砼浇筑过程中商品混凝土供应不及时，局部砼出现初凝。					
处理结果：现场搅拌同标号砂浆浇在初凝接茬处。					
备注：					
监理单位名称：××监理公司 旁站监理人员(签字)：×××			施工单位名称：×××建筑工程有限公司 质检员(签字)：×××		

七、工程质量问题(事故)报告单

施工过程中若发生了工程质量问题(事故)，承包单位应及时向项目监理机构报告，并就工程质量的有关情况填写本报告用表。

表头填写工程质量问题(事故)发生的时间、发生的工程部位和工程质量问题(事故)的特征。中间填写工程质量问题(事故)发生的经过、后果及原因分析。后果包括损坏、伤亡以及倒塌情况。事故原因包括施工原因、设计原因以及不可抗力等。工程质量问题(事故)性质指技术问题(事故)还是责任问题(事故)，一般事故还是重大事故。最后填写承包单位根据上述调查情况，对工程质量问题(事故)提出现场处理情况、技术和施工方面的处理措施及责任者等初步处理意见。

八、工程质量整改通知单

当项目监理机构发现施工单位在施工过程中的材料、工艺、工程质量等不符合要求时，需要签发《工程质量整改通知单》。一般的工程质量问题整改通知由专业监理工程师签发；比较严重的或者涉及范围较大的工程质量问题整改通知由专业监理工程师报告总监理工程师签发。

九、工程质量事故处理方案报审表

施工单位在对已发生的工程质量事故进行详细调查、研究的基础上，提出的处理方案需报项目监理机构进行审查、确认和批复。工程质量事故处理方案必须征得原设计单位的同意，然后由总监理工程师签认或会同建设单位项目负责人共同签认。

十、监理巡检记录

项目监理机构应按照监理规范的要求，采取巡视检查的形式对建设工程施工质量实施监理，并做好记录。

十一、检验批施工质量验收抽查记录表

当监理工程师对施工质量或材料、设备、工艺等有怀疑时，可以随时进行抽检，并填写《检验批施工质量验收抽查记录》。监理工程师在抽检过程中如发现工程质量有不合格项，应填写《工程质量整改通知单》，通知承包单位进行整改并进行复检，直到合格为止。

十二、施工试验见证取样汇总表

项目监理机构的见证人员在见证取样送检试验完成，各试验项目的试验报告齐全后，分类收集、汇总整理时填写该汇总表。

第五节　造价控制文件(B4)

一、工程款支付报审表

承包单位根据施工合同中工程款支付约定，向项目监理机构申请支付工程预付款、工程进度款、工程结算款。申请支付工程款金额包括合同内工程款、工程变更增减费用、批准的索赔费用，扣除应扣预付款、保留金及施工合同中约定的其他费用。

二、工程款支付证书

工程款支付证书是项目监理机构在收到承包单位的《工程款支付报审表》后，根据建设单位的审查意见审查复核后签署的用于建设单位应向承包单位支付工程款的证明文件，

并报送建设单位。

《建设工程监理规范》(GB/T 50319—2013)规定，项目监理机构应按下列程序进行工程计量和工程款支付工作：

(1) 专业监理工程师对施工单位在工程款支付报审表中提交的工程量和支付金额进行复核，确定实际完成的工程量，提出到期应支付给施工单位的金额，并提出相应的支持性材料。

(2) 总监理工程师对专业监理工程师的审查意见进行审核，签字确认后报建设单位审批。

(3) 总监理工程师根据建设单位的审批意见，向施工单位签发工程款支付证书。

《工程款支付证书》是与《工程款支付报审表》配套使用的表格，在工程预付款、工程进度款、工程结算款等支付时使用。监理单位填写的工程款支付证书应一式三份，建设单位、监理单位、施工单位各保存一份。工程款支付证书宜采用表 3-16 的格式。

表 3-16　工程款支付证书

工程名称	××市××镇×××村住宅小区 2# 楼工程	编　号	00-00-B4-×××

致：××房地产开发公司 (建设单位)

　　根据施工合同　×　条　××　款的约定，经审核施工单位的支付申请及附件，并扣除有关款项，同意本期支付工程款共(大写)　　叁佰贰拾万元整　　(小写：　3 200 000.00　)。请按合同约定及时支付。

其中：

(1) 施工单位申报款为：　叁佰伍拾陆万元整　。

(2) 经审核施工单位应得款为：　叁佰贰拾万元整　。

(3) 本期应扣款为：　叁拾陆万元整　。

(4) 本期应付款为：　叁佰贰拾万元整　。

附件：

1. 施工单位的工程支付申请表及附件

2. 项目监理机构审查记录

监 理 单 位：　××监理公司　

总监理工程师：　×××　

日　　　　期：　××年×月×日　

三、工程竣工结算审核意见书

工程竣工结算审核意见书指总监理工程师签发的工程竣工结算文件或提出的工程竣工结算合同争议的处理意见。工程竣工结算审查应在工程竣工报告确认后依据承包合同及有关规定进行。

竣工结算审查程序应符合《建设工程监理规范》(GB/T 50319—2013)第 5.3.4 条的规定。专业监理工程师审查施工单位提交的竣工结算款支付申请，提出审查意见。总监理工程师对专业监理工程师的审查意见进行审核，签字确认后报建设单位审批，同时抄送施工单位，并就工程竣工结算事宜与建设单位、施工单位协商；达成一致意见的，根据建设单位审批意见向施工单位签发竣工结算款支付证书；不能达成一致意见的，应按施工合同约定处理。

工程竣工结算审核意见书应包括下列内容：

(1) 合同工程价款、工程变更价款、费用索赔合计金额、依据合同规定承包单位应得的其他款项。

(2) 工程竣工结算的价款总额。

(3) 建设单位已支付工程款、建设单位向承包单位的费用索赔合计金额、质量保修金额、依据合同规定应扣承包单位的其他款项。

(4) 建设单位应支付金额。

第六节　合同管理资料(B5)

一、工程临时/最终延期报审表

工程临时延期报审是指发生了非承包单位原因，施工合同约定由建设单位承担的延期责任事件后，承包单位提出的工期索赔，报项目监理机构审核确认。总监理工程师在签字确认工程延期前应与建设单位、承包单位协商，宜与费用索赔一并考虑处理。

《建设工程监理规范》(GB/T 50319—2013)规定：当承包单位提出工程延期要求符合施工合同文件的规定条件时，项目监理机构应予以受理。当影响工期事件具有持续性时，项目监理机构可在收到承包单位提交的阶段性工程延期报审表并经过审查后，先由总监理工程师签署工程临时延期报审表并报建设单位。当承包单位提交最终的工程延期报审表后，项目监理机构应复查工程延期及临时延期情况，并由总监理工程师签署工程最终延期审批表。

监理单位填写的工程临时/最终延期报审表应一式四份，并应由建设单位、监理单位、施工单位、城建档案馆各保存一份。工程延期报审表宜采用表 3-17 的格式。

表 3-17　工程延期报审表

工程名称	××市××镇×××村住宅小区 2# 楼工程	编号	00-00-B5-×××

致：×××建筑工程有限公司 (施工总承包/专业承包单位)

　　根据施工合同 × 条 ×× 款的约定,我方向你方提出的 2#楼 工程延期申请(第 002 号)要求延长工期 5 日历天,请予以批准。

施工项目部(盖章)：
项目负责人(签字)：
日　　　期：

审核意见：

　　同意工期延长 4 日历天。使竣工日期(包括已指令延长的工期)从原来的××年×月×日延迟到××年×月×日。请你方执行。

□不同意延长工期,请按约定竣工日期组织施工。
说明：因下暴雨工期延长 3 天,材料耽误工期延长 2 天。

项目监理机构(盖章)：
总监理工程师(签字)：
日　　　期：

二、工程变更单

依据合同规定和工程实际情况对工程进行变更时，变更单位提出变更要求后，由建设单位、设计单位、监理单位和施工单位共同签认意见。

三、索赔意向通知书

工程中发生可能引起索赔的事件后，受影响的单位依据法律、法规和合同要求，向相关单位通知拟进行相关索赔的意向。

四、费用索赔报审表

费用索赔报审是承包单位向建设单位提出费用索赔的报审，报项目监理机构审查、确认和批复。总监理工程师应在施工合同约定的期限内签发《费用索赔报审表》，或发出要求承包单位提交有关费用索赔的进一步详细资料的通知。

《建设工程监理规范》(GB/T 50319—2013)规定当承包单位提出费用索赔的理由同时满足以下条件时，项目监理机构应予以受理：

(1) 索赔事件造成了承包单位直接经济损失。

(2) 索赔事件是由于非承包单位的原因造成的，且符合施工合同约定。

(3) 承包单位已按照施工合同规定的期限和程序提出费用索赔申请表，并附有索赔凭证材料。

监理单位填写的费用索赔报审表应一式三份，并应由建设单位、监理单位、施工单位各保存一份。费用索赔审批表宜采用表 3-18 所示的格式。

表 3-18　费用索赔报审表

工程名称	××市××镇×××村住宅小区2# 楼工程	编号	00-00-B4-×××

致：　__×××建筑工程有限公司__　(施工总承包/专业承包单位)

根据施工合同__×__条__××__款的约定，你方提出的费用索赔申请(第_001_号)，索赔(大写)：__壹拾柒万__元，经我方审核评估：

☐不同意此项索赔。

☑同意此项索赔，金额为(大写)__壹拾柒万__元。

同意/不同意索赔的理由：

费用索赔的情况属实。

索赔金额的计算：

见附页

监　理　单　位：__××监理公司__

总监理工程师：__×××__

日　　　　期：__××年×月×日__

五、合同争议、违约报告及处理意见

合同争议、违约报告及处理意见为当工程实施过程中出现合同争议、违约报告时，项目监理机构为调解合同争议、违约报告所达成(提出)的处理意见。合同争议、违约报告及处理意见由总监理工程师签字、盖章，并在施工合同约定的时间内送达建设单位和承包单位。

六、合同变更资料

合同变更资料包括施工过程中建设单位与承包单位的合同补充协议和合同解除有关资料。承包合同解除必须符合法律程序，合同解除时项目监理机构依据《建设工程监理规范》(GB/T 50319—2013)第 6.3 节的规定处理善后工作，并翔实记录处理的过程和有关事项等。

第七节　分包单位资质管理资料(B6)

一、分包单位资质报审表

分包单位资质报审是指总承包单位在分包工程开工前，对分包单位的资质报项目监理机构审查确认。施工合同中已明确的分包单位，承包单位可不再对分包单位资质进行报审。

分包单位资质报审表应包括以下内容：

(1) 分包单位资质材料：指分包单位的企业法人营业执照、企业资质等级证书、安全生产许可文件、特殊行业施工许可证、外地企业进晋(市)承包工程备案表，以及拟进现场的专业管理人员和特种作业人员的资格证、上岗证。

(2) 分包单位业绩材料：指分包单位近三年完成的与分包工程工作内容类似工程及工程质量的情况。

(3) 分包工程名称(部位)：指拟分包给所报分包单位的工程项目名称(部位)。

(4) 工程数量：指分包工程项目的工作量(工程量)。

(5) 拟分包工程合同额：指在拟签订的分包合同中签订的金额。

(6) 分包工程占全部工程：指分包工程工作量占全部工程工作量的百分比。

(7) 专业监理工程师审查意见：总监理工程师指定专业监理工程师对分包单位资质和分包单位的有关资质资料(原件)进行审核，签署是否符合有关规定的意见。并留下加盖分包单位公章的复印件作本报审表的附件。

(8) 总监理工程师审核意见：总监理工程师对专业监理工程师审查意见进行审核、确认，符合有关规定后，由总监理工程师予以签字确认。

二、试验(检测)单位资质报审表

试验(检测)单位资质报审是指承包单位拟选择的在施工过程中承担施工试验(检测)工作的试验室的资质，报项目监理机构审查确认。

专业监理工程师对承包单位所报资料(原件)进行审核,必要时可会同承包单位对试验室进行实地考察,就试验室的试验资质和能力,与本工程试验项目及其要求是否相适应签署意见,并留下加盖试验单位公章的复印件作为本报审表的附件。

报送试验(检测)单位资质报审表时,附件应包括以下内容:

(1) 试验室的资质等级及试验范围。

(2) 法定计量部门对试验室出具的计量检定证明。

(3) 试验室管理制度。

(4) 试验人员的资格证书。

(5) 本工程的试验项目及其要求。

◆◆◆◆◆ 课 后 习 题 ◆◆◆◆◆

一、名词解释

1. 监理资料   2. 监理工作联系单

二、填空题

1. 监理资料实行项目(   )负责制。

2. 监理规划应在签订监理合同、收到施工合同、施工组织设计、设计图纸文件后(   )内,由(   )主持专业监理工程师参加编制完成。

3. 监理月报的编制周期通常为上月(   )日到本月(   )日,在下月(   )日前发出。

4. 监理会议包括(   )、(   )、(   )。

三、选择题

1. 下列(   )需要监理单位留存。
    A. 工程材料报审表   B. 材料进场检验记录
    C. 材料出厂质量证明文件   D. 材料检验报告

2. (   )不属于监理资料。
    A. 工程开工令   B. 工程复工令
    C. 工程暂停令   D. 监理委托合同

3. (   )不属于监理资料。
    A. 监理规划   B. 监理工作总结
    C. 监理实施细则   D. 试桩记录

4. 当总监理工程师需要调整时,监理单位应征得(   )同意并书面通知建设单位。
    A. 建设单位   B. 设计单位
    C. 施工单位   D. 总监代表

5. 监理单位在工程设计、施工等监理活动过程中所形成的资料是(   )。
    A. 建设工程文件   B. 监理资料
    C. 施工资料   D. 项目建议书

6. 由监理单位或建设单位监督,施工单位有关人员现场取样,并将取样结果送至具备相应资质的检测单位所进行的检测称为(　　)。

    A. 旁站　　　　　　　　　　　　B. 见证取样

    C. 检验检测　　　　　　　　　　D. 抽样检验

7. 在签订监理合同、收到施工合同、施工组织设计、设计图纸文件 1 个月内，由总监理工程师主持专业监理工程师参加编制完成，并必须经过监理单位和建设单位审核批准的是(　　)。

    A. 监理大纲　　　　　　　　　　B. 监理实施细则

    C. 监理规划　　　　　　　　　　D. 监理组织设计

8. 工程监理企业对工程建设项目监理实施(　　)负责制。

    A. 监理员　　　　　　　　　　　B. 现场项目经理

    C. 专业监理工程师　　　　　　　D. 总监理工程师

9. 工程材料报审表由承包单位填报，加盖公章，项目经理签字，经(　　)审查符合要求后签字有效。

    A. 专业监理工程师　　　　　　　B. 监理员

    C. 技术负责人　　　　　　　　　D. 总监理工程师

10. 《施工组织设计报审表》是施工单位提请(　　)对施工组织设计进行批复的文件资料。

    A. 项目设计机构　　　　　　　　B. 项目监理机构

    C. 项目承包单位　　　　　　　　D. 有关行政部门

11. 《工程开工/复工报审表》是用于承包单位向(　　)申请开工/复工的。

    A. 建设单位　　　　　　　　　　B. 监理单位

    C. 建设行政主管部门　　　　　　D. 工程质量监督机构

12. 《工程开工/复工报审表》上承包单位应由(　　)签名。

    A. 承包单位负责人　　　　　　　B. 项目经理

    C. 项目技术负责人　　　　　　　D. 资料员

13. 监理工程师发出《工程暂停令》以后，延误的工期由(　　)承担责任。

    A. 建设单位　　　　　　　　　　B. 承包单位

    C. 造成工程暂停的责任单位　　　D. 建设单位和承包单位共同

14. 监理工程师发出《工程暂停令》以后，造成的经济损失由(　　)承担责任。

    A. 建设单位　　　　　　　　　　B. 承包单位

    C. 造成工程暂停的责任单位　　　D. 建设单位和承包单位共同

15. 承包单位收到监理工程师的《工程暂停令》以后，应当(　　)。

    A. 立即停止全部工程施工

    B. 按《工程暂停令》规定的时间停止全部工程施工

    C. 按《工程暂停令》规定的时间停止指定部分工程施工

    D. 承包单位根据具体情况确定何时停止指定部分的工程施工

16. 《工程材料/构配件/设备报审表》中不需要的附件是(　　)。

    A. 材料价格表　　　　　　　　　B. 数量清单

    C. 质量证明文件　　　　　　　　D. 自检结果

17. 《单位工程竣工验收报审表》应提交给(　　)。

    A. 建设单位   B. 监理单位

    C. 施工单位   D. 质量监督机构

18. 《监理工作联系单》可以发送的单位是(　　)。

    A. 施工单位   B. 设计单位

    C. 勘察单位   D. 以上三者

19. 《工程暂停令》是由监理工程师发给(　　)的。

    A. 承包单位   B. 建设单位

    C. 分包单位   D. 所有项目参与单位

20. 《建设工程监理规程》中规定,第一次工地会议的会议记录要由(　　)方整理编印。

    A. 建设单位   B. 监理单位   C. 承包单位

21. 《分包单位资格报审表》由(　　)单位填报。

    A. 分包   B. 总承包   C. 施工   D. 监理

22. 建筑材料报审是(　　)向项目监理机构提请工程项目进场材料的审查确认和批复。

    A. 施工单位   B. 建设单位

    C. 承包单位   D. 质量检测单位

23. 用于工程有关各方之间传递意见、决定、通知、要求等信息的是(　　)。

    A. 监理工程师通知单   B. 监理工程师通知回复单

    C. 工程变更单   D. 监理工作联系单

24. 《监理实施细则》由(　　)负责编制。

    A. 监理单位   B. 总监工程师

    C. 监理工程师   D. 建设单位

四、简答题

1. 监理管理文件有哪几种?

2. 监理资料中的进度控制文件有哪些?

3. 什么情况下总监可以签发工程暂停令?

4. 监理资料中质量控制文件有哪几种?

五、案例题

1. 2008 年 9 月 12 日,某小区商住楼工程施工用工程材料、构配件、设备进场,施工单位对进场的原材料先进行了自检自验,确认合格后填写了工程材料报验单,连同出场合格证、质量保证书、复试报告等一并报驻地监理工程师进行了质量认可。监理单位批复了建筑材料报审表。

问题:

(1) 承包单位提供工程材料、构配件和设备报验时必须提供哪些附件?

(2) 建筑材料报审表由何单位填报?

(3) 工程材料报验的基本要求有哪些?

2. 【背景资料】某房建监理项目,在实施过程中发生以下事件:

(1) 监理工程师现场发现柱混凝土存在较严重质量缺陷,口头指令施工单位整改,事后补发了《工作联系单》；

(2) 针对现场安全网设置的严重安全隐患，总监理工程师签发了《监理工程师通知》，施工单位接收后予以整改，整改后施工单位回复了《工作联系单》。

请根据背景资料完成相应小题选项，其中判断题二选一(A、B 选项)，单选题四选一(A、B、C、D 选项)，多选题四选二或三(A、B、C、D 选项)。不选、多选、少选、错选均不得分。

(1) (单选题)监理单位签发的《工程暂停令》应一式(　　)份。

    A. 一　　　　　　　　B. 二　　　　　　　　C. 三　　　　　　　　D. 四

(2) (判断题)监理工程师现场发现柱混凝土较严重质量缺陷，口头指令施工单位整改，事后补发了《工作联系单》，此做法是否正确?(　　)

    A. 正确　　　　　　　　　　　　　　B. 不正确

(3) (判断题)施工单位接到监理通知后，回复了《工作联系单》，此做法是否正确?(　　)

    A. 正确　　　　　　　　　　　　　　B. 不正确

(4) (单选题)针对现场安全网设置的严重安全隐患，监理机构应签发(　　)。

    A. 《工作联系单》　　　　　　　　　B. 《监理工程师通知》

    C. 《工程暂停令》　　　　　　　　　D. 《不合格项处置记录》

(5) (单选题)《工程暂停令》由(　　)签发。

    A. 专业监理工程师　　　　　　　　　B. 总监理工程师

    C. 建设单位负责人　　　　　　　　　D. B 和 C

(6) (单选题)《工程联系单》属于(　　)类表格。

    A. A　　　　　　　B. B　　　　　　　C. C　　　　　　　D. D

(7) (单选题)下面对《工程联系单》表格的说法，正确的是(　　)。

    A. 由施工、监理单位使用　　　　　　B. 由施工、监理、建设单位使用

    C. 由建设、监理单位使用　　　　　　D. 各参建单位均可使用

(8) (单选题)《监理工程师通知》由(　　)签发。

    A. 专业监理工程师　　　　　　　　　B. 总监理工程师

    C. 专业监理工程师/总监理工程师　　　D. 设计监理机构负责人共同

(9) (多选题)下列属于监理用表的是(　　)。

    A. 《旁站监理记录》　　　　　　　　B. 《见证取样和送检见证人员备案表》

    C. 《见证记录》　　　　　　　　　　D. 《费用索赔申请表》

(10) (多选题)《监理工程师通知》由(　　)签发。

    A. 建设单位　　　　　　　　　　　　B. 施工单位

    C. 监理单位　　　　　　　　　　　　D. 质量监督机构

第四章　施工资料(C 类)

学习目标 ✍

1. 知识目标
(1) 了解各类施工资料的形成流程。
(2) 熟悉各类施工资料的审核及审批要求。
(3) 掌握施工资料的组成、编制、填写。
2. 能力目标
(1) 以一个框架工程为例，参照山西省地方标准，能列出施工单位资料的目录。
(2) 能够收集、审查、整理施工资料。

教学建议 📖

以一套典型施工图为载体，采取任务驱动法，收集、整理出施工单位全套资料。

第一节　施工资料的形成

一、概述

施工资料是指建筑工程在工程施工过程中形成的资料。

《建筑工程资料管理规程》(JGJ/T185—2009)中规定施工资料可分为施工管理资料、施工技术资料、进度造价资料、施工物资资料、施工记录、施工试验记录及检测报告、施工质量验收记录、竣工验收资料 8 类。

《山西省建筑工程资料管理规程》(DBJ04/T214—2015)中规定施工单位资料应按照分部工程进行分类。首先，施工单位资料按照工程管理与验收资料(C0)、地基与基础工程、主体结构工程、建筑装饰装修工程、屋面工程、建筑给水排水与供暖工程、通风与空调工程、建筑电气工程、智能建筑工程、建筑节能工程、电梯工程等分部工程进行分类。然后，每个分部工程的施工资料又划分为：施工管理资料(C1)、施工技术资料(C2)、质量控制资料(C3)、施工质量验收资料(C4)四个资料类别。其中质量控制资料应按工程测量、放线记录，原材料、构配件、设备出厂质量证明文件，原材料、构配件、设备进场检(试)验报告，施工试验报告和见证检测报告，隐蔽工程验收记录和施工记录的 6 项分类顺序进行收集和整理。

二、施工资料形成流程

施工资料的形成流程如图 4-1 所示。

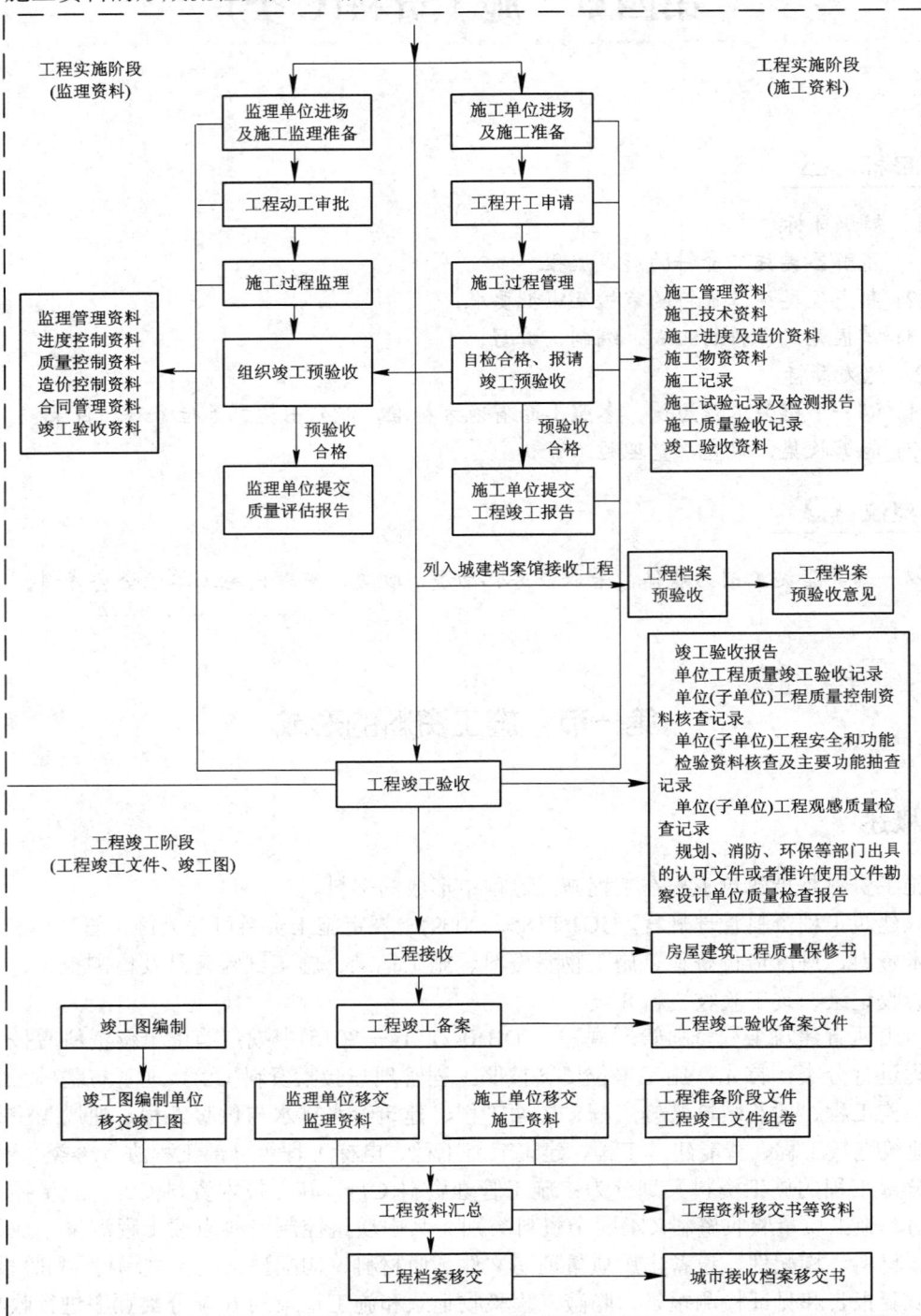

```
工程实施阶段                                      工程实施阶段
(监理资料)                                        (施工资料)

监理单位进场          施工单位进场
及施工监理准备        及施工准备

工程动工审批          工程开工申请

施工过程监理          施工过程管理              施工管理资料
                                               施工技术资料
                                               施工进度及造价资料
组织竣工预验收   ←   自检合格、报请            施工物资资料
                      竣工预验收                施工记录
监理管理资料                                    施工试验记录及检测报告
进度控制资料                                    施工质量验收记录
质量控制资料                                    竣工验收资料
造价控制资料          预验收
合同管理资料          合格
竣工验收资料     预验收
                 合格
监理单位提交          施工单位提交
质量评估报告          工程竣工报告

列入城建档案馆接收工程    工程档案        工程档案
                         预验收          预验收意见

                                         竣工验收报告
                                         单位工程质量竣工验收记录
                                         单位(子单位)工程质量控制资
                                         料核查记录
                                         单位(子单位)工程安全和功能
                                         检验资料核查及主要功能抽查
                                         记录
                         工程竣工验收     单位(子单位)工程观感质量检
                                         查记录
工程竣工阶段                              规划、消防、环保等部门出具
(工程竣工文件、竣工图)                    的认可文件或者准许使用文件勘
                                         察设计单位质量检查报告

                         工程接收          房屋建筑工程质量保修书

                         工程竣工备案      工程竣工验收备案文件

竣工图编制
竣工图编制单位    监理单位移交    施工单位移交    工程准备阶段文件
移交竣工图        监理资料        施工资料        工程竣工文件组卷

                 工程资料汇总      工程资料移交书等资料

                 工程档案移交      城市接收档案移交书
```

图 4-1　施工资料形成流程

1. 施工技术资料形成流程

施工技术资料形成流程如图 4-2 所示。

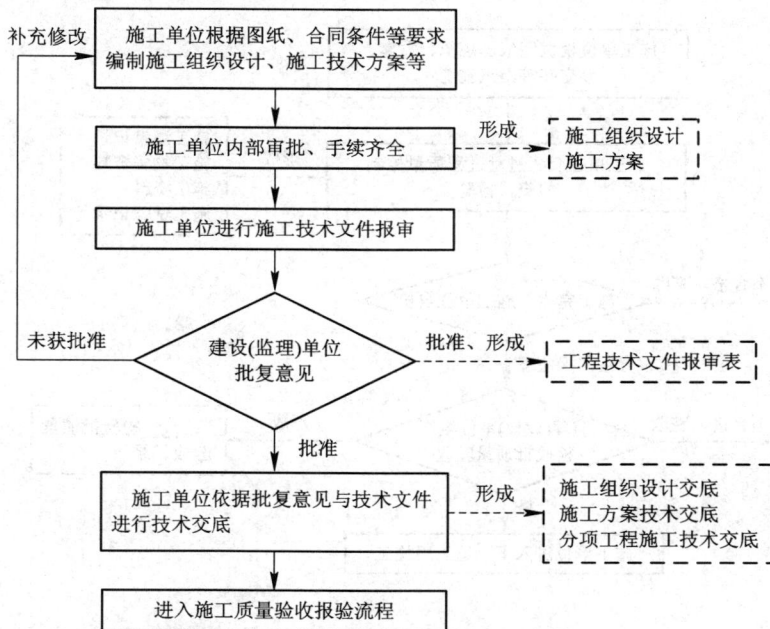

图 4-2　施工技术资料形成流程

2. 施工物资资料形成流程

施工物资资料形成流程如图 4-3 所示。

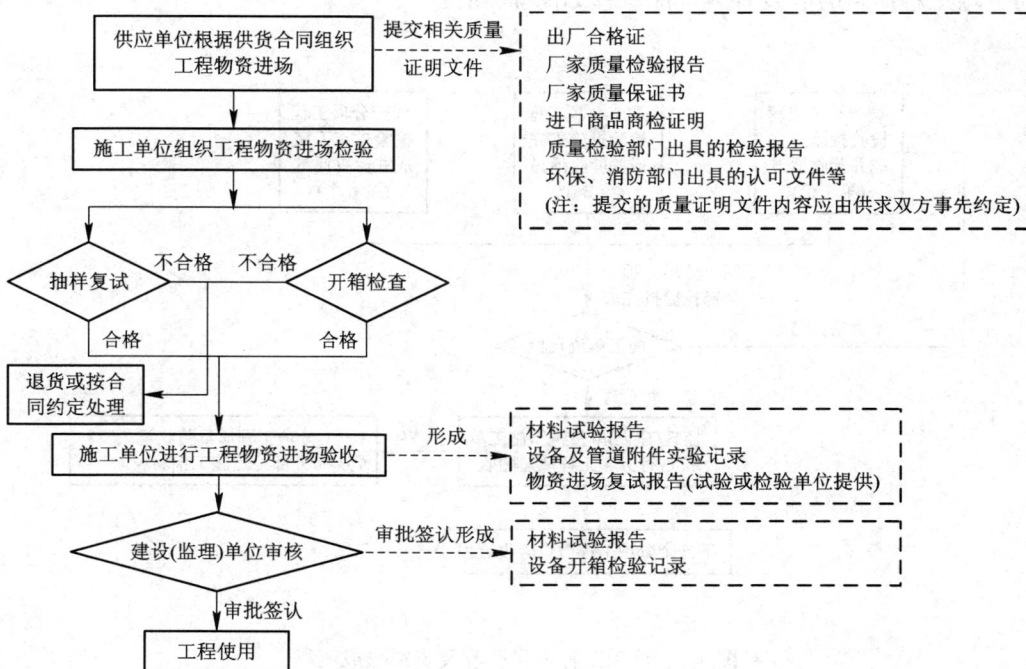

图 4-3　施工物资资料形成流程

3．检验批质量验收及资料形成流程

检验批质量验收及资料形成流程如图 4-4 所示。

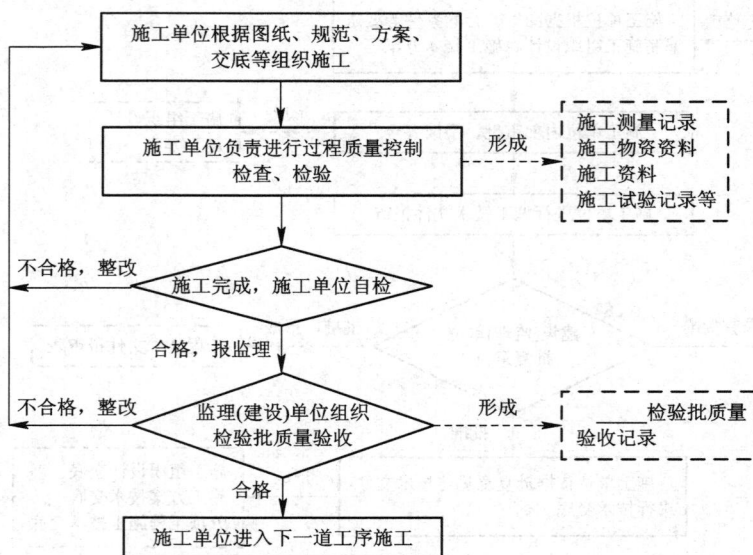

施工单位根据图纸、规范、方案、
交底等组织施工

施工单位负责进行过程质量控制
检查、检验 —— 形成 ⟶ 施工测量记录
施工物资资料
施工资料
施工试验记录等

不合格，整改 ← 施工完成，施工单位自检

合格，报监理

不合格，整改 ← 监理(建设)单位组织
检验批质量验收 —— 形成 ⟶ ____检验批质量
验收记录

合格

施工单位进入下一道工序施工

图 4-4　检验批质量验收及资料形成流程

4．分项工程质量验收及资料形成流程

分项工程质量验收及资料形成流程如图 4-5 所示。

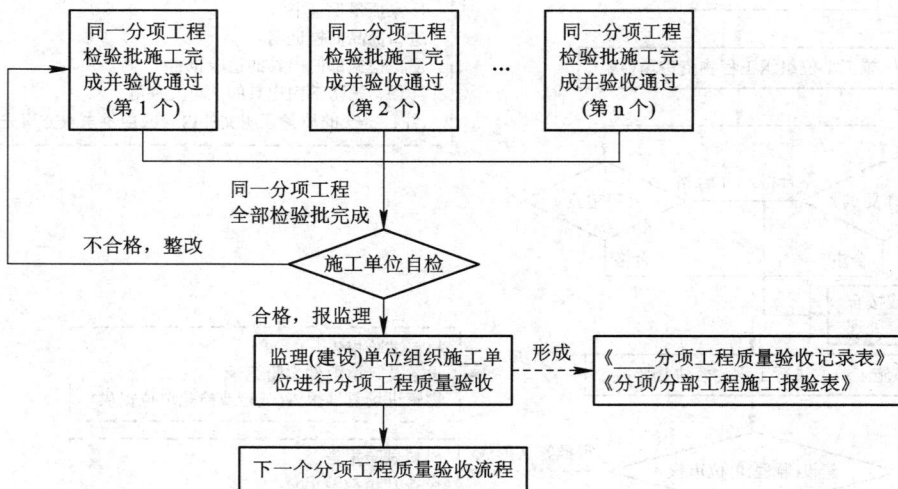

同一分项工程
检验批施工完
成并验收通过
(第 1 个)　　　同一分项工程
检验批施工完
成并验收通过
(第 2 个)　…　同一分项工程
检验批施工完
成并验收通过
(第 n 个)

同一分项工程
全部检验批完成

不合格，整改 ← 施工单位自检

合格，报监理

监理(建设)单位组织施工单
位进行分项工程质量验收 —— 形成 ⟶ 《____分项工程质量验收记录表》
《分项/分部工程施工报验表》

下一个分项工程质量验收流程

图 4-5　分项工程质量验收及资料形成流程

5. 子分部工程质量验收及资料形成流程

子分部工程质量验收及资料形成流程如图4-6所示。

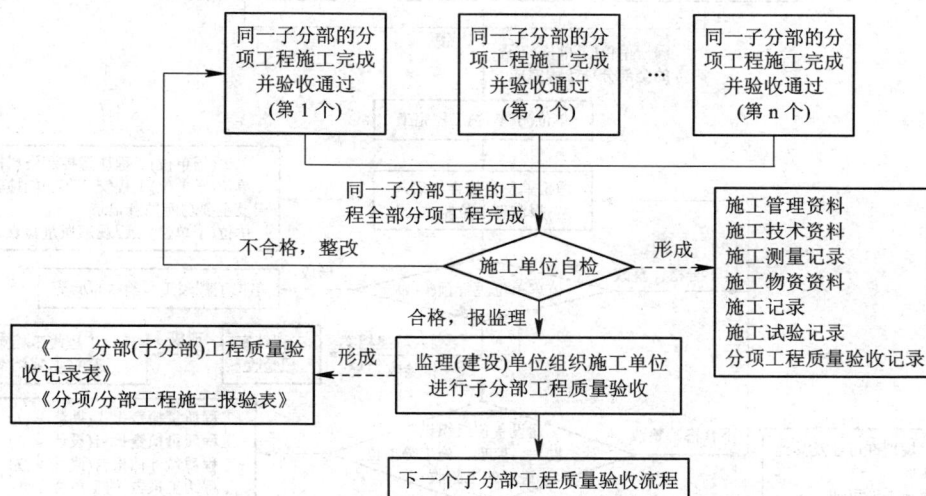

图4-6 子分部工程质量验收及资料形成流程

6. 分部工程质量验收及资料形成流程

分部工程质量验收及资料形成流程如图4-7所示。

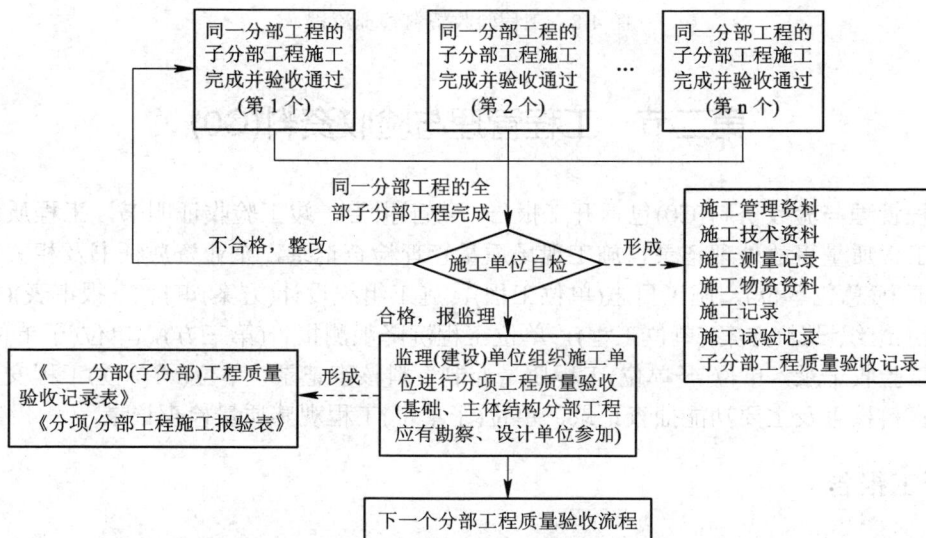

图4-7 分部工程质量验收及资料形成流程

7. 工程验收资料管理流程

工程验收资料管理流程如图4-8所示。

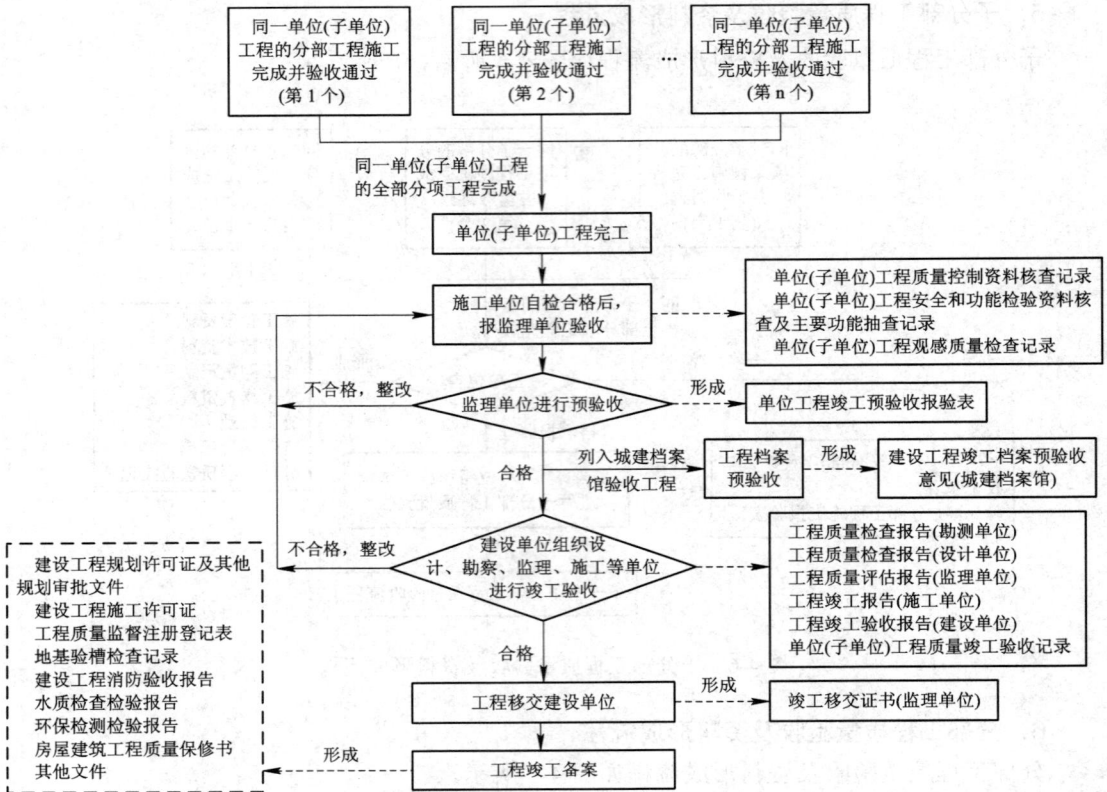

图 4-8 工程验收资料管理流程

第二节 工程管理与验收资料(C0)

工程管理与验收资料(C0)包括开工报告，竣工报告，竣工验收证明书，工程质量事故报告、工程质量事故处理记录，施工现场质量管理检查记录，企业资质证书及相关专业人员岗位证书(总包单位)，施工日志(单位工程)，施工组织设计(方案)审批表(报审表)(单位工程)，施工组织设计(方案)(单位工程)，单位工程沉降观测报告(第三方)，单位(子单位)工程质量竣工验收记录，单位(子单位)工程质量控制资料核查记录，单位(子单位)工程安全和功能检验资料核查及主要功能抽查记录，单位(子单位)工程观感质量检查记录。

一、开工报告

开工报告(见表 4-1)是建设单位与施工单位共同履行基本建设程序的证明文件，是施工单位承建单位工程施工工期的证明文件。开工报告一般由施工总承包单位填写，分包单位只填工程开工报审表报监理审批。如果由建设单位直接分包的工程，开工时也要填写开工报告。整个项目一次开工，只填报一次。如工程项目中含有多个单位工程且开工时间不同，则每个单位工程都应填报一次。

表4-1 开工报告

施工许可证号：

编号：

工程名称	（应填写全称，与施工许可证上的单位工程名称一致）		建设单位	
工程地点			施工单位	
结构类型	（以施工图中结构设计总说明为准）			
建筑面积	（按设计图纸的建筑面积填写）	层数		
工程批准文号				
预算造价				
计划开工日期				
计划竣工日期				
实际开工日期				
合同工期	（施工合同中明确的合同工期日历天数）			
合同编号				
开工条件说明	施工图纸交审情况			
	主要材料、施工机械设备落实情况			
	施工现场质量管理检查情况			
	三（五）通一平情况			
	工程预算编审情况			
	施工队伍进场情况			
	施工组织设计或施工方案审批情况			
审核意见	建设单位	监理单位	施工单位	
	项目负责人： （公章） 年 月 日	总监理工程师： （公章） 年 月 日	单位负责人： （公章） 年 月 日	

说明：

工程批准文号、预算造价、计划开工日期、计划竣工日期、合同造价、合同编号，分别按建设工程施工合同中的批准文号、计划开工日期、计划竣工日期、开工日期、竣工日期、合同编号填写。

（按单位工程正式破土动工的日期。破土动工是指开挖槽（坑）或破土进行打桩、打夯等地基处理。地基处理分包的，施工单位按其交接日期填写。应在开工报告审批后，按实际开工日期补填）

应根据建设单位、监理单位、施工单位所做的开工准备工作情况来填写。如：提供施工图纸能否满足施工要求，是否经过图纸审查和会审；材料准备能否满足需要和质量标准；施工现场质量管理检查是否合格；工程预算造价是否编制完成；施工现场是否具备"三（五）通一平"条件；施工队伍是否进场，是否满足施工需要等；施工机械是否进场，是否满足施工需要和施工机械是否进场

建设单位、监理单位、施工单位负责人均签字，注明日期并加盖单位公章

单位工程开工前，建设单位、监理单位和施工单位在完成以下各项准备工作，具备开工条件后，由施工单位生产部门填写《开工报告》，经施工单位(法人单位)的工程管理部门审核通过，法人代表或其委托人签字加盖法人单位公章，报请监理、建设单位审批。若所有条件都具备，则由监理单位总监理工程师、建设单位项目负责人签字，加盖公章后即可开工。

1. 由建设单位完成的准备工作

(1) 经施工图审查部门审查批准的设计图纸及设计文件。

(2) 施工现场应具备"三(五)通一平"条件：场地平整，通水、通电、通路(通信、通排水)接引至工地。若不具备上述条件，可将其作为施工合同工程内容的一部分。

(3) 与施工单位(法人单位)签订建设工程施工合同。

(4) 在指定质量和安全监督机构办理具体监督业务手续。

(5) 已向工程所在地建设行政主管部门申请领取施工许可证。

(6) 水准点、坐标点引入现场。

(7) 岩土工程勘察报告齐全。

2. 由监理单位完成的准备工作

总监理工程师在开工前对施工单位的资质、劳务资质、质量保证体系、项目负责人、技术负责人、质量检查员等管理人员的资格进行审查。对现场管理制度、质量责任制、工程质量检验制度、主要专业工种操作人员上岗证和合格证、施工图审查情况、岩土工程勘察资料、施工组织设计(方案)审批、施工技术标准准备、搅拌站及计量装置、现场材料设备存放与管理等，进行认真核查，填写《施工现场质量管理检查记录》表中的验收结论并签字认可。

3. 由施工单位完成的准备工作

(1) 施工图纸预审并参与会审。

(2) 编制施工组织设计(方案)，履行审批手续。

(3) 编制工程预算造价或计划造价。

(4) 按施工材料需用量计划，准备钢材、水泥等主要材料和设备。

(5) 按施工机具需用量计划，准备好机械及工具。

(6) 按劳动力需用量计划，组织施工队伍进场，并进行入场教育。

二、竣工报告

竣工报告(见表 4-2)是指单位工程具备竣工条件后，施工单位向建设单位报告并提请建设单位组织竣工验收的报表，同时应附一份文字的施工竣工报告。

施工单位将合同规定的承包项目内容全部完成，自行组织有关人员进行检查验收，在全部符合设计要求和质量验收标准后，由施工单位生产部门填写竣工报告，经施工单位工程管理部门组织有关人员复查，确认具备竣工条件后，施工单位负责人代表签字，法人单位盖章，报请监理、建设单位审批。

三、竣工验收证明书

竣工验收证明书(见表 4-3)是指单位工程已按设计和施工合同规定的内容全部完成，达到验收规范及合同要求，可满足生产、使用要求并通过竣工验收的证明文件。

表 4-2 竣 工 报 告

施工许可证号：　　　　　　　　　　　　　　　　　　　　编号：

工程名称	（填写实际结算价）工程名称、结构类型、工程地点、施工单位、计划开工日期、实际开工日期、计划竣工日期应与开工报告的相一致	结构类型	
工程地点		建筑面积	（填写实际竣工面积）
工程造价		层数	
计划开工日期			工程项目完成情况
实际开工日期	（填写达到竣工条件的日期）		现场清理情况
计划竣工日期		竣工条件说明	施工资料整理情况
实际竣工日期			施工质量验收情况
计划工作日数	（由计划竣工日期和计划开工日期计算的日历天数）		未完工程盘点情况
实际工作日数	（由实际竣工日期和实际开工日期计算的日历天数）		勘察、设计、施工、工程监理等单位分别签署的质量合格文件
			施工单位、签署的工程保修书

竣工条件说明栏注释：

写明应完成的工程项目的完成情况；现场建筑物四周整洁情况；技术资料是否齐全，工程质量是否验收合格，提出问题是否整改。"未完工程盘点情况"栏填写未完项工程，经协商可以甩项交工。这些工程不影响结构安全和使用功能，

审核意见	竣工报告的审核意见栏内由建设单位、监理单位、施工单位负责人均需签字，注明日期并加盖单位公章
建设单位	监理单位	施工单位
项目负责人：	总监理工程师：	单位负责人：
（公章）	（公章）	（公章）
年 月 日	年 月 日	年 月 日

表 4-3　竣工验收证明书

施工许可证号：　　　　　　　　　　　　　　　　　　　　　编号：

工程名称				
结构类型	建筑面积	层数	工程地点	
工程造价		开竣工日期		
工程检查内容及情况	(应简要写明工程概况并按照《单位工程质量竣工验收记录》逐项填写检查结果)			
验收意见	(由验收组组长即建设单位项目负责人填写工程是否通过验收和对未完工程的处理意见等)			

（施工许可证号、工程名称、结构类型、建筑面积、工程造价、工程地点应与竣工报告的一致）

（填写地下几层、地上几层，中间以斜线隔开）

（填写实际开、竣工日期）

建设单位	监理单位	设计单位	勘察单位	施工单位
项目负责人：	总监理工程师：	项目负责人：	项目负责人：	单位负责人：
(公章)	(公章)	(公章)	(公章)	(公章)

验收日期：　年　月　日

（建设单位项目负责人、监理单位总监理工程师、设计单位项目负责人、勘察单位项目负责人对工程实体、技术资料检查验收合格后填写"同意验收"，并签字盖章，填写验收日期）

建设单位接到竣工报告后，由建设单位项目负责人组织施工总、分包单位，设计单位，勘察单位，监理单位及有关部门，以现行标准规范为依据，按设计图纸和施工合同的内容对工程进行全面检查和验收，验收合格后办理《竣工验收证明书》。《竣工验收证明书》由施工单位填写，报建设、监理等单位签字确认。

竣工验收应具备以下条件：

(1) 工程项目按施工合同规定和施工图纸要求施工完毕，达到国家规定的建筑工程质量标准，已办理质量竣工验收记录，施工质量控制资料符合要求，安全和功能检测、主要功能抽查合格。

(2) 工程达到窗明、地净、水通、灯亮，有采暖、通风和电梯等的工程要达到其运转正常。

(3) 设备调试、试运转达到设计要求。

(4) 建筑物四周场地整洁，排水畅通。

四、工程质量事故报告、工程质量事故处理记录

工程质量事故系指由于建设、勘察、设计、施工、监理等单位违反工程质量有关法律法规和工程建设标准，使工程产生结构安全、重要使用功能等方面的质量缺陷，造成人身伤亡或者重大经济损失的事故。

工程质量事故依据《生产安全事故报告和调查处理条例》(中华人民共和国国务院令第493 号)和《关于做好房屋建筑和市政基础设施工程质量事故报告和调查处理工作的通知》(建质[2010]111 号)的规定，按造成的人员伤亡或者直接经济损失分为 4 个等级：特别重大事故、重大事故、较大事故和一般事故。

工程质量事故发生后，事故现场有关人员应当立即向工程建设单位负责人报告，工程建设单位负责人接到报告后，应于 1 小时内向事故发生地县级以上人民政府住房和城乡建设主管部门及有关部门报告。情况紧急时可直接向事故发生地县级以上人民政府住房和城乡建设主管部门及有关部门报告。施工现场应立即启动事故相应应急预案，或者采取有效措施，组织抢救，防止事故扩大，减少人员伤亡和财产损失。填写《工程质量事故报告》和《工程质量事故处理记录》。

《工程质量事故报告》包括下列内容：

(1) 事故发生的工程名称、工程概况、各参建单位名称。

(2) 事故发生的时间、地点、事故性质、事故等级、伤亡人数及估计的直接经济损失等。

(3) 事故发生经过及初步分析事故发生的主要原因。

(4) 事故发生后采取的紧急防护措施及采取紧急处理措施后事故被控制的情况。

(5) 事故报告应由报告单位的质量人员或安全人员填写，项目负责人签字，加盖报告单位公章；若紧急情况可由现场有关人员填写，直接上报。

《工程质量事故处理记录》填写应包括以下内容：

(1) 事故工程名称、事故部位和事故简况，事故处理方案的编制单位和认证的设计单位，事故的处理单位和监理单位。

(2) 质量事故处理方案实施过程中的管理、材料、劳动力安排和质量保证情况等。

(3) 事故处理结果填写处理后的工程实体质量是否符合事故处理方案的要求，是否满足工程原来对结构安全和使用功能的要求。

(4) 记录事故处理单位，施工项目负责人、专业技术负责人签字。

(5) 事故处理后由建设单位、监理单位、设计(勘察)单位、施工单位技术负责人共同对处理结果进行验收，填写验收意见并签字盖章。

五、施工现场质量管理检查记录

施工单位填写如表 4-4 所示的施工现场质量管理检查记录，总监理工程师(建设单位项目负责人)进行检查，并做出检查结论。此处该表是总承包单位施工项目质量管理体系用检查记录。

表 4-4　施工现场质量管理检查记录

计划开工日期：××××年××月××日　　　　　　　　　　　　　　编号：

工程名称	×××写字楼		施工许可证号	××××××	
建设单位	×××公司		项目负责人	×××	
设计单位	×××设计事务所		项目负责人	×××	
监理单位	×××建设监理公司		总监理工程师	×××	
施工单位	×××工程公司	项目负责人	×××	项目技术负责人	×××
序号	检　查　项　目	内　　容			
1	项目部质量管理体系	项目组织机构健全，人员到位，质量管理职责明确，有明确的质量目标和质量方针，质量程序文件齐全有效			
2	现场质量责任制	有各岗位质量责任制度及定期检查和质量奖惩制度			
3	施工管理人员岗位证书	各岗位人员持证上岗，证件有效			
4	主要专业工种操作岗证书	测量工、起重工、电工、电焊工、防水工都有上岗证书，均在有效期限内			
5	分包单位的管理制度	资质均在承包业务范围内；总包单位有分包管理制度			
6	图纸会审记录	施工图已审查，审查报告及审查批准书号：×××			
7	地质勘察资料	地质勘察报告编号：×××			
8	施工组织设计、专项施工方案编制及审批	施工组织设计、专项施工方案编制、审核、批准手续齐全，编制内容齐全			
9	施工技术标准	配备经过批准的企业标准，施工技术标准配备齐全，满足现场使用			

续表

序号	检 查 项 目	内 容
10	物资采购管理制度	有相应的管理制度：原材料、设备进场检验制度、施工过程的追溯管理制度，进场前进行了调研和检测
11	施工设施和机械设备管理制度	按施工组织设计的要求配置施工设施和机械设备；有相应的管理制度
12	计量设备配备	有管理制度；计量设施已检测，有控制措施
13	检验试验管理制度	编制工程检测试验方案并报审，见证取样送检制度等
14	工程质量检查验收制度	有工序交接、质量检查评定制度，质量例会制度及质量问题处理制度等，分部分项工程验收制度和竣工验收制度等

说明：

自检结果： 　制度完善，符合要求。	检查结论： 　施工现场质量管理制度完善，符合要求，工程质量有保障。
施工单位项目负责人：××× 　　　　　　　　　201×年×月×日	总监理工程师(建设单位项目负责人)：××× 　　　　　　　　　201×年×月×日

　　在正式施工前，工程施工项目部应：建立现场各项质量管理制度，健全质量管理体系；具备相应的施工技术标准，施工图审查、地质勘察报告及其他施工技术文件。施工现场质量管理检查记录表是施工项目质量管理体系的具体要求。一个单位(子单位)工程检查一次，填写一次，如果分段施工或人员更换，则应再次检查，再次填写。

　　检查项目：填写各项检查项目文件的名称和编号，并将文件(复印件或原件)附在表后供检查，检查后应将文件归还。检查项目包括：

　　(1) 项目部质量管理体系栏。应填写项目管理机构组成人员和质量管理职能的分工、质量目标、质量方针和质量程序文件。

　　(2) 现场质量责任制栏。各项质量岗位责任制，定期检查及有关人员奖罚制度等。

　　(3) 施工管理人员岗位证书栏。包括：项目负责人、项目技术负责人、质量检查员、施工员、安全员、机管员等。

　　(4) 主要专业工种操作岗位证书栏。包括：测量、起重、塔吊司机，防水工等，电工、焊接等工种的上岗证，以部、省建设行政主管部门的规定为准。

(5) 分包单位管理制度栏。在有分包的情况下，专业承包单位的资质应在其承包业务的范围内承建工程，总承包单位应有管理分包单位的制度，如质量、技术的管理制度等。

(6) 图纸会审记录栏。施工图是否有审查批准书及审查机构出具的审查报告。

(7) 地质勘察资料栏。有勘察资质的单位出具的正式地质勘察报告。

(8) 施工组织设计、专项施工方案编制及审批栏。检查编制程序、内容，有编制单位、审核单位、批准单位，并有贯彻执行的措施。

(9) 施工技术标准栏。施工企业应编制不低于国家质量验收规范的操作规程等企业标准。企业标准要有批准程序，由企业总工程师、技术委员会负责人审查批准，有批准日期、执行日期、企业标准编号及标准名称。施工现场应有的施工技术标准须齐全。

(10) 物资采购管理制度栏。填写进场前的调研和检测，原材料、设备进场检验制度，施工过程的追溯管理制度。

(11) 施工设施和机械设备管理制度栏。要根据工程需要配置并制定管理制度等。

(12) 计量设备配备栏。填写测量、试验设备及设置在工地搅拌站的计量设施的精确度、计量检验有效期、管理制度等内容。

(13) 检测试验管理制度栏。填写编制工程检测试验方案及报审报批制度、见证取样送检制度。

(14) 工程质量检查验收制度栏。填写工序交接、质量检查评定制度，质量例会制度及质量问题处理制度等，分部分项工程验收制度和竣工验收制度。

六、企业资质证书及相关专业人员岗位证书

施工单位承揽工程项目时，必须满足相应的资质要求，其项目经理及关键技术岗位的专业人员(包括施工员、预算员、质检员、安全员、材料员、机械员、测量员、资料员)必须具备上岗资格。

收集施工单位资质、项目管理人员的岗位证书和合格证的复印件，复印件上应加盖施工单位公章，并办理工程项目参建单位用章及相关人员签字备案。

此处收集总包单位的企业资质及相关专业人员岗位证书复印件并加盖施工单位公章。

七、施工日志

施工日志(见表 4-5)是施工活动的原始记录，以单位工程为记载对象，主要记录单位工程有关技术、质量管理活动内容以及其他重大事项。从开工起至工程竣工止，由专业施工工长负责逐日记载，保证内容的真实、连续和完整。

施工日志采用手工填写方式记录(也可采用计算机录入)，必须填写及时、准确，不得补记，不得隔页和扯页。

施工日志主要是当日施工情况记录和当日技术质量安全记录。当日施工情况记录施工内容，质量检查情况，操作负责人、质检员，生产、安全、质量存在问题和如何进行处理的。当日技术质量安全记录设计变更、技术安全交底活动(会议)，隐蔽工程质量检查情况，材料检验、试块留置、工序交接以及检验批验收情况，安全生产方面"三宝、四口、五临边"的安全措施是否到位，有无隐患，材料、机具、设备进场使用情况等。

表 4-5　施　工　日　志

编号：

工程名称	××市××镇×××村住宅小区 2#楼工程	施工单位	×××建筑工程有限公司		
分部(项)工程	主体工程	施工班组	钢筋班组：××劳务队木工班组：××劳务队		
日期	××年×月×日	星期	星期×	全 天 气 象	气 温 (℃)

施工部位	×层	出勤人数	85	晴	白天	夜间
					28	15

当日施工内容	质量检查情况	操作负责人	质检员
×层 N_1 轴～N_n 轴墙柱钢筋绑扎	合格	×××	×××
×层 N_1 轴～N_n 轴梁板模板支设	合格	×××	×××
×层 N_1 轴～N_n 轴梁板砼浇筑		×××	×××

存 在 问 题 及 处 理 办 法

　　(1) 检查钢筋保护层垫块是否到位，钢筋搭接、锚固长度是否满足，检查是否有踩踏弯曲造成保护层过大或不足，检查钢筋型号是否与设计一致，检查钢筋安装数量是否与设计一致，检查钢筋接头位置是否满足要求等。

　　(2) 检查模板拼缝是否满足，检查模板顶标高是否满足要求、检查需要起拱的部位是否达到要求等。

　　(3) 检查砼标号是否与设计相符然后收料，检查砼坍落度是否满足要求等。

　　如出现以上问题要有针对性的处理办法。

设计变更、技术交底	(1) 如该施工部位有设计变更，应注明变更的编号。 (2) 应写明交底的项目、部位及交底的签收人。
隐蔽工程验收部位	写明隐蔽验收的部位
材料使用情况	写明当日施工所涉及的所有用于工程的材料(钢筋、模板、混凝土)
材料设备进场情况	进场的材料种类、数量(钢筋、砂、石、模板等)
材料检验、试块留置	钢筋原材、焊接试件取样数量；砼试块留置数量(标养、同条件)
工序交接检查情况	如有交接检应有相应的交接记录，并注明上道工序是否合格
机械使用情况	各种大、中、小型机械是否运转正常(塔吊、钢筋机械、木工机械、砼泵等)
安全	安全工作的开展情况，现场的安全状况，安全防护的设置情况等
其他	其他情况
专业施工员	(各专业施工员签字)

八、施工组织设计(方案)审批(报审)表、施工组织设计(方案)

施工组织设计是以施工项目为对象编制的,用以指导施工的技术、经济和管理的综合性文件。

施工组织设计按编制对象可分为施工组织总设计、单位工程施工组织设计和施工方案。施工组织总设计是以若干单位工程组成的群体工程或特大型项目为主要对象编制的施工组织设计,对整个项目的施工过程起统筹规划、重点控制的作用。单位工程施工组织设计是以单位(子单位)工程为主要对象编制的施工组织设计,对单位(子单位)工程的施工过程起指导和制约作用。施工方案是以分部(分项)工程或专项工程为主要对象编制的施工技术与组织方案,用以具体指导其施工过程。

施工组织设计的编制必须遵循工程建设程序,即分为投资决策阶段、勘察设计阶段、项目施工阶段、竣工验收和交付使用阶段。施工单位在编写完组织设计后应首先进行内部审核、审批,并填写《施工组织设计(方案)审批表》(见表 4-6);再报项目监理机构审批后实施,并填写《施工组织设计(方案)报审表》。

表 4-6　施工组织设计(方案)审批表

编号:

工程名称		结构型式	
建设单位		施工单位	
建筑面积		层　数	
编制部门		编 制 人	
审核部门		审 核 人	
审批部门		审 批 人	
报审时间		审批时间	

审批意见:

施工组织设计(方案)审批表填写要求:

(1) 审批表中结构型式、建筑面积、层数的填写应与所编工程的施工组织设计(方案)相对应;编制部门栏填写编写人所在单位;报审时间栏填写审批人收到施工组织设计(方案)的日期;审批部门栏为审批人所在单位;审批时间栏填写批准日期;编制人、审核人、审批人栏均由本人签名。

(2) 审批意见栏要写明是否批准该施工组织设计(方案),若需修改,补充的内容及要求也应写明。

施工组织设计(方案)经审批后,必须认真执行。如遇施工条件等因素变化而必须修改施工组织设计时,仍需按原审批程序履行审批手续。

审批部门(公章)

日期＿＿＿＿＿＿＿＿＿＿＿

1. 施工组织设计遵循的原则

施工组织设计应遵循以下原则：

(1) 符合施工合同或招标文件中有关工程进度、质量、安全、环境保护、造价等方面的要求；积极开发、使用新技术和新工艺，推广应用新材料和新设备。

(2) 坚持科学的施工程序和合理的施工顺序，采用流水施工和网络计划等方法，科学配置资源，合理布置现场，采取季节施工措施，实现均衡施工，达到合理的经济技术指标。

(3) 采取技术和管理措施，推广建筑节能和绿色施工；与质量、环境和职业健康安全三个管理体系有效结合。

2. 施工组织设计的编制依据

施工组织设计的编制依据如下：

(1) 与工程建设有关的法律、法规和文件。

(2) 国家现行有关标准和技术经济指标。

(3) 工程所在地区行政主管部门的批准文件，建设单位对施工的要求。

(4) 工程施工合同或招标投标文件。

(5) 工程设计文件。

(6) 工程施工范围内的现场条件，工程地质及水文地质、气象等自然条件。

(7) 与工程有关的资源供应情况。

(8) 施工企业的生产能力、机具设备状况、技术水平等。

3. 施工组织设计的内容

施工组织设计应包括编制依据、工程概况、施工部署、施工进度计划、施工准备与资源配置计划、主要施工方法、施工现场平面布置及主要施工管理计划等基本内容。

4. 施工组织设计的编制和审批的规定

施工组织设计的编制和审批应符合下列规定：

(1) 施工组织设计应由项目负责人主持编制，可根据需要分阶段编制和审批。如：有些分期分批建设的项目跨越时间很长，还有些项目地基基础、主体结构、装饰装修和机电设备安装并不是由一个总承包单位完成，此外还有一些特殊情况的项目，在征得建设单位同意的情况下，施工单位可分阶段编制施工组织设计。

(2) 施工组织总设计应由总承包单位技术负责人审批；单位工程施工组织设计应由施工单位技术负责人或技术负责人授权的技术人员审批；施工方案应由项目技术负责人审批；重点、难点分部(分项)工程和专项工程施工方案应由施工单位技术部门组织相关专家评审，施工单位技术负责人审批。

(3) 施工单位应当在危险性较大的分部分项工程施工前编制专项方案；对于超过一定规模的危险性较大的分部分项工程，施工单位应当组织专家对专项方案进行论证，形成专项施工方案论证意见书(见表 4-7)，经专家签字确认后存档。

危险性较大的分部分项工程是指建筑工程在施工过程中存在的、可能导致作业人员群死群伤或造成重大不良社会影响的分部分项工程。危险性较大的分部分项工程安全专项施工方案是指施工单位在编制施工组织(总)设计的基础上，针对危险性较大的分部分项工程单独编制的安全技术措施文件。危险性较大的分部分项工程范围及超过一定规模的危险性较大的分部分项工程范围见《危险性较大的分部分项工程安全管理办法》(建质 [2009]87 号)。

表 4-7 专项施工方案论证意见书

组织论证单位： 编号：

工程名称				论证项目			
结构型式		建筑面积		结构层数		施工部位	
建设单位				施工单位			
监理单位				设计单位			
专项施工方案内容简述：							
专家论证意见： 1. 2. 3. 经过专家论证，一致通过，同意施工单位按此施工方案进行施工。							
专家会签栏	本人签名及资格证编号： 组长：××× 专家：×××　×××　×××　××× 　　　　　　　　　　　　　　　　　论证日期：201×年××月××日						

注：

1. 危险性较大的分部分项工程范围

1) 基坑支护、降水工程

开挖深度超过 3 m(含 3 m)或虽未超过 3 m 但地质条件和周边环境复杂的基坑(槽)支护、降水工程。

2) 土方开挖工程

开挖深度超过 3 m(含 3 m)的基坑(槽)的土方开挖工程。

3) 模板工程及支撑体系

(1) 各类工具式模板工程：包括大模板、滑模、爬模、飞模等工程。

(2) 混凝土模板支撑工程：搭设高度 5 m 及以上；搭设跨度 10 m 及以上；施工总荷载 10 kN/m 及以上；集中线荷载 15 kN/m 及以上；高度大于支撑水平投影宽度且相对独立无联系构件的混凝土模板支撑工程。

(3) 承重支撑体系：用于钢结构安装等满堂支撑体系。

4) 起重吊装及安装拆卸工程

(1) 采用非常规起重设备、方法，且单件起吊重量在 10 kN 及以上的起重吊装工程。

(2) 采用起重机械进行安装的工程。

(3) 起重机械设备自身的安装、拆卸。

5)　脚手架工程

(1)　搭设高度 24 m 及以上的落地式钢管脚手架工程。

(2)　附着式整体和分片提升脚手架工程。

(3)　悬挑式脚手架工程。

(4)　吊篮脚手架工程。

(5)　自制卸料平台、移动操作平台工程。

(6)　新型及异型脚手架工程。

6)　拆除、爆破工程

(1)　建筑物、构筑物拆除工程。

(2)　采用爆破拆除的工程。

7)　其他

(1)　建筑幕墙安装工程。

(2)　钢结构、网架和索膜结构安装工程。

(3)　人工挖扩孔桩工程。

(4)　地下暗挖、顶管及水下作业工程。

(5)　预应力工程。

(6)　采用新技术、新工艺、新材料、新设备及尚无相关技术标准的危险性较大的分部分项工程。

2.　超过一定规模的危险性较大的分部分项工程范围

1)　深基坑工程

(1)　开挖深度超过 5 m(含 5 m)的基坑(槽)的土方开挖、支护、降水工程。

(2)　开挖深度虽未超过 5 m，但地质条件、周围环境和地下管线复杂，或影响毗邻建筑(构筑)物安全的基坑(槽)的土方开挖、支护、降水工程。

2)　模板工程及支撑体系

(1)　工具式模板工程：包括滑模、爬模、飞模工程。

(2)　混凝土模板支撑工程：搭设高度 8 m 及以上；搭设跨度 18 m 及以上；施工总荷载 15 kN/m 及以上；集中线荷载 20 kN/m 及以上。

(3)　承重支撑体系：用于钢结构安装等满堂支撑体系，承受单点集中荷载 700 kg 以上。

3)　起重吊装及安装拆卸工程

(1)　采用非常规起重设备、方法，且单件起吊重量在 100 kN 及以上的起重吊装工程。

(2)　起重量 300 kN 及以上的起重设备安装工程；高度 200 m 及以上内爬起重设备的拆除工程。

4)　脚手架工程

(1)　搭设高度 50 m 及以上落地式钢管脚手架工程。

(2)　提升高度 150 m 及以上附着式整体和分片提升脚手架工程。

(3)　架体高度 20 m 及以上悬挑式脚手架工程。

5)　拆除、爆破工程

(1)　采用爆破拆除的工程。

(2)　码头、桥梁、高架、烟囱、水塔或拆除中容易引起有毒有害气(液)体或粉尘扩散、易燃易爆事故发生的特殊建、构筑物的拆除工程。

(3)　可能影响行人、交通、电力设施、通信设施或其他建、构筑物安全的拆除工程。

(4) 文物保护建筑、优秀历史建筑或历史文化风貌区控制范围的拆除工程。

6) 其他

(1) 施工高度 50 m 及以上的建筑幕墙安装工程。

(2) 跨度大于 36 m 及以上的钢结构安装工程；跨度大于 60 m 及以上的网架和索膜结构安装工程。

(3) 开挖深度超过 16 m 的人工挖孔桩工程。

(4) 地下暗挖工程、顶管工程、水下作业工程。

(5) 采用新技术、新工艺、新材料、新设备及尚无相关技术标准的危险性较大的分部分项工程。

(4) 由专业承包单位施工的分部(分项)或专项工程的施工方案，应由专业承包单位技术负责人或技术负责人授权的技术人员审批；有总承包单位时，应由总承包单位项目技术负责人核准备案。

(5) 规模较大的分部(分项)工程和专项工程如主体结构为钢结构的大型建筑工程，其钢结构分部工程规模很大且在整个工程中占有重要的地位，需另行分包，有这种情况的分部(分项)工程或专项工程，其施工方案应按单位工程施工组织设计进行编制和审批。

(6) 施工组织设计的修改与补充。建筑产品具有产品的单一性，同时作为一种产品，又具有漫长的生产周期。施工组织设计是工程技术人员运用以往的知识和经验，对建筑工程的施工预先设计的一套动作程序和实施方法。由于人们知识经验的差异以及客观条件的变化，施工组织设计在实际执行中，难免会遇到不适用的部分，这就需要根据实际情况进行修改或补充，实行动态管理。项目施工过程中发生以下情况之一时施工组织设计应及时修改或补充：

① 当工程设计发生重大修改时，如地基基础或主体结构的形式发生变化，装修材料或做法发生重大变化，机电设备系统发生大的调整等，都需要对施工组织设计进行修改；对工程设计图纸的一般性修改，视变化情况对施工组织设计进行补充；对工程设计图纸的细微修改或更正，施工组织设计则不需调整。

② 当有关法律、法规和标准开始实施或发生变更，并涉及工程有实施、检查或验收时，施工组织设计需要进行修改或补充。

③ 当主客观条件的变化，施工方法有重大变更，原来的施工组织设计已不能正确地指导施工时，需对施工组织设计进行修改或补充。

④ 当施工资源的配置有重大变更，并且影响到施工方法的变化或对施工进度、质量、安全、环境、造价等造成潜在的重大影响时，需对施工组织设计进行修改或补充。

⑤ 当施工环境发生重大改变，如施工延期造成季节性施工方法变化，施工场地变化造成现场布置和施工方式改变等，致使原来的施工组织设计已不能正确指导施工时，需对施工组织设计进行修改或补充。

经过修改或补充的施工组织设计原则上需经原审批级别重新审批。项目施工前，应进行施工组织设计逐级交底；项目施工过程中应对施工组织设计的执行情况进行检查、分析并适时调整。

九、单位工程沉降观测报告(第三方)

本项目是指由建设单位委托有资质的测量单位对单位工程施工期间和使用期间进行的

沉降观测资料。

为防止地基不均匀沉降引起结构破坏，按设计要求及有关规范规定，对新建工程以及受影响的邻近建筑均要进行沉降观测，并做好沉降观测记录。应做沉降的建筑物应符合《建筑地基基础设计规范》(GB 50007—2011)中第 10.3.8 条和第 10.3.9 条的规定。

沉降观测的设备、方法和技术要求，沉降观测点的设置，沉降观测的次数和时间应符合《工程测量规范》(GB 50026—2007)第 10 章，以及《建筑变形测量规范》(JGJ8—2007)第 5 章的规定。

建筑物的地基变形计算值应不大于地基变形允许值，地基变形允许值应按照《建筑地基基础设计规范》(GB 50007—2011)中第 5.3.4 的规定采用。

建筑沉降是否进入稳定阶段，应由测量单位依据沉降量与时间关系曲线来判定；并应符合《建筑变形测量规范》(JGJ 8—2007)第 5.5.5 条的规定。

沉降观测报告包括下列资料：工程平面位置图和基准点分布图；沉降观测点位分布图；沉降观测成果表；时间－荷载－沉降量曲线图；等沉降曲线图；分析报告。

十、单位(子单位)工程质量竣工验收记录、单位(子单位)工程质量控制资料核查记录、单位(子单位)工程安全和功能检验资料核查及主要功能抽查记录、单位(子单位)工程观感质量检查记录

施工单位在单位(子单位)工程完工，组织自检合格后，报请建设、监理单位对工程进行质量验收，向建设单位提交工程施工竣工报告并按《建筑工程施工质量验收统一标准》(GB50300—2013)附录 H 的规定填写单位(子单位)工程质量竣工验收记录、质量控制资料核查记录、安全和功能检验资料核查及主要功能抽查记录及观感质量检查记录，具体表格详见本书第五章。

单位工程质量验收应由建设单位负责人或项目负责人组织，勘察、设计、施工单位的负责人或项目负责人以及施工单位的技术、质量部门负责人和监理单位的总监理工程师参加。单位(子单位)工程质量竣工验收记录，由监理(建设)单位填写验收结论；综合验收结论应由参加验收各方共同商定，并由建设单位填写，主要对工程质量是否符合设计和规范要求及总体质量水平做出评价。验收记录表由参加验收各单位的(项目)负责人亲自签字，并加盖公章，注明验收日期。工程质量监督机构应当对工程竣工验收的组织形式、验收程序、执行验收标准及工程实体质量等进行监督。

第三节　施工管理资料(C1)

施工管理资料(C1)包括企业资质证书及相关专业人员岗位证书(分包单位)、施工现场质量管理检查记录(分部分项工程)、工程开工报审表(分包工程)、砌体工程施工质量控制等级检查记录、施工日志(分包工程)。

一、企业资质证书及相关专业人员岗位证书(分包单位)

本项目用于收集分部分项工程的施工单位和分包单位资质、项目管理人员的岗位证书和合格证的复印件,复印件上应加盖施工单位公章,并办理工程项目参建单位用章及相关人员签字备案。已按第二节第六条收集过的,在本节中可不再收集本项资料。

二、施工现场质量管理检查记录(分部分项工程)

本表用于分部分项工程的施工单位和分包单位填写,施工前,施工项目负责人按照第二节第五条规定填写施工现场质量管理检查记录,报项目总监理工程师或建设单位项目负责人检查,做出检查结论。已按第二节第五条填写的,在此节中可不再填写此表。

三、工程开工报审表(分包工程)

本表用于分包单位承担分部分项工程的开工报审用表。

四、砌体工程施工质量控制等级检查记录

考虑到现场质量管理、砂浆和混凝土强度、砂浆拌和、砌筑工人水平对砌体强度设计值的影响,根据以上四个条件把砌体施工质量控制等级分为三级,并应符合规范(GB 50203—2011)表 3.0.15 的规定。施工质量控制等级的选用应符合设计要求,保证在不同的施工控制水平下,砌体结构的安全度不应降低。因此施工单位应根据设计要求和施工质量控制等级来加强现场的质保体系、砂浆和混凝土的强度、砌筑工人技术等级等综合管理水平,自检填写砌体工程施工质量控制等级检查记录表(见表 4-8),符合要求后经建设(监理)单位确认后方可施工。

表 4-8　　砌体工程施工质量控制等级检查记录

编号:

工程名称	××市××镇×××村住宅小区 2#楼工程		检查日期	20××年×月×日	
建设单位	××公司		项目负责人	×××	
设计单位	××设计事务所		项目负责人	×××	
监理单位	××建设监理公司		总监理工程师	×××	
施工单位	×××建设工程公司	项目经理	×××	专业技术负责人	×××
设计或规范规定的施工质量控制等级			B		
砌体工程施工质量验收规范(GB 50203—2011)的规定				检查情况记录	
A	现场质量管理	监督检查制度健全,并严格执行;施工方有在岗专业技术管理人员,人员齐全,并持证上岗		制度健全并按制度执行,技术管理人员齐全并能持证上岗	
	砂浆、混凝土强度	试块按规定制作,强度满足验收规定,离散性小		按规定制作试块,强度满足规定	
	砂浆拌和方式	机械拌和;配合比计量控制严格		机械拌合,配合比计量控制严格	
	砌筑工人水平	中级工以上,其中高级工不少于 30%			

续表

砌体工程施工质量验收规范(GB 50203—2011)的规定		检查情况记录
B	现场质量管理	监督检查制度基本健全，并能执行；施工方有在岗专业技术管理人员，人员齐全，并持证上岗	
	砂浆、混凝土强度	试块按规定制作，强度满足验收规定，离散性较小	
	砂浆拌和方式	机械拌和；配合比计量控制一般	
	砌筑工人水平	高、中级工不少于 70%	中级工 60%，高级工达到 15%
C	现场质量管理	有监督检查制度；施工方有在岗专业技术管理人员	
	砂浆、混凝土强度	试块按规定制作，强度满足验收规定，离散性大	
	砂浆拌和方式	机械或人工拌和；配合比计量控制较差	
	砌筑工人水平	初级工以上	
核验等级		B 级	
			20××年×月×日
处理意见			

会签栏	监理(建设)单位(签章)	施工单位(签章)	
		项目负责人	项目专业技术负责人
	年　　月　　日	年　　月　　日	

五、施工日志

施工日志是施工活动的原始记录，此节中该表以分包单位施工的分部分项工程为记载对象，其填写内容与方法应符合本章第二节第七条的规定。

第四节　施工技术资料(C2)

施工技术资料(C2)包括施工组织设计(方案)审批表(报审表)(分部分项工程)，专项施工方案论证意见书，施工方案或专项施工方案、材料复试策划书及深化设计文件；技术、安全交底记录；图纸会审、设计交底记录；设计变更通知单；工程洽商、联系单。

一、施工组织设计(方案)报审表(审批表)(分部分项工程)，专项施工方案论证意见书，施工方案或专项施工方案、材料复试策划书及深化设计文件

施工方案或专项施工方案的编写应符合本章第二节第八条的规定。

施工组织设计(方案)审批表用于施工单位对施工项目部编制的分部分项的施工方案或专项施工方案的审批。

施工组织设计(方案)报审表用于施工项目部对分部分项的施工方案或专项施工方案的报审。

材料复试策划书是对进场材料进行取样复验的策划，包括取样的材料、取样复验的项目、取样的时机、取样的数量、取样或见证取样的方法和检验结果的判定规则。此策划书也可以与施工组织设计(方案)共同编制。

深化设计文件是为了施工方便，对设计文件进行分解、细化和延伸，以便更好地实现设计文件的意图。多用于专业化程度比较高，施工工艺针对性比较强的分部分项工程，如基坑支护、桩(地)基、钢结构、防水工程、幕墙工程等。深化设计文件可以单独编制，也可与施工组织设计(方案)共同编制；并采用施工组织设计(方案)报审表报项目监理机构审批后实施，涉及结构安全和主要功能的深化设计文件还需设计单位的确认。

二、技术、安全交底记录

技术交底是指施工企业进行技术、质量管理的一项重要环节，是把设计要求、施工措施、安全生产贯彻到基层的一项管理办法。技术交底应形成技术交底记录并存档。

工程施工把施工蓝图变成工程实体，在工程施工组织与管理工作中，首先要使参与施工活动的技术人员明确本工程的特定的施工条件、施工组织、具体技术要求和有针对性的关键技术措施，系统掌握工程施工过程全貌和施工的关键部位，使工程施工质量达到国家质量检验评定标准的要求。对于参与工程施工操作的每一个工人来说，通过技术交底，可以了解自己所要完成的分部分项工程的具体内容、操作方法、施工工艺、质量标准和安全注意事项等，做到施工操作人员任务明确，心中有数；另外，通过技术交底可达到各工种之间配合协作和工序交接井井有条，达到有序施工，以减少各种质量通病，提高施工质量的目的。因此，必须在参与施工的不同层次人员范围内，进行不同内容重点的技术交底。特别是对重点工程、工程的重要部位、特殊工程和推广应用新技术、新工艺、新材料的工程项目，在技术交底时更需要做到内容全面、重点明确、具体详细。

在单位工程开工前或分部、分项工程施工前，为确保工程质量、安全、工期、成本等目标的实现，应对参加施工的管理人员及操作人员按规定的程序及工艺进行技术和安全交底。

技术交底应根据不同的工程对象，按施工组织设计和有关技术标准的要求，分别由企业总工程师、分公司和项目技术负责人、专业施工员进行。重点和大型工程施工应由施工企业和分公司的技术负责人对项目主要管理人员进行交底。其他工程施工组织设计交底应由项目技术负责人进行。专项施工方案应由项目专业技术负责人向专业施工员交底。专业施工员必须按分项工程向参与施工的班组进行交底，并填写交底记录。

技术交底记录(见表4-9)包括施工组织设计交底，专项施工方案交底，分项工程施工技术交底，新材料、新工艺、新技术、新产品技术交底及设计变更技术交底等。各项交底宜采用会议形式并应有文字记录，交底双方应签字齐全；接受人在接受交底后，必须严格按交底内容施工。

表4-9　技术、安全交底记录

施工单位：　　　　　　　　年　　月　　日　　　　　　　编号：

工程名称		交底项目		共　　页
				第　　页

交底内容：

技术交底主要内容

(1) 土方工程：地基土的性质与特点；各种标桩的位置与保护办法；挖填土的范围和深度，放边坡的要求，回填土与灰土等夯实方法及容重等指标要求；地下水或地表水排除与处理方法；施工工艺与操作规程中有关规定和安全技术措施。

(2) 砌筑工程：砌筑部位；轴线位置；各层水平标高；门窗洞口位置；墙身厚度及墙厚变化情况；砂浆强度等级，砂浆配合比及砂浆试块组数与养护；各预留洞口和各专业预埋件位置与数量、规格、尺寸；各不同部位和标高的砖、石等原材料的质量要求；砌体组砌方法和质量标准；质量通病预防办法，安全注意事项等。

(3) 模板工程：各种钢筋混凝土构件的轴线和水平位置，标高，截面形式和几何尺寸；支模方案和技术要求；支承系统的强度、稳定性具体技术要求；拆模时间；预埋件、预留洞的位置、标高、尺寸、数量及预防其移位的方法；特殊部位的技术要求及处理方法；质量标准与其质量通病预防措施，安全技术措施。

(4) 钢筋工程：所有构件中钢筋的种类、型号、直径、根数、接头方法和技术要求；预防钢筋位移和保证钢筋保护层厚度技术措施；特殊部位的技术处理；有关操作，特别是高空作业注意事项；质量标准及质量通病预防措施，安全技术措施和注意事项。

(5) 混凝土工程：水泥、砂、石、外加剂、水等原材料的品种、技术规程和质量标准；不同部位、不同标高混凝土种类和强度等级；其配合比、水灰比、塌落度的控制及相应技术措施；搅拌、运输、振捣有关技术规定和要求；混凝土浇灌方法和顺序，混凝土养护方法；施工缝的留设部位、数量及其相应技术措施、规范的具体要求；大体积凝土施工温度控制的技术措施；防渗混凝土施工具体技术细节和技术措施实施办法；混凝土试块留置部位和数量与养护；预防各种预埋件、预留洞位移，特别是机械设备地脚螺栓移位的具体措施，在施工时提出的具体要求；质量标准和质量通病预防办法(由于混凝土工程出现质量问题一般比较严重，在技术交底更应予以重视)；混凝土施工安全技术措施与节约措施。

(6) 脚手架工程：所用的材料种类、型号、数量、规格及其质量标准；架体搭设方式、强度和稳定性技术要求(必须达到牢固可靠的要求)；架子逐层升高技术措施和要求；架子立杆垂直度和沉降变形要求；架子工程搭设中的工人自检和逐层安全检查部门专门检查；重要部位架子，如悬挑梁的安装技术要求和施工方法；架子与建筑物联接方式与要求；架子拆除方法和顺序及其注意事项；脚手架工程质量标准和安全注意事项。

(7) 楼地面工程：各部位的楼地面种类、工程做法与技术要求、施工顺序、质量标准；新型楼地面或特殊行业特定要求的施工工艺；楼地面质量标准及确保工程质量标准所采取的技术措施。

(8) 屋面与防水工程：屋面和防水工程的构造、型式、种类，防水材料型号、种类、技术性能、特点、质量标准及注意事项；保温层与防水材料的种类和配合比、表观密度、厚度、操作工艺，基层的做法和基本技术要求，铺贴或涂刷的方法和操作要求；各细部节点处理方法；附加层的施工方法与要求。

(9) 装修工程：各部位装修的种类、等级、做法和要求、质量标准、成品保护技术措施；新型装修材料和有特殊工艺装修要求的施工工艺和操作步骤，与有关工序联系交叉作业互相配合协作。

技术负责人：	交底人：	提交人：

技术交底的编制要求包括：按设计图纸要求严格执行施工验收规范要求及安全技术措施；结合本工程的实际情况及特点，提出切实可行的新技术、新工艺，交底应清楚明确；签章齐全，责任明确；按施工图设计要求详细填写并逐一列出，交底内容齐全，交底时间应在施工前；交底技术负责人、交底人、接收交底人均应由本人签字，并发到施工班组。

三、图纸会审、设计交底记录

为使监理单位和施工单位熟悉设计图纸、了解工程特点和设计意图，以及关键工程部位的质量要求，及早纠正图面差错，将图纸中的质量隐患消灭于施工前，做到准确按图纸施工，保证工程质量，在工程正式开工前必须进行认真的图纸会审，形成图纸会审、设计交底记录(见表 4-10)。图纸会审记录是对设计文件进行审查和会审，并对提出的问题予以确认的技术文件。

表 4-10　图纸会审、设计交底记录

年　月　日　　　　　　　　　　　　　　　　　　　编号：

工程名称	××市××镇×××村住宅小区 2#楼工程		日期		共　　　页
					第　　　页
会审地点	×××设计事务所		专业名称		
序号	图纸图号	提出问题		会审结果	
1	建施-1				
2	建施-2	填写要求：			
3	建施-5	(1) 填写工程名称、会审交底地点、专业名称、会审日期、参加人员。			
4	结施-5	(2) 图号栏应写明图别和图号。			
5	结施-6	(3) 提出问题栏和答复意见栏的内容应一一对应，可以在会审时解决的问题应写明解决意见，暂未解决的问题应注明解决的时间和方式。			
6	结施-9				
7	⋮	⋮		⋮	
参加会审人员	建设单位： 监理单位： 设计单位： 施工单位：				
会审单位 （签章）	建设单位	监理单位	设计单位	施工单位
	项目负责人：	总监理工程师：	专业设计负责人：	项目技术负责人：
	年　月　日	年　月　日	年　月　日	年　月　日

注：本表由施工单位整理汇总，一式四份，建设、监理、设计、施工单位各留存一份。

　　监理单位、施工单位应将各自提出的图纸问题，按专业整理、汇总后，报建设单位或监理单位，由建设单位提交设计单位做交底准备。

　　图纸会审应由建设单位组织设计、监理和施工单位的技术负责人与专业(项目)负责人及有关人员参加。首先，由设计单位作各专业设计交底；然后，施工、监理单位对图纸提出问题，设计单位对各专业问题进行解答，由建设单位负责组织监理单位或施工单位技术人员将设计交底内容及图纸问题解答并按专业(建筑、结构、给排水采暖、电气、通风空调、智能建筑等)汇总、整理，形成图纸会审记录。

　　图纸会审记录应由设计单位专业设计负责人，建设、监理和施工单位的项目技术负责人或相关专业负责人签字并加盖项目机构公章后，发给持有施工图纸的所有单位及部门，任何人不得擅自在会审记录上涂改或变更其内容。

四、设计变更通知单

　　设计变更通知单(见表 4-11)一般是由设计单位或建设单位提出，对已发设计图纸的修改，原因可以是由于设计错误、设计图纸与实际情况不符或施工条件变化造成的，设计单位应及时下达设计变更通知单。

　　设计变更通知单如果是由建设单位提出的，对已发施工图的核定问题，对涉及结构及使用功能改变的必须经设计单位核定并签认；重大结构及使用功能改变，及涉及节能工程变更时，对变更部分要重新进行图纸审查，并由消防部门和相关节能管理部门重新认证。

表 4-11　设计变更通知单

年　月　日　　　　　　　　　　　　　　　　　　　　　　编号：

工程名称			专业名称	
序号	图号		变更内容	
1			填写要求： 　　(1) 应填写专业工程名称、变更原因和变更日期，并按日期顺序连续编号。 　　(2) 变更内容若使用文字无法叙述清楚，应附图说明。 　　(3) 应分专业办理，注明修改图纸的图号，便于绘制竣工图	
2				

提出单位：(签章)　　　　　　技术负责人：　　　　　　　制表：

变更单位 意见	设计单位(签章) 项目负责人： 年　月　日	建设单位(签章) 项目负责人： 年　月　日	监理单位(签章) 总监理工程师： 年　月　日	施工单位(签章) 项目技术负责人： 年　月　日

五、工程洽商、联系单

工程洽商、联系单(见表 4-12)是因工程实际需要(如临时停水停电，图纸和设备、材料供应等影响正常施工，造成工程施工的暂时中止、停工、窝工等情况)，而必须增加的各项耗用工料和其他费用等的洽商、联系用表，一般由施工单位专业施工员填写。

表 4-12　工程洽商、联系单

　年　　月　　日　　　　　　　　　　　　　　　　　　　　　　　　　　　　　　编号：

工程名称	××市××镇×××村住宅小区2# 楼工程		专业名称	结构
序号	图号		洽商、联系内容	
1	建施-2		原设计走廊水泥砂浆地面，建议改为大理石地面	
2	⋮		⋮	
提出单位：(签章)		项目负责人：		制表：
设计单位(签章)	建设单位(签章)	监理单位(签章)		施工单位(签章)
项目负责人： 　年　月　日	项目负责人： 　年　月　日	总监理工程师： 　年　月　日		项目技术负责人： 　年　月　日

工程洽商、联系单应分专业办理，其内容应翔实，必要时附图，并注明修改图纸图号。工程洽商、联系单应由建设、施工项目负责人和监理单位总监理工程师签字，并加盖项目机构公章。涉及施工图重要部位的修改和洽商，应经设计单位专业负责人签字确认并加盖公章。分包单位提出的洽商必须经总包单位签字确认后办理。

第五节　施工质量控制资料(C3)

施工质量控制资料(C3)分为工程测量、放线记录，原材料、构配件出厂质量证明文件，原材料、构配件进场检(试)验报告及见证检测报告，施工试验报告及见证检测报告，隐蔽工程验收记录，施工记录。

一、工程测量、放线记录

工程测量、放线记录包括工程定位测量放线记录，基槽及各层测量放线记录，桩基、支护测量放线记录，沉降观测记录(分部分项工程)。本记录应在施工过程中形成，确保建筑物的定位、标高、尺寸、沉降量等满足设计、规范要求。

(一)工程定位测量放线记录

工程定位测量放线是指单位工程开工前，施工单位根据建设单位提供的测绘部门的放线成果、红线桩及场地控制网(或建筑物控制网)、设计总平面图及水准点，对工程进行的准确测量定位。测量员在工程定位测量，即测定建筑物的位置、主控轴线及尺寸、建筑物±0.000 绝对高程等内容完成后，填写工程定位测量放线记录(见表 4-13)，由专业质量检查员、

表 4-13 工程定位测量放线记录

编号：

工程名称					
施测单位		建设单位			
图纸编号					
测量依据	引用坐标	A	X= Y=	永久水准点高程	相对
		B	X= Y=		绝对
使用仪器型号	全站仪		水准仪		
仪器校验日期					
测量天气条件及测量精度要求					

定位测量示意图：尺寸单位(mm)

年 月 日

(1) 工程名称与施工合同中单位工程名称相一致。
(2) 施测单位是测量放线单位，一般为总承包单位。
(3) 图纸编号填写测量放线部位的图纸编号（如总平面、首层建筑平面、基础平面）。
(4) 测量依据是引用的控制桩及水准点

(1) 使用仪器栏：应将经纬仪、全站仪、水准仪等仪器名称、型号、出厂编号标注清楚。
(2) 测量天气条件及测量精度要求应填写施测精度、平差情况及其他需要说明的情况

(1) 定位测量示意图要标注准确，如指北针、坐标、轴线、高程等，标注引出点位置，标明基础主轴线之间的尺寸以及建(构)筑物与建筑红线或控制桩的相对位置。
(2) 复验意见由栏监理(建设)单位复验后填写

测量员：

施测日期： 年 月 日

复验意见：

复验负责人：

复测日期： 年 月 日

会签栏	施工项目部(签章)			监理(建设)单位(签章)
	专业技术负责人	专业质检员	专业施工员	
	年月日			年 月 日

专业施工员校核并签字，经项目技术负责人核定签字，监理(建设)单位复验和确认，无误后，由监理(建设)单位代表签字并盖章，作为施工依据。对于城市规划有重大影响的建筑物，工程定位测量完成后，应由建设单位报请具有相应资质的测绘部门或监理专业测量工程师验线。对于城市规划有重大影响的建筑物，工程定位测量应符合设计要求及《工程测量规范》(GB 50026—2007)中第八章的规定。

(二) 基槽及各层测量放线记录

基槽及各层测量放线是在工程定位测量放线的基础上，依据建筑工程施工图设计给定的轴线、标高、位置进行的。基槽测量就是根据主控轴线、基底平面图、地基基础施工方案，测放建筑物基底外轮廓线、集水坑、电梯井坑、垫层标高、基槽断面尺寸等。楼层平面测量内容包括轴线竖向投测控制线、各层墙柱轴线与墙柱边线、门窗洞口位置线、垂直度偏差等。楼层标高抄测内容包括楼层 +0.5 m 水平控制线、皮数杆等。

在完成基槽及各层测量放线后，由测量员填写基槽及各层测量放线记录(见表 4-14)，交专业质量检查员、专业施工员校核并签字，专业技术负责人核定签字，监理(建设)单位复验确认并签字、盖章。

表 4-14　基槽及各层测量放线记录

施测单位：　　　　　　　　　　　日期：　　年　月　日　　　　　　　编号：

工程名称	
工程部位	(填写基槽或楼层(分层、分轴线或施工流水段)测量的具体部位)
轴线定位依据	
标高确定依据	
测量仪器名称及型号	

测量放线示意图	(1) 轴线、标高定位依据：总平面图、建筑方格网等定位依据以及竖向投测依据。 (2) 测量放线示意图的内容包括：基底外轮廓线及断面；垫层标高；集水坑、电梯井等垫层标高、位置；楼层外轮廓线，楼层重要控制轴线、尺寸、相对高程等；示意图指北针方向、分楼层段的具体图名 测量员：　　　　　　　　　施测日期：　　　　年　月　日

复验意见	(由监理(建设)单位复验后填写) 复验负责人：　　　　　　　　复测日期：　　　　年　月　日

会签栏	监理(建设)项目部(签章) 年　月　日	施工项目部(签章)		
		专业技术负责人	专业质检员	专业施工员
		年　月　日		

(三) 桩基、支护测量放线记录

桩基、支护测量放线，是在工程定位测量的基础上，依据施工图设计给定的轴线、坐标、标高对桩基、支护桩进行的测量放线。在设有建筑方格网的施工现场，根据设计总平面图上新建工程的相对坐标，测定建筑物位置、主控制轴线及尺寸，再按设计的桩位图中所示尺寸逐一定出桩位，定出的桩位之间的尺寸必须进行复核，无误后再绘出桩基、支护测量放线示意图。

复核的内容包括：标准轴线桩点、平面控制网；校核引进现场施工用水准点；计算资料及成果图。由施测人填写桩基、支护测量放线记录，专业质量检查员、专业施工员校核并签字，专业技术负责人核定签字，监理(建设)单位代表复验确认并签字盖章。

测量示意图绘制内容包括：绘出桩位、支护桩位示意图，标注主轴线之间尺寸，标明桩基、支护与控制桩相对位置，并绘出指北针。

(四) 沉降观测记录

本项目用于地基与基础分部、主体分部工程以及需要进行观测分部分项工程的沉降观测记录，沉降观测的方法、设备和要求应符合本章第二节第九条的规定。

二、原材料、构配件出厂质量证明文件

建筑工程采用的建筑材料、成品、半成品、构配件、设备等均应收集出厂质量证明文件，质量应符合国家现行有关标准的要求。质量证明文件应反映材料、构配件、设备的品种、规格、数量、性能指标，并与实际进场物资相符。

质量证明文件包括产品合格证书、质量合格证书、出厂性能检测报告、有效期内的型式检验报告、新材料新技术鉴定证书、产品生产许可证、安全许可证、质量认证证书、计量认证证书以及进口产品的商检证明等。

凡使用的新材料、新产品，应由省级以上具备鉴定资格的单位或部门出具鉴定证书，并委托国家认可的检测机构进行试验，出具检测报告，同时具有产品质量标准和试验要求，使用前应按其质量标准和试验要求进行试验或检验。新材料、新产品还应提供安装、维修、使用和工艺标准等相关技术文件。

进口材料和设备等应有商检证明(国家认证委员会公布的强制性认证产品除外)、中文版的质量证明文件、性能检测报告，以及中文版的安装、维修、使用、试验要求等技术文件。

质量证明文件若为复印件，复印件应与原件内容一致，并需加盖原件存放单位公章，注明原件存放处，还须有经办人签字和时间。

建筑材料、构配件进场时应通过进场检验对其进行验收，形成原材料、构配件进场检验记录(见表 4-15)。

建筑材料、构配件进场的进场检验由施工单位和建设(监理)单位共同进行，供货单位应按合同约定参加重要材料、构件和设备的进场检验，进场检验应做好记录，由监理工程师(或建设单位代表)签字认可。检验内容主要包括：

(1) 物资出厂质量证明文件是否齐全。

(2) 实际进场物资数量、品种、规格型号等是否满足设计和施工计划要求。

(3) 物资外观质量是否满足设计要求或规范规定。

(4) 按规定须抽检的材料、构配件是否及时抽检。

(5) 按规定应进场复试的工程物资，必须在进场检查验收合格后取样复试。主要物资的取样和试验项目应参照现行的产品标准。

表 4-15　原材料、构配件进场检验记录

检验日期：　　　年　　月　　日　　　　　　　　　　　　　　　编号：

工程名称	×××写字楼		专业工程名称		主体结构			
序号	(材料、构配件)名称	规格型号	进　场		进场验收				复　验		使用部位
			数量	日期	生产厂家	出厂合格证号	性能检测报告	外观质量尺寸	复验报告	复验结果	
1	水泥	PS32.5	30 t	10.4	×××	×××	××	合格	××	合格	×××
2	钢筋	ϕ10	15 t	10.4	×××	×××	××	合格	××	合格	×××
3	…	…	…	…	…	…	…	…	…	…	…

检验结论：

会签栏	建设(监理)项目部(签章)		施工项目部(签章)			
	×××　　　　年　月　日		专业技术负责人	专业质检员	专业施工员	材料员
			×××　　　年　月　日	×××	×××	×××

三、原材料、构配件进场检(试)验报告及见证检测报告

建筑材料及构配件的品种、规格和技术性能指标应符合设计要求，设计未做具体要求时，应符合相应产品标准、施工技术规范和质量验收规范规定。建筑材料及构配件的燃烧性能应符合国家现行标准《建筑设计防火规范》(GB 50016)、《高层民用建筑设计防火规范》(GB 50045)和《建筑内部装修设计防火规范》(GB 50222)的规定。不得使用国家明令淘汰的建筑材料、构配件和设备、耗能高的产品及挥发性有害物质含量释放量超过国家规定的产品，不得对室内环境造成污染。提倡使用符合产业发展方向的可循环使用、可再生使用的材料。建筑工程材料和构配件的检测包括型式检验、出厂检验和进场检验与复验。建筑材料、构配件出厂必须进行型式检验和出厂检验；进场必须进行进场检验，必要时应按规定取样复验。

建筑工程各参建单位应编制材料复验策划书，可单独编制，也可在施工组织设计中编入，其内容应包括取样的材料、取样复验的项目、取样的时机、取样的数量、取样或见证取样的方法和检验结果的判定规则，经项目专业技术负责人批准后提出，并应经建设(监理)单位批准后实施。

从事工程质量检测的检测机构应具有相应的工程质量检测资质，并应在资质允许的业务范围内承担质量检测业务。建设单位必须将工程质量检测业务委托给具有相应资质的检测机构承担，否则其质量检测资料不得归档，不得组织工程竣工验收。

施工单位可设有本单位的质量检测机构，并由经过培训合格的质量检测人员进行取样、送检和试验、检测工作。施工单位的质量检测机构是企业内部质量保证体系的组成部分，仅对本企业所承担工程的非见证质量检测项目出具检验数据和报告，并对报告的真实性负责。施工过程中应按照经建设(监理)单位批准的质量检测计划(方案)按时取样送检；如为见证取样检测，还应在建设(监理)单位见证人员监督下取样送检。

检测机构完成检测业务后，应当及时出具检测报告。检测报告应经检测人员签字、机构法定代表人或其授权的签字人签署，并加盖检测机构公章或检测专用章。检测报告必须实事求是，检测数据及结论准确可靠，检测机构应当对检测数据和检测报告的真实性和准确性负责。

在建筑工程施工过程中及工程质量验收时，应对涉及结构安全和使用功能的材料、构配件、试件、施工工艺和结构重要部位进行见证取样检测。见证取样送检的取样员和见证员应取得相应的资格，并必须持证上岗。工程质量见证取样检测项目、检测数量、合格判据应按照《建筑工程施工质量验收统一标准》(GB 50300)和各专业施工质量验收规范的规定，以及国家建设行政主管部门的相关规定执行。工程有见证取样要求时，工程项目的见证单位、见证员和施工单位的取样员应由建设单位书面授权，填写"见证单位和见证人员授权书"和"施工单位取样人员授权书"。提供质量检测试样的单位和个人应当对试样的真实性、代表性负责。检测机构按照规定的检测方法标准进行检测，出具公正、真实、准确的检测报告，注明见证单位和见证人姓名，并加盖检测机构"见证取样检测专用章"。发生试样不合格情况时，首先要通知见证单位和工程质量监督机构。

(一) 型式检验

型式检验为生产单位对定型产品或成套技术的全部性能及其适用性所做的检验。未通过鉴定的产品或未经过型式检验合格的产品不能投入批量生产和销售。

型式检验应由生产单位委托有资质的检验机构进行检测并出具型式检验报告。型式检验的进行应符合下列规定：① 新产品试制定型鉴定；② 正式生产后，结构、材料、工艺有较大改变，可能影响产品性能时；③ 正常生产时，定期或积累一定产量后；④ 产品停产后恢复生产时；⑤ 出厂检验与上次型式检验有较大差异时；⑥ 国家或省级质量监督机构提出进行型式检验要求时。

为技术或质量鉴定用的型式检验应由国家指定的质量检测机构主持进行；为新产品研制和生产单位产品质量控制的各种试验可由本单位自行选择有资质的检测机构进行。

不同的产品在正常生产时有不同的型式检验周期。

(二) 出厂检验

出厂检验是生产单位为保证出厂产品质量,对其各项技术性能进行控制的检验,产品必须经出厂检验合格后方可出厂,出厂检验应出具出厂检验报告。出厂检验应在型式检验结果有效期内进行,否则出厂检验结果无效。

(三) 进场检验与复试

建筑工程采用的主要材料、构配件应进行进场检验,有进场检验记录,还要按相应产品标准、施工技术规范和专业施工质量验收规范的规定取样,对其主要的物理力学性能进行复试,并应经监理工程师(建设单位技术负责人)检查认可。

1. 主要材料的进场复试

1) 通用硅酸盐水泥的进场检验内容和复试项目

水泥进场时应对其品种、级别、包装或散装仓号、出厂日期等进行检查,并对其强度、安定性、凝结时间及其他必要的性能指标进行复验(见表 4-16)。

表 4-16　水 泥 物 理 检 验 报 告

检验编号:×××××××

委托单位:×××建筑工程有限公司　　　　工程名称:××市××镇×××村住宅小区 2# 楼工程

使用部位:地下一层、1~6 层砌体、圈梁、过梁、构造柱　　厂　　名:×××水泥厂

品种等级:矿渣硅酸盐 32.5　　　　　　　批　　号:A107

代表数量:150 t　　　　　　　　　　检验类别:委托检验

检验日期:××年×月×日　　　　　　报告日期:××年×月×日

检　验　项　目			标　准　要　求	检　验　结　果	备　　注
细度(%) (80 μm 方孔筛筛余量)			≤10.0	4.5	
标准稠度用水量(%)			试杆距底板 6 mm± 1 mm 时的用水量	26.8	
凝结时间	初　凝		不早于 45 min	2 小时 49 分	
	终　凝		不迟于 10 h	5 小时 19 分	
安 定 性	饼　法		沸　煮　合　格	合　　格	
	雷氏法		膨胀值不大于 5 mm	—	
强 度 (MPa)	抗 折	3 天	≥2.5	3.3	
		28 天	≥5.5	7.0	
	抗 压	3 天	≥10.0	11.0	
		28 天	≥32.5	38.8	
检验依据			《通用硅酸盐水泥》(GB 175—2007)		
结　　论			所检项目符合(GB 175—2007)矿渣硅酸盐 32.5 级水泥要求		

检验:×××　　　　　　　审核:×××　　　　　负责人:×××

检验单位(章)

当在使用中对水泥质量有怀疑或水泥出厂超过 3 个月(快硬硅酸盐水泥超过 1 个月、硫铝酸盐水泥超过 45 天)时，应进行检验。

钢筋混凝土结构、预应力混凝土结构中严禁采用含氯化物的水泥。

对于强度低于相应标准的不合格水泥，可降级使用，按实际试验结果配制混凝土。但若水泥初凝时间、安定性指标不符合标准规定的水泥，则不得用于工程中。

通用硅酸盐水泥进场的复试项目为安定性、凝结时间和强度三项必试项目，有特殊要求的水泥应根据设计要求或合同约定选择必检项目。

进场复试的取样数量：按同一生产厂家、同一等级、同一品种、同一批号且连续进场的水泥，袋装不超过 200 t 为一批，散装不超过 500 t 为一批，取样不少于一次。

2) 砂的进场检验内容和复验项目

砂的进场检验内容为品种、规格、数量、产品出厂合格证、出厂性能检验报告、型式检验报告和进场复验报告(见表 4-17)。

表 4-17 砂 检 验 报 告

检验编号：×××××××

委 托 单 位	×××建筑工程有限公司					施 工 部 位	地下一层、1～6 层砌体、圈梁、过梁、构造柱	
工 程 名 称	××市××镇×××村住宅小区 2# 楼工程					代 表 数 量	400 m³	
样品产地名称	×××		收样日期			检 验 日 期		
检 验 项 目	检 验 结 果			检 验 项 目			检 验 结 果	
表观密度(kg/m³)	2640			有机物含量			—	
堆积密度(kg/m³)	1450			云母含量(%)			—	
紧密密度(kg/m³)	/			轻物质含量(%)			—	
含泥量(%)	4.0			硫酸盐硫化物			—	
泥块含量(%)	0.5			碱活性			—	
空隙率(%)	45			坚固性			—	
含水率(%)	/			亚甲蓝试验(MB 值)			—	
氯盐含量(%)	/			石粉含量(%)			—	

颗 粒 级 配								
公称粒径(mm)	10.0	5.00	2.50	1.25	0.630	0.315	0.160	检验结果
砂颗粒级配区	Ⅰ区	0	0～10	5～35	35～65	71～85	80～95	90～100	细度模数
	Ⅱ区	0	0～10	0～25	10～50	41～70	70～92	90～100	2.5
	Ⅲ区	0	0～10	0～15	0～25	16～40	55～85	90～100	级配区属
实际累计筛余(%)	0	8	14	28	46	84	97	Ⅱ区

检 验 依 据	《普通混凝土用砂、石质量及检验方法标准》(JGJ 52—2006)
结 论	所检项目符合标准要求，颗粒级配符合中砂Ⅱ区标准

检验：×××　　　　　　审核：×××　　　　　　负责人：×××

检验单位(章)

报告日期：××年×月×日

砂的进场复试项目为颗粒级配、细度模数、松散堆积密度、泥块含量、含泥量(天然砂)、云母含量(天然砂)、石粉含量(人工砂)、坚固性(人工砂)、氯离子含量和贝壳含量(海砂)。对于长期处于潮湿环境的重要混凝土结构所用的砂应进行碱活性检验。对于重要工程或特殊工程,应根据工程要求增加进场检验项目,对其他指标的合格性有怀疑时应予以检验。

细骨料应符合《普通混凝土用砂、石质量及检验方法标准》(JGJ 52)及《混凝土质量控制标准》(GB 50164)的规定。

砂进场复试取样批量要求:用大型工具运输的,以 400 m³ 或 600 t 为一批;用小型工具运输的,以 200 m³ 或 300 t 为一批;当质量比较稳定、进料量又较大时,以 1000 t 为一批。

配制混凝土时宜优先选用Ⅱ区砂,当采用Ⅰ区砂时应提高砂率,并保持足够的水泥用量,满足混凝土的和易性,当采用Ⅲ区砂时,宜适当降低砂率;配制泵送混凝土时宜选用中砂。

3) 卵石、碎石的进场检验内容和复试项目

卵石、碎石的进场检验内容为品种、规格、数量、产品出厂合格证、出厂性能检验报告、型式检验报告和进场复试报告(见表 4-18)。

卵石、碎石的进场复试项目为颗粒级配、含泥量、泥块含量和针片状颗粒含量。对于长期处于潮湿环境的重要混凝土结构所用的石子应进行碱活性检验。对于重要工程或特殊工程,应根据工程要求增加进场检验项目,对其他指标的合格性有怀疑时应予以检验。

粗骨料应符合《普通混凝土用砂、石质量及检验方法标准》(JGJ 52)及《混凝土质量控制标准》(GB 50164)的规定。

卵石、碎石进场复试取样批量要求:按同产地同规格分批验收,用大型工具运输的,以 400 m³ 或 600 t 为一批;用小型工具运输的,以 200 m³ 或 300 t 为一批;当质量比较稳定、进料量又较大时,以 1000 t 为一批。

4) 钢筋(材)、钢管、纤维

钢筋(材)对混凝土结构的承载能力至关重要,对其质量应从严要求。钢筋进场时应检查产品合格证和出厂检验报告,并按国家现行相关标准的规定抽取试件作力学性能和重量偏差检验,检验结果(见表 4-19)必须符合有关标准规定。但由于工程量、运输条件和各种钢筋的用量等的差异,很难对钢筋进场的批量大小做出统一规定。实际检查时若有关标准中对进场检验做了具体规定,应遵守执行。若有关标准中只有对产品出厂检验的规定,则在进场检验时,批量应按下列情况确定:对同一厂家、同一牌号、同一规格的钢筋,当一次进场的数量大于该产品的出厂检验批量时,应划分为若干个出厂检验批量,按出厂检验的抽样方案执行;对同一厂家、同一牌号、同一规格的钢筋,当一次进场的数量小于或等于该产品的出厂检验批量时,应作为一个检验批量,然后按出厂检验的抽样方案执行;对不同时间进场的同批钢筋,当确有可靠依据时,可按一次进场的钢筋处理。

表4-18 碎石(卵石)检验报告

检验编号：××××××

委 托 单 位	×××建筑工程有限公司		施 工 部 位	地下一层、1～6层圈梁、过梁、构造柱
工 程 名 称	××市××镇×××村住宅小区2#楼工程		代 表 数 量	400 m³
样品产地名称	×××	收样日期	检 验 日 期	

检 验 项 目	检 验 结 果	检 验 项 目	检 验 结 果
表观密度(kg/m³)	2660	吸水率	—
堆积密度(kg/m³)	1470	含水率(%)	—
紧密密度(kg/m³)	/	有机物含量	—
含泥量(%)	0.4	坚固性	—
泥块含量(%)	0	岩石强度(MPa)	—
空隙率(%)	45	SO₃含量(%)	—
针片状含量(%)	4.1	碱活性	—
压碎指标(%)	/	—	

颗 粒 级 配

级配情况	公称粒径(mm)	累计筛余，按质量(%)										
		方孔筛筛孔边长尺寸(mm)										
		75.0	63.0	53.0	37.5	31.5	26.5	19.0	16.0	9.5	4.75	2.36
连续粒级	5～10	—	—	—	—	—	—	—	0	0～15	80～100	95～100
	5～16	—	—	—	—	—	—	0	0～10	30～60	85～100	95～100
	5～20	—	—	—	—	0	0～10	—	40～80	90～100	95～100
	5～25	—	—	—	0	0～5	—	30～70	—	90～100	95～100
	5～31.5	—	—	—	0	0～5	—	15～45	—	70～90	90～100	95～100
	5～40	—	—	0～5	—	30～65	—	70～90	95～100	95～100
实际累计筛余(%)									0	10	88	100

检 验 依 据	《普通混凝土用砂、石质量及检验方法标准》(JGJ 52—2006)
结 论	所检项目符合标准要求，颗料级配符合连续粒级5～10 mm碎石指标。

检验：×××　　　　审核：×××　　　　负责人：×××

检验单位(章)

报告日期：××年×月×日

表 4-19　钢材检验报告

检验编号：×××××××

委托单位：×××建筑工程有限公司　　　工 程 名 称：××市××镇×××村住宅小区 2# 楼工程

使用部位：　　　　三层　　　　　　　　试样代表数量(t)：　　　5.914

牌号种类及规格：HRB400E　8 mm　　　生 产 厂 家：　　　×××

生产(批)号：　　　×××

见证单位：××监理公司　　　　　　　见证人及编号：　　　×××　　×××

检验项目	公称直径(mm)	重量偏差(%)	屈服强度 R_{el} (MPa)	抗拉强度 R_m (MPa)	断后伸长率 A (%)	最大力总伸长率 A_{gt} (%)	弯曲性能	抗拉强度实测值/屈服强度实测值	屈服强度实测值/屈服强度标准值
		±7	≥400	≥540	≥16	≥9.0	不得产生裂纹	≥1.25	≤1.30
检验结果	8	−1	470	745	20	13.6	完好	1.59	1.18
			455	750	19	12.9	完好	1.65	1.14
检 验 依 据	《钢筋混凝土用钢 第 2 部分：热轧带肋钢筋》(GB 1499.2—2007)								
结 　 论	所检项目符合 HRB400E 标准								

检验：　　　审核：　　　负责人：　　　　检验单位(章)

报告日期：××年×月×日

　　对于每批钢筋的检验数量，应按相关产品标准执行。国家标准《钢筋混凝土用 钢 第 1 部分：热轧光圆钢筋》(GB 1499.1—2007)和《钢筋混凝土用钢 第 2 部分：热轧带肋钢筋》(GB 1499.2)中规定每批抽取 5 个试件，先进行重量偏差检验，再取其中两个试件进行力学性能检验。

　　对有抗震设防要求的结构，其纵向受力钢筋的性能应满足设计要求。当设计无具体要求时，对按一、二、三级抗震等级设计的框架和斜撑构件(含梯段)中的纵向受力钢筋应采用 HRB335E、HRB400E、HRB500E、HRBF335E、HRBF400E 或 HRBF500E 钢筋，其强度和在最大力下总伸长率的实测值应符合：钢筋的抗拉强度实测值与屈服强度实测值之比应不小于 1.25；钢筋屈服强度实测值与屈服强度标准值之比应不大于 1.30；钢筋的最大力下总伸长率应不小于 9%。保证重要结构构件的抗震性能。

　　钢筋调直后应进行力学性能和重量偏差的检验，其强度应符合有关标准的规定(若采用无延伸功能的机械设备调直的钢筋，可不进行该项检验)，对于同一厂家、同一牌号、同一规格调直钢筋，重量不大于 30t 为一批，每批见证取样 3 件试件，3 个试件先进行重量偏差检验，再取其中 2 个试件经时效处理后进行力学性能检验。

钢管构件的制作应符合现行国家标准《钢结构工程施工质量验收规范》(GB50205)的有关规定。构件出厂应按规定进行验收检验，并形成出厂验收记录。要求预拼装的应进行预拼装，并形成记录。

纤维混凝土原材料进场后应进行进场检验，在施工过程中还应对纤维混凝土原材料进行抽检。钢纤维抽检项目包括抗拉强度、弯折性能、尺寸偏差和杂质含量。合成纤维抽检项目包括纤维抗拉强度、初始模量、断裂伸长率、耐碱性能、分散性相对误差、混凝土抗压强度比，增韧纤维还应抽检韧性指数和抗冲击次数比。用于同一工程的同品种和同规格的钢纤维，应按每 20 t 为一个检验批；用于同一工程的同品种和同规格的合成纤维，应按每 50 t 为一个检验批。

5) 砌墙砖、砌块、砌筑石材

烧结普通砖(黏土砖、页岩砖、煤矸石砖、粉煤灰砖)根据抗压强度分为 MU30、MU25、MU20、MU15、MU10 5 个强度等级。其进场检验与复试项目为尺寸偏差、外观质量、强度等级(见表 4-20 与表 4-21)。烧结普通砖取样批量每一生产厂家 15 万块为一批。

表 4-20 蒸压加气混凝土砌块检测报告

检验编号：×××××××

委托单位：×××建筑工程有限公司　　　　　　　　　　　收样日期：××年×月×日

工程名称：××市××镇×××村住宅小区 2# 楼工程　　　　检验日期：××年×月×日

规 格 型 号	600 mm × 200 mm × 300 mm					代 表 数 量		10 000 块	
强 度 等 级	A3.5					密 度 等 级		B06	
生 产 单 位	××××××					使 用 部 位		1～6 层内墙砌体	
检测项目	标 准 要 求		实 测 结 果						判定
	平均值 (MPa)	最小值 (MPa)	受压面		受压面积 (mm²)	抗压强度 (MPa)	抗压强度平均值 (MPa)	抗压强度单组最小值 (MPa)	
			长度 (mm)	宽度 (mm)					
强度等级	≥3.5	≥2.8	100	100	10 000	3.2 3.6 3.7	3.5	3.2	符合
密度范围 kg/m³	≤625		长度 (mm)	宽度 (mm)	高度 (mm)	体积 (mm³)	密度等级 (kg/m³)	平均密度等级 (kg/m³)	判定
			100	100	100	1 000 000	625 624 626	625	合格
导热系数 W/(m·K)	—		实测导热系数 W/(m·K)						—
检验依据	《蒸压加气混凝土砌块》(GB 11968—2006)								
结 论	该蒸压加气混凝土砌块符合(GB 11968—2006) A3.5 B06 级标准								

检测：×××　　　　　　审核：×××　　　　　　负责人：×××

检验单位(章)

报告日期：××年×月×日

表 4-21 粉煤灰砖检验报告

委托单位：×××建筑工程有限公司　　　　　　检验编号：××××××

工程名称：××市××镇×××村住宅小区 2# 楼工程　　检验类别：委托检验

规　　格：240 mm × 115 mm × 53 mm　　　　工程部位：地下一层砌体

代表数量：2 万块　　　　　　　　　　　　强度等级：MU10

收样日期：××年×月×日　　　　　　　　　检验日期：××年×月×日

标准要求抗压强度(MPa)		实测抗压强度			
抗压强度平均值(MPa)	单块抗压强度最小值(MPa)	抗压强度测定值(MPa)		抗压强度平均值(MPa)	单块抗压强度最小值(MPa)
≥10.0	≥8.0	9.96	10.23	11.0	10.0
		11.38	11.62		
		11.91	11.42		
		11.04	10.19		
		11.16	11.03		
标准要求抗折强度(MPa)		实测抗折强度			
抗折强度平均值(MPa)	单块抗折强度最小值(MPa)	抗折强度测定值(MPa)		抗折强度平均值(MPa)	单块抗折强度最小值(MPa)
≥2.5	≥2.0	2.38	2.55	2.5	2.3
		2.52	2.66		
		2.45	2.62		
		2.85	2.46		
		2.28	2.34		
检验依据	《蒸压粉煤灰砖》(JC/T 239—2014)				
结　论	该砖强度等级符合 MU10 标准				

检验：×××　　　　　　审核：×××　　　　　　负责人：×××

检验单位(章)

报告日期：××年×月×日

　　烧结多孔砖(黏土砖、页岩砖、煤矸石砖、粉煤灰砖)主要用于承重部位。根据抗压强度分为 MU30、MU25、MU20、MU15、MU10 五个强度等级。其进场检验与复试项目为尺寸偏差、外观质量、强度等级。烧结多孔砖取样批量每一生产厂家 5 万块为一批。

　　烧结空心砖和空心砌块(黏土砖和砌块、页岩砖和砌块、煤矸石砖和砌块、粉煤灰砖和砌块)主要用于非承重部位，其抗压强度分为 MU10、MU7.5、MU5.0、MU3.5、MU2.5

五个强度等级。体积密度分为 800 级、900 级、1000 级、1100 级。其进场检验与复试项目为尺寸偏差、外观质量、强度等级。烧结空心砖和空心砌块取样批量每一生产厂家 5 万块为一批。

普通混凝土小型空心砌块按其强度等级分为 MU20、MU15、MU10、MU7.5、MU5.0、MU3.5 六个强度等级。其进场检验与复试项目为强度等级和相对含水率，用于清水墙的砌块还应检验抗渗性。取样批量每一生产厂家同一种原材料配制成的相同外观质量等级、强度等级和同一工艺生产的 1 万块砌块为一批。

轻集料混凝土小型空心砌块按砌块密度等级分为 500、600、700、800、900、1000、1200、1400 八级。按砌块强度等级分为 1.5、2.5、3.5、5.0、7.5、10.0 六级。其进场检验与复试项目为强度等级、密度、吸水率和相对含水率，保温材料增检导热系数。取样批量同品种、同强度等级、同密度等级、同质量等级、同工艺的 1 万块砌块为一批。

蒸压加气砼砌块按强度和干密度分级。强度级别有 A1.0、A2.0、A2.5、A3.5、A5.0、A7.5、A10 七个级别；干密度级别有 B03、B04、B05、B06、B07、B08 六个级别。其进场检验与复试项目为抗压强度、干密度，保温材料增检导热系数。取样批量同品种、同规格、同等级 1 万块砌块为一批。(节能工程验收抽样：同厂家、同品种的产品，建筑面积 20000 m^2 以下各抽查不少于 3 次；建筑面积 20000 m^2 以上各抽查不少于 6 次。)

2．影响工程结构安全和主要使用功能的建筑材料、构配件的进场复试

影响工程结构安全和主要使用功能的建筑材料、构配件的进场复试，必须按规定实施见证取样送检。下列建筑材料、构配件的进场复试必须实施见证取样和送检，见证取样和送检的比例不得低于有关技术标准中规定应取样数量的 30%。

(1) 用于承重结构的钢筋。

(2) 用于承重墙的砖和混凝土小型砌块。

(3) 用于拌制混凝土和砌筑砂浆的水泥。

(4) 用于承重结构的混凝土中使用的掺和剂(外加剂、掺和料)。

(5) 地下、屋面、厕浴间使用的防水材料。

(6) 重要钢结构用钢材和焊接材料。(见证取样数量为 100%)

(7) 高强度螺栓预拉力、扭矩系数、摩擦面抗滑移系数。(见证取样数量为 100%)

(8) 民用建筑工程室内饰面采用天然花岗石材大于 200 m^2 时的放射性指标；人造木板和饰面人造板大于 500 m^2 时的游离甲醛释放量。(见证取样数量为 100%)

3．节能材料的取样复试

下列建筑节能材料、构配件进场时，应对其绝热(保温)等节能材料进行取样复试，复试应为见证取样送检。

(1) 墙体节能工程采用的保温材料、黏结材料及增强网。

(2) 幕墙节能工程使用的保温材料、幕墙玻璃及隔热型材。

(3) 建筑外窗的气密性、水密性、耐风压、传热系数及中空玻璃露点。

(4) 屋面节能工程使用的保温隔热材料。

(5) 地面节能材料采用的保温材料。

当国家规定或合同约定必须对材料进行见证取样和送检时,或对材料质量发生争议时,应进行见证取样检测。

四、施工试验报告及见证检测报告

施工试验报告及见证检测报告是建筑结构工程在施工过程中,按照设计要求和施工质量验收规范的规定进行施工试验及见证施工试验,记录试验数据和计算结果并得出试验结论的资料。

(一) 施工试验报告及见证检测报告

施工试验报告及见证检测报告(见表 4-22~表 4-26)是建筑结构工程在施工过程中,按照设计要求和施工质量验收规范的规定进行施工试验及见证施工试验,记录试验数据和计算结果并得出试验结论的资料。试验报告应由有资质的试验单位出具。试验人员、审核人员和试验室负责人进行签字认证,并加盖"工程质量检测资质证书专用章"和检(试)验单位公章。

表 4-22 混凝土抗压强度检验报告

检验编号:×××××××

委托单位:×××建筑工程有限公司　　　　工程名称:××市××镇×××村住宅小区 2# 楼工程

检件名称或结构部位	设计强度等级	成型日期	检验日期	龄期(d)	试件尺寸(mm)			受压面积(mm²)	破坏荷载(kN)	抗压强度(MPa)		折合标准立方体强度(MPa)	备注
					长	宽	高			单块	平均		
一层⑥~⑧/Ⓐ~Ⓖ轴墙柱	C55	8.8	9.5	28	100	100	100	10 000	649	64.9	65.9	62.6	标养
					100	100	100	10 000	677	67.7			
					100	100	100	10 000	650	65.0			
一层⑥~⑧/Ⓐ~Ⓖ轴墙柱	C55	8.8	9.5	28	100	100	100	10 000	662	66.2	65.6	62.3	标养
					100	100	100	10 000	648	64.8			
					100	100	100	10 000	657	65.7			
					空		白						
检验依据	《普通混凝土力学性能试验方法标准》(GB/T50081—2002)												

检验:×××　　　　　审核:×××　　　　　负责人:×××

检验单位(章)

报告日期:××年×月×日

注:

混凝土立方体抗压强度试验的试验结果应按下列要求确定:

(1) 3 个试件测值的算术平均值作为该组试件的强度值,精确至 0.1 MPa。

(2) 3 个测值的最大值或最小值中如有 1 个与中间值的差值超过中间值的 15%,则将最大值及最小值一并舍去,取中间值作为该组试件的抗压强度值。

(3) 如最大值和最小值与中间值的差均超过中间值的 15%,则该组试件的试验结果应为无效。

表 4-23 砂浆试块抗压强度报告

检验编号：×××××××

委托单位：×××建筑工程有限公司 工程名称：××市××镇×××村 住宅小区 2# 楼工程

使用部位：二层砌体外墙 砂浆种类：水泥 强度等级：M7.5

见证单位：××监理公司 见证员及编号：××× ×××

成型日期	检验日期	龄期(d)	试件规格(mm)	受压面积(mm²)	压力(kN) 单块	换算系数	试件抗压强度(MPa)	抗压强度平均值(MPa)
11.29	12.27	28	70.7³	5000	33	1.35	8.9	9.0
					32		8.6	
					35		9.5	
11.29	12.27	28	70.7³	5000	32	1.35	8.6	8.6
					30		8.1	
					34		9.2	
检验依据	《建筑砂浆基本性能试验方法标准》(JGJ/T 70—2009)							

检验：××× 审核：××× 负责人：×××

检验单位(章)

报告日期：××年×月×日

注：砂浆立方体抗压强度试验的试验结果应按下列要求确定：

(1) 应以 3 个试件测值的算术平均值作为该组试件的砂浆立方体抗压强度平均值，精确至 0.1 MPa。

(2) 当 3 个测值的最大值或最小值中有 1 个与中间值的差值超过中间值的 15%时，应把最大值及最小值一并舍去，取中间值作为该组试件的抗压强度值。

(3) 当 2 个测值与中间值的差值均超过中间值的 15%时，该组试验结果应为无效。

表 4-24 钢筋机械连接检验报告

检验编号：×××××××

委托单位	×××工程公司		工程名称		×××写字楼	
接头种类	直螺纹接头	钢筋牌号及规格		HRB400 16 mm		
代表数量	86 个	接头操作人及证号		××× ×××		
使用部位	一层⑥~⑧/Ⓐ~Ⓖ轴顶板梁		接头等级	Ⅰ级	检验日期	2016.8.5
试件编号	钢筋规格(mm)	标准要求		抗拉强度实测值(MPa)	断裂位置	单组评定
1	16—16	$f_{mst}^0 \geq f_{stk}$ 或 $f_{mst}^0 \geq 1.10 f_{stk}$		615	钢筋拉断	合格
2				595	钢筋拉断	
3				595	钢筋拉断	
检验依据	《钢筋机械连接技术规程》(JGJ107—2016)					
检验结论	强度符合(JGJ107—2016)Ⅰ级标准					

检验： 审核： 负责人：

见证人及编号：××× ×××

检验单位(章)

报告日期：××年×月×日

表 4-25　混凝土试件抗压强度统计评定表

评定日期：　　　年　月　日　　　　　　　编号：

工程名称	××市××镇×××村住宅小区 2# 楼工程	施工单位	×××建筑工程有限公司
强度等级	C35	养护方法	标准养护
统计日期	××年×月×日至××年×月×日	结构部位	1～8 层结构混凝土

试件组数 n	强度标准值 $f_{cu,k}$ (0.1N/mm^2)	强度平均值 $m_{f_{cu}}$ (0.1N/mm^2)	强度最小值 $f_{cu,min}$ (0.1N/mm^2)	标准差 $S_{f_{cu}} = \sqrt{\dfrac{\sum\limits_{i=1}^{n} f_{cu,i}^2 - n m_{f_{cu}}^2}{n-1}}$ $f_{cu,i}$ 第 i 组混凝土试件的立方体抗压强度(0.1 N/mm^2)；当 $S_{f_{cu}}$ (0.01 N/mm^2)计算值小于 2.5 N/mm^2 时，应取 2.5 N/mm^2				合格判定系数	试件组数 n		
										10～14	15～19	≥20
									λ_1	1.15	1.05	0.95
									λ_2	0.9	0.85	0.85
										<C60		≥C60
									λ_3	1.15		1.10
32	35	40.77	37.1						λ_4	0.95		0.95

每组强度值 (MPa)									
40.9	40	38.3	43	41.9	37.2	41.8	40.7	40.4	40.1
41.4	43.4	43.2	43.7	39.6	41.9	42.1	37.1	41.8	37.2
41.7	44	43.6	40	38.1	38.9	37.8	43.2	39	41.1
42.9	38.6								

评定方法	统计方法(n≥10)		非统计方法(n<10)	
	$f_{cu,k} + \lambda_1 \cdot S_{f_{cu}}$	$\lambda_2 \cdot f_{cu,k}$	$\lambda_3 \cdot f_{cu,k}$	$\lambda_4 \cdot f_{cu,k}$
	37.38	29.75		
评定公式	$m_{f_{cu}} \geq f_{cu,k} + \lambda_1 \cdot S_{f_{cu}}$	$f_{cu,min} \geq \lambda_2 \cdot f_{cu,k}$	$m_{f_{cu}} \geq \lambda_3 \cdot f_{cu,k}$	$f_{cu,min} \geq \lambda_4 \cdot f_{cu,k}$
结果	40.77>37.38	37.1>29.75		
结论	采用统计方法进行混凝土强度评定：合格			

会签栏	监理(建设)项目部(签章)	施工项目部(签章)		
	×××	专业技术负责人	审核	统计
		×××		
			×××	×××
	年　月　日	年　月　日		

表 4-26　砌筑砂浆试件抗压强度统计评定表

评定日期：　　　年　月　日　　　　　　　编号：

工程名称	××市××镇×××村住宅小区 2# 楼工程					施工单位	×××建筑工程有限公司	
强度等级	M5					养护方法	标准养护	
统计日期	××年×月×日至××年×月×日					砌体部位	填充墙 M5 水泥砂浆	
试件组数 n	强度标准值 f_2 (MPa)		强度平均值 $f_{2,m}$ (MPa)		强度最小值 $f_{2,min}$ (MPa)		1.10 f_2=5.50 0.85 f_2=4.25	
8	5		6.96		6.50		4.25	
每组强度值 (MPa)	7.2	7.5	7.7	6.5	6.6	6.7	6.9	6.6
评定公式	$f_{2,m} \geqslant 1.1 f_2$				$f_{2,min} \geqslant 0.85 f_2$			
结果	6.96＞5.50				6.50＞4.25			
结论	砂浆强度评定：合格 验收依据：《砌体工程施工质量验收规范》(GB 50203—2011)							
会签栏	监理(建设)项目部(签章)				施工项目部(签章)			
	××× 年　月　日				专业技术负责人 ××× 年　月　日		审核 ××× 	统计 ×××

1．涉及结构安全的试块、试件的施工质量检测

下列涉及结构安全的试块、试件的施工质量检测必须实施见证取样和送检。见证取样和送检的比例不得低于有关技术标准中规定应取样数量的 30%。

(1) 用于承重结构的混凝土试块。

(2) 用于承重墙体的砌筑砂浆试块。

(3) 用于承重结构的钢筋连接接头试件。

(4) 用于混凝土结构实体检验的同条件试块、钢筋保护层厚度以及合同约定的其他检验项目(包括破损和非破损的检验方法)。(见证取样数量为 100%)

(5) 后张法施工的预应力张拉记录。(见证取样数量为 100%)

(6) 钢网架节点承载力试验。(见证取样数量为 100%)

(7) 钢结构高强度螺栓连接摩擦面抗滑移系数。(见证取样数量为 100%)

2. 建筑节能工程施工质量检测

下列建筑节能工程施工质量检测应实施见证取样送检。

(1) 当外墙、屋面、地面等部位采用保温浆料或发泡混凝土做保温层时,应在施工中制作同条件养护试件,检测其导热系数、干密度和压缩强度。

(2) 外墙保温板材与基层的黏结强度应做现场拉拔试验,外墙保温层后置锚固件应进行锚固力现场拉拔试验;黏结强度和锚固拉拔力试验可委托有能力的施工企业试验室承担,也可委托具备见证检测资质的检测机构进行试验。

(3) 当幕墙面积大于 3000 m² 或大于建筑外墙面积 50%时,应现场抽取材料和配件,在检测试验室安装制作试件进行气密性能检测。

(4) 外窗气密性的现场实体检测。

(5) 外墙节能构造的实体检测应在建设(监理)人员见证下实施,可委托有资质的检测机构实施,也可由施工单位实施。(GB 50411—2007 中 14.1.5)

3. 民用建筑工程及室内装修工程的室内环境质量检测

民用建筑工程及室内装修工程的室内环境质量检测应实施见证取样和送检。

4. 其他

当国家规定或合同约定必须对施工质量进行见证取样和送检时,或对施工质量有争议需要进行仲裁检验的应实施见证取样和送检。

(二) 其他施工检测(验)资料

1. 防水工程

(1) 地下防水工程完成后应由施工单位项目负责人组织监理(建设)单位对地下工程有无渗漏现象等进行检查验收,检查内容包括裂缝情况、渗漏水现象、渗漏水量、经堵漏及补强的原渗漏水部位和符合防水等级标准的渗漏水位置等,填写地下工程(室)渗漏水量检测记录。渗漏水调查及检测方法符合《地下防水工程质量验收规范》(GB 50208)的规定。

(2) 凡有防水要求的地面(浴室、卫生间、厨房)、屋面、外墙、幕墙等工程均应在工程完工后,进行防水工程试水检查验收,并认真做好记录。防水工程试水检查可根据工程实际情况采取蓄水试验(适用于浴室、卫生间、厨房等有防水要求的房间地面和室内独立水容器及可能蓄水的屋面)、淋水试验(屋面),对于水池、水箱等构筑物,应做满水试验和气密性试验,检测方法及评价标准应符合《给水排水构筑物工程施工及验收规范》(GB 50141)的规定。

(3) 专业防水施工队伍必须具有相应的资质,施工人员必须持有有效岗位证书。

(4) 防水工程检查试验工作应由施工单位专业技术负责人组织质检员、专业施工员、班组长实施,填写记录,建设(监理)单位参加旁站核验,填写复查结果和并签字盖章。重要工程还应邀请设计单位和质量监督部门人员参加。

2. 建筑物垂直度、标高、全高测量

施工单位在主体结构完成或验收时,对建筑物垂直度、标高和全高进行实测并记录,填写建筑物垂直度、标高、全高测量记录、钢管混凝土构件垂直度观测记录和筒仓垂直度、标高观测记录。测量记录由测量员填写,施工单位专业技术负责人组织专业质检员、施工

员核验并签字，报建设、监理单位审核并签字盖章认可。

3. 建筑物抽气(风)道、垃圾道检查记录

建筑物抽气(风)道，包括厨房烟道和卫生间抽气道等均应全数做通(抽)风和漏风、串风试验，垃圾道应全数检查畅通情况，并做检查记录。

五、隐蔽工程验收记录

隐蔽工程验收是指被下道工序所遮盖的重要部位或项目，在遮盖前，必须按照质量验收规范进行的隐蔽检查验收，并做记录(见表 4-27)。隐蔽工程验收记录应按专业、分层、分段、分部位，按施工程序进行填写。隐蔽工程验收记录宜按分项工程、检验批填写，内容包括位置、标高、材质、品种、规格、数量、焊接接头、防腐、管盒固定、管口处理等，需附图时应附图。

表 4-27(a) 隐蔽工程验收记录(一)

编号：

工程名称	××市××镇×××村住宅小区 2# 楼工程	隐检项目	室外素土回填
隐蔽验收部位	2# 楼南	隐检时间	××年×月×日
隐检依据	施工图纸、建筑地基基础工程施工质量验收规范		

隐检内容：
(1) 基底清理情况。
(2) 回填土料、分层铺设厚度。
(3) 回填土压实试验情况。

施工单位自查情况与结论：
(1) 基底清理干净，无杂物。
(2) 回填素土料采用原基坑开挖出来的优质土，从−7.570～−1.500 mm 分 30 步回填，每层虚铺厚度 250 mm，采用蛙式打夯机一夯压半夯，夯夯相连，行行相接，纵横交叉进行，每层打压均不少于 3 遍。
(3) 回填土均严格按规定取样，试验合格，试验报告编号×××。

影像资料的部位、数量：
主楼南侧基础外围第一步、第五步、第十步、第二十步、第二十五步、第三十步回填时的照片，共 6 张。

监理(建设)单位验收意见与结论：
验收合格，可以进入下道工序施工。

监理(建设)项目部(签章)	施工项目部(签章)		
专业监理工程师： (建设单位项目专业技术负责人) ××× ××年×月×日	专业技术负责人 ××× ××年×月×日	质检员 ××× 	专业施工员 ×××

表 4-27(b)　隐蔽工程验收记录(二)

编号：

工程名称	××市××镇×××村住宅小区 2# 楼工程	隐检项目	水泥砂浆找平层
隐蔽验收部位	三层卫生间	隐检时间	××年×月×日
隐检依据	施工图纸、建筑地面工程施工质量验收规范		

隐检内容：
　(1) 找平层所用材料的品种、规格。
　(2) 找平层坡向等。
　(3) 找平层表面平整度及标高度。

施工单位自查情况与结论：
　(1) 找平层采用 1∶3 水泥砂浆，计量准确，水泥、砂进场复验合格，试验报告编号"水泥×××，砂×××"。
　(2) 立管、地漏处无渗漏，找平层坡向正确，无积水，与下一层结合牢固，无空鼓。
　(3) 找平层表面密实、无起砂、蜂窝和裂缝，表面平整度及标高允许偏差符合要求。

影像资料的部位、数量：
　三层卫生间找平层施工照片 1 张。

监理(建设)单位验收意见与结论：
　验收合格，可以进入下道工序。

监理(建设)项目部(签章)	施工项目部(签章)		
专业监理工程师： (建设单位项目专业技术负责人) ××× ××年×月×日	专业技术负责人 ××× ××年×月×日	质检员 ××× 	专业施工员 ×××

表 4-27(c)　隐蔽工程验收记录(三)

编号：×××

工程名称	××市××镇×××村住宅小区 2# 楼工程	隐检项目	涂料防水层
隐蔽验收部位	三层卫生间	隐检时间	××年×月×日
隐检依据	施工图纸、建筑地面工程质量验收规范		

隐检内容：
　(1) 防水层所用材料品种、规格、质量等。
　(2) 防水层细部做法。
　(3) 基层情况。
　(4) 防水层施工。
　(5) 侧墙防水层的保护层。

施工单位自查情况与结论：
　(1) 防水层采用聚氨酯涂料防水层，有合格证及进场复试报告，符合设计要求，试验报告编号×××。
　(2) 防水层于转角处、管道处等细部做法符合要求。
　(3) 基层牢固、洁净、平整，无空鼓、松动、起砂和脱皮现象，阴阳角处是圆弧形，防水层和基层牢固。
　(4) 防水层三遍成活，平整度为 1.6 mm，最小厚度为 1.5 mm，四周上抹 150 mm，符合设计要求。防水层表面平整，涂刷均匀，无流淌、皱折、鼓泡和翘边现象。
　(5) 侧墙防水层的保护层与防水层黏结牢固，结合紧密，厚度均匀一致。

影像资料的部位、数量：
　三层卫生防水层施工照片 2 张。

监理(建设)单位验收意见与结论：
　验收合格，可以进入下道工序。

监理(建设)项目部(签章)	施工项目部(签章)		
专业监理工程师： (建设单位项目专业技术负责人) ××× ××年×月×日	专业技术负责人 ××× ××年×月×日	质检员 ××× 	专业施工员 ×××

表 4-27(d)　隐蔽工程验收记录(四)

编号：

工程名称	××市××镇×××村住宅小区 2# 楼工程	隐检项目	室内抹灰
隐蔽验收部位	十四层	隐检时间	××年×月×日
隐检依据	施工图纸、建筑装饰装修工程质量验收规范		

隐检内容：

　(1) 不同材料基体交接处的加强措施。

　(2) 加强构造的材料规格、铺设、固定、搭接等。

施工单位自查情况与结论：

　(1) 采用 1∶3 水泥砂浆，计量准确，水泥、砂进场复验合格，试验报告编号"水泥×××，砂×××"。

　(2) 基底或基层清理干净，洒水后拉毛。

　(3) 每层抹灰厚度为 5～7 mm；总厚度符合设计要求。

　(4) 不同基层材料处粘贴钢丝网片，搭接宽度为 150 mm。

　(5) 抹灰之间及抹灰层与基体之间粘接牢固，无脱落、空鼓和裂缝等缺陷。

影像资料的部位、数量：

　十四层墙面抹灰施工照片 3 张。

监理(建设)单位验收意见与结论：

　验收合格，可以进入下道工序。

监理(建设)项目部(签章)	施工项目部(签章)		
专业监理工程师：	专业技术负责人	质检员	专业施工员
(建设单位项目专业技术负责人)			
		×××	×××
×××	×××		
××年×月×日	××年×月×日		

　　工程具备隐检条件后，由专业施工员填写隐蔽工程验收记录，由专业质量检查员提前一天报请监理单位，验收时由专业技术负责人组织专业施工员、质量检查员共同参加。验收后由监理单位专业监理工程师(建设单位项目专业技术负责人)签署验收意见及验收结论。

　　隐蔽工程验收时，施工单位必须同时提交有关分项工程质量验收及测试资料，包括原材料出厂质量证明文件、复试报告、施工试验报告及见证检验报告、质量验收记录等，以备查。

　　针对第一次验收未通过的要注明质量问题，并提出复查要求。进行处理后必须进行复验，并且办理复验手续，填写复验日期，并做出复验结论。

　　凡未经过隐蔽工程验收或验收不合格的工程，不得进入下道工序施工。

　　各专业主要隐检项目及内容如下：

(一) 地基基础工程与结构工程

1．地基工程

(1) 检查基底土方开挖清理情况、平整、标高，平面尺寸等。

(2) 检查回填土料的配合比，冻土块含量及分层铺设厚度、夯压遍数，压实系数等。

(3) 检查压实地基表面平整及标高，检查复合地基桩的位置、间距、桩头预留高度和桩头质量等。

2. 基坑支护、地下水控制、土方及边坡工程

(1) 检查基坑支护锚杆、土钉的品种、规格、数量、位置、插入长度，钻孔直径、深度和角度。

(2) 检查地下连续墙成槽宽度、深度、倾斜度，钢筋笼规格、位置，槽底清理、沉渣厚度，基础土质等，并填写主要数据。排桩、双排桩、重力式水泥土墙可参见桩基和复合地基。检查边坡工程的混凝土钢筋保护层厚度，网片规格及搭接长度。

(3) 检查土方开挖坑底清理情况、标高和轮廓尺寸等。检查填方土料配合比，冻土块含量及分层铺设厚度、夯压遍数、表面平整及标高、填土压实系数等。

3. 桩基工程

(1) 检查灌注桩的尺寸、位置、数量、成孔质量(包括桩径、孔深、垂直度、沉渣厚度及清孔情况)，钢筋笼制作，钢筋笼入孔的保护层厚度等。

(2) 检查预制桩、钢桩的位置、间距、垂直度、桩预留高度与桩头质量，锚筋规格、长度、形状、桩基检测报告等。

4. 地下防水工程

检查防水层的基层；检查防水混凝土结构和防水层被掩盖的部位；检查防水层所用材料的品种、规格、配合比、厚度、施工方法、搭接密封处理等；检查变形缝、施工缝、后浇带等防水构造做法；检查管道穿过防水层的封固部位；检查排水层、盲沟和坑槽；检查结构裂缝注浆处理部位；衬砌前围岩渗漏水处理部位；基坑的超挖和回填等。

5. 基础、主体结构工程

(1) 砌体基础：所用材料情况、截面尺寸、轴线、埋深、标高、砌体组砌方法，圈梁、构造柱的外观和整体施工质量；配筋砌体中的所用钢筋的绑扎和安装等。

(2) 混凝土基础及垫层：所用材料情况、截面尺寸、轴线、标高、表面平整和混凝土密实等。变形缝、沉降缝、伸缩缝和防震缝、后浇带的尺寸位置，构造形式及填充材料应符合设计及规范要求。

(3) 钢筋工程：纵向受力钢筋牌号、规格、数量、位置；钢筋的连接方式、接头位置、接头质量、接头面积百分率、搭接长度、锚固方式及锚固长度；箍筋、横向钢筋的牌号、规格、数量、间距、位置，箍筋弯钩的弯折角度用平直段长度；预埋件的质量、规格、数量和位置等。

钢筋连接种类(焊接、机械连接)、连接形式(电弧焊、电渣焊、闪光对焊、锥螺纹连接、直螺纹连接、钢套筒连接等)、接头位置、方法、数量和接头外观质量。若为焊接，应检查焊条、焊剂的产品质量，检查焊口形式、焊缝长度、焊缝厚度(高度)及表面清渣等外观质量。

(4) 埋入式钢管混凝土柱柱脚有管内锚固钢筋时，检查锚固筋的长度、弯钩等；钢管混凝土柱与钢筋混凝土梁连接节点核心区的构造及钢筋的规格、位置、数量、间距及接头位置，边跨梁的纵向钢筋的锚固长度等。

(5) 预应力工程：检查预应力筋的品种、规格、级别、数量和位置；成孔管道的规格、数量、位置、形状、连接以及灌浆孔、排气兼泌水孔；局部加强钢筋的牌号、规格、数量

和位置；预应力筋锚具和连接器及锚垫板的品种、规格、数量和位置等。

(6) 钢结构及铝合金结构工程：地脚螺栓(锚栓)规格、位置及紧固、埋设方法、连接方法、防腐处理，支座锚栓螺纹应受到保护；涂装前的构件端部铣平，焊缝坡口以及摩擦面的顶紧等。

(7) 加固工程：加固界面较大孔洞、露筋等原构件修补复原情况，原构件棱角打磨与界面处理，底胶产品名称、型号，纤维材料的品种、级别、型号、规格、位置、数量，钢材的品种、规格、位置、数量、铺设、固定与搭接。结构胶粘剂与界面剂的品种、型号、批号、厚度、数量、涂刷质量、钢筋保护层厚度等。

(8) 装配式结构：在连接节点及叠合构件浇筑混凝土之前，应进行隐蔽工程验收，其主要内容应包括：混凝土粗糙面的质量、键槽的规格、数量、位置，钢筋的牌号、规格、数量、位置、间距、箍筋弯钩的弯折角度用平直段长度等；钢筋的连接方式、接头位置、接头数量、接头面积百分率、搭接长度等；钢筋的锚固方式及锚固长度；预埋件、预埋管线的规格、数量和位置等。

(二) 建筑装饰装修工程

1. 地面工程

(1) 检查地面基土、垫层(砂、砂石、碎石、碎砖；灰土、三合土、四合土、炉渣、水泥混凝土、陶粒混凝土；木格栅；垫层地板)、找平层、填充层、隔离层、绝热层、地面龙骨等所用的材料品种、规格、颜色及施工方法；垫层及隔热材料、填充层的铺设厚度和密实度；地龙骨木料的含水率，以及防腐、防蛀、防火处理；地面铺设方式、坡度、标高、表面情况、密封处理、粘结情况等。

(2) 检查防水层与墙体、地漏、管道根部等连接做法。

2. 抹灰工程

(1) 检查抹灰总厚度大于或等于 35 mm 时的加强措施(分层厚度)。

(2) 检查不同材料基体交接处的加强措施，当采用加强网时，加强网与基体的搭接宽度。

(3) 检查加强构造的材料规格、铺设、固定、搭接等。

3. 门窗工程

(1) 检查门窗预埋件和锚固件、螺栓的规格、数量、位置、间距、埋设方式、与框的连接方式，门窗框与主体连接部位的防腐、嵌填处理，密封材料的黏结等。

(2) 检查木门窗预埋木砖的防腐处理，塑料门窗内衬增强型材的壁厚及设置螺钉与框扇处的防水密封处理；高层金属窗防需连接节点等是否符合国家现行产品标准的要求。

4. 吊顶工程

(1) 检查吊顶内管道、设备的安装及水管试压、风管严密性检验。

(2) 检查吊顶内的吊杆、龙骨与吊件的材质、规格、安装间距及连接方式、固定方法。

(3) 检查金属吊杆、龙骨的表面防腐处理，木龙骨防火、防腐处理，填充材料和吸声材料的品种、规格、铺设的厚度、固定方法等，吊杆、龙骨的安装质量、牢固程度是否符合规范规定。

5. 轻质隔墙工程

(1) 检查骨架隔墙中设备管线的安装及水管试压。

(2) 检查轻质隔墙的骨架龙骨、轻钢肋筋网片、预埋件、连接件与拉结筋的材质、规格、位置、安装间距、数量、连接方法。

(3) 检查木龙骨及木面板的防火、防腐处理。

(4) 检查填充材料的设置(材料是否干燥，填充是否密实、均匀，是否下坠)。

(5) 检查门窗洞口等部位加强龙骨的位置是否正确、牢固。

(6) 检查边框龙骨与周边墙体及顶棚连接是否牢固，安装是否规范。

6. 饰面板(砖)工程

(1) 检查饰面板(砖)安装的预埋件(或后置埋件)与连接件的数量、规格、位置、间距、连接方法和防腐处理，后置埋件的现场拉拔强度是否符合设计要求。

(2) 检查基层木龙骨的燃烧性能等级是否符合设计要求。

(3) 检查厨房、厕所、墙裙等部位的防水层处理，防水、保温、防火节点，外墙金属板防雷连接节点。

7. 饰面砖工程

(1) 检查基层和基体。

(2) 检查厨房、厕所、墙裙等部位的防水层处理。

(3) 防水层、找平层的构造做法等。

8. 外墙、室内防水工程

检查外墙与室内防水基层处理，不同结构材料交接处的增强处理措施，防水层的变形缝、门窗洞口、穿外墙管道、预埋件及收头等部位的节点，室内各类管道、地漏、预埋件、设备支座根部处理，防水层的搭接宽度及附加层。

9. 细部工程

检查细部工程中橱柜、窗帘盒、窗台板、护栏和扶手等的预埋件(或后置埋件)和连接件的数量、规格、位置、连接方式、防腐处理以及护栏与预埋件的连接节点是否符合设计要求。

10. 幕墙工程

(1) 检查幕墙工程的各种预埋件与后置埋件、连接件与紧固件的数量、规格、位置、连接方法和防腐处理；幕墙的构件之间以及构件与主体结构的连接节点的安装和防腐处理；其安装质量是否牢固，连接是否符合设计及规范要求；当无预埋件而采用其他方式可靠连接时，是否通过试验确定其承载力，有无试验报告。

(2) 检查幕墙的防火、保温、隔烟节点的设置及质量；幕墙的防雷装置是否与主体结构防雷装置可靠连接。

(3) 检查幕墙四周、幕墙与主体结构之间间隙节点的处理及单元式幕墙的封口节点的安装；幕墙伸缩缝、沉降缝、防震缝及墙面转角节点的安装；幕墙防雷接地节点的安装等。

(三) 建筑屋面工程

(1) 检查卷材和涂膜防水层的基层，防水层接缝的密封处理。

(2) 检查保温层的隔气和排气措施，保温层的铺设方式、厚度、板材缝隙填充质量及热桥部位的保温措施。

(3) 检查瓦材与基层的固定措施，檐沟、天沟、泛水、水落口和变形缝等细部做法。

(4) 屋面易开裂和渗水部位的附加层，保护层与卷材、涂膜防水层之间的隔离层。

(5) 金属板材与基层的固定和板缝间的密封处理，坡度较大时，防止卷材和保温层下滑的措施。

六、施工记录

按照施工质量验收规范的要求，对施工过程中的重要工序应做好施工检查记录。施工记录应由施工员填写，专业技术负责人和质检员签字认可。已做隐蔽工程验收或预检工程记录的重要工序，可不用再做施工记录。

(一) 预检工程记录

预检工程记录是在班组自检的基础上，由专业施工员检查后填写，专业技术负责人组织专业质检员、专业施工员、班组长参加复查并签字确认。预检是对施工重要工序进行预先质量控制的有效方法。未经预检或预检不合格的项目不得进入下道工序。

预检项目及内容如下：

(1) 工程定位测量：核验控制轴线桩位置和水准基点桩的标高。

(2) 基槽、支护、桩基测量放线：检查轴线位置，基槽几何尺寸，支护和桩基位置及相互关系尺寸。

(3) 楼层测量放线及标高：检查轴线位置及结构断面尺寸，校核各层标高水平线位置。

(4) 模板：检查模板的几何尺寸、轴线、标高、预埋件及预留孔位置，模板牢固性、接缝严密性、起拱情况，模内清理、脱模剂涂刷、止水要求及清扫口留置等。节点做法，放样检查。

(5) 设备基础：检查设备基础的位置、混凝土强度试验报告、标高、几何尺寸，预留孔、预埋件位置等。

(6) 预制构件吊装：包括构件型号、外观检查、楼板堵孔、基层处理，构件安装位置、支点的搁置长度、标高、垂直偏差以及钢筋锚固等。

(7) 混凝土施工缝(后浇带)：检查留置方法、位置、接槎处理等。

(二) 地基钎探记录

地基钎探主要是为了检验地基(基槽)浅层持力土层是否均匀一致，有无局部过软、过硬和孔洞之处，并确定地基持力土层的容许承载力。基槽完成后，一般均应按设计要求或施工规范规定进行钎探，并做好记录。

地基钎探记录主要包括：钎探点平面布置图、钎探记录。

钎探点平面布置图应与实际基槽一致，标出方向，图上应标明钎探点布置及顺序编号。钎探记录由钎探负责人负责组织钎探并记录，专业施工员要对钎探点的布设和各步锤击数进行检查，专业技术负责人审核并签认。

地基钎探采用轻型动力触探的方法，布置要求见表 4-28。轻型动力触探有人工和机械两种形式，采用直径为 22～25 mm 钢筋制成的钢钎，钎头呈 60°尖椎形状，钎长 1.8～2.0 m，8～10 磅大锤。

表 4-28　轻型动力触探孔布置方式

排列方式	基槽宽度(m)	检验深度(m)	检验间距(m)
中心一排	<0.8	1.2	1.5
两排错开	0.8~2.0	1.5	1.5
梅花形	>2.0	2.0	2.0
梅花形	柱基	1.5~2.0	1.5，且不小于基础宽度

遇下列情况之一时，不可进行轻型动力触探：

(1) 基坑(槽)底部深处有承压水层，轻型动力触探可能造成冒水涌砂时。

(2) 贯入 30 cm 的锤击数超过 100 次或贯入 10 cm 锤击数超过 50 次时。

(3) 持力层为砾石或卵石，且厚度符合设计要求时。

地基验槽时应先对钎探记录进行分析，凡锤击数较少或与周围差异较大的钎探点均应标注在钎探记录表上，验槽时对该部位进行重点检查。地基验槽后，应将地基需处理的部位、尺寸、标高情况标注于钎探平面图上。

(三) 地基验槽记录

建筑物基槽开挖后，必须进行验槽，形成地基验槽记录(见表 4-29)。

表 4-29　地基验槽记录

施工单位：　　　　　　　　　　年　月　日　　　　　　　　　　编号：

工程名称	××市××镇×××村住宅小区 2# 楼工程	验槽部位	基坑
基坑(槽)面积	1800 m²	验槽时间	××年×月×日
验槽依据			

检查内容：
(1) 检查基底土质情况和地下水情况。
(2) 钎探检查见地基钎探记录；探明空穴、古墓、古井、防空掩体，以及地下埋设物的位置、深度、性状。
(3) 基槽平面图及剖面图；核对基坑位置、平面尺寸、标高。
(4) 桩基与支护的类型、数量、位置、桩基检测报告等。

自查情况及附图：

地基验槽应由施工单位专业技术负责人组织质量检查员、施工员、班(组)长自检，合格后填写记录并签认，报请建设(监理)、设计、勘察单位核验并签字盖章

核验意见：

验收单位签章	建设单位	监理单位	勘察单位	设计单位	施工单位
	项目负责人：	总监理工程师：	项目负责人：	项目负责人：	项目经理：
	年　月　日	年　月　日	年　月　日	年　月　日	年　月　日

施工专业技术负责人：　　　　　　　质检员：　　　　　　　专业施工员：

地基验槽应检查以下内容：

(1) 核对基坑的位置、平面尺寸、标高是否与设计要求相符。

(2) 对轴线、轮廓线、断面尺寸、基底高程、坡度等进行检测与检查。

(3) 核对基坑土质和地下水情况是否与地质勘察报告相吻合。

(4) 审查地基钎探记录，检查是否有空穴、古墓、古井、防空掩体，以及地下埋设物的位置、深度、性状，是否需要处理以及处理范围与深度。

(5) 审查桩基施工记录，检查沉桩过程对地基的影响，桩基支护的类型、数量、位置和桩体质量，桩基承载力检测报告。

当地基验槽不符合设计要求时，核验意见栏应由勘察和设计单位提出处理意见，施工单位应按照处理意见进行处理。需要进行地基处理的，设计单位应出具设计变更通知单，交施工单位实施。地基处理完后，施工单位应填写《地基处理验收记录》，再次报请有关各方进行地基验槽复查，签字确认核验意见。

（四）地基处理验收记录

表 4-30 是地基处理后的验收记录。地基处理是指地基经过验槽，不满足设计要求而对地基的补强处理。地基处理应按地基处理方案或设计要求进行。

表 4-30　地基处理验收记录

编号：

工程名称		处理部位	
处理依据			
施工图号		验收日期	
地基处理方法、处理部位及深度(或用简图表示)：			
处理记录及结果：			
验收意见：			

地基处理方案一般是在验槽后由勘察单位提出建议，设计单位进行设计的。其内容应包括：工程名称、验槽时间、钎探记录分析，说明实际地基与地质勘察报告是否相符合，标注清楚需要处理的部位，以及处理的具体方法和质量要求。

验收单位签章	建设单位	监理单位	勘察单位	设计单位	施工单位
	项目负责人：	总监理工程师：	项目负责人：	项目负责人：	项目经理：
	年　月　日	年　月　日	年　月　日	年　月　日	年　月　日

施工专业技术负责人：　　　　　　质检员：　　　　　　专业施工员：

加固后的地基必须满足有关工程对地基土的强度和变形要求，因此必须对地基处理效果进行检验。对地基处理效果的检验，应由有资质的试验单位提供，并应在地基处理施工结束后经过一定时间的休止恢复后再进行检验。效果检验的方法有钻孔取样、静力触探试验、轻便触探试验、标准贯入试验、载荷试验、取芯试验等措施。有时需要采取多种手段进行检验，以便综合评价地基的处理效果。

　　地基处理完毕，施工单位在自检合格的基础上填写地基处理验收记录。报建设(监理)、设计、勘察单位共同参加验收，由勘察单位、设计单位填写验收意见；参加单位项目负责人应签字并加盖项目部公章。

　　地基处理验收记录的内容包括：

　　(1) 工程名称、处理部位、处理依据、施工图号、验收日期。

　　(2) 地基处理方法、处理部位及深度：填写地基处理的具体方法和质量要求，处理的范围和深度。

　　(3) 处理记录及结果：填写处理过程和效果，是否达到设计要求和施工规范规定。

(五) 混凝土工程施工记录

　　不论混凝土浇筑工程量大小，按当班工作日对环境条件、混凝土配合比、浇筑时间、浇筑部位、搅拌和运输方式、坍落度、振捣和养护方法、浇筑凝土量和浇筑过程、试块结果等进行全面真实的记录(见表 4-31)。记录由施工员填写，专业技术负责人、专业质量检查员和试验员签字认可。

表 4-31　混凝土工程施工记录

编号：

工程名称	××市××镇×××村住宅小区 2# 楼工程				施工单位		×××建筑工程有限公司	
混凝土强度等级	C35			操作班组	×××砼班组	气象		晴
						风力		2～4 级
混凝土配比单编号	××—××××××			浇注部位	三层结构梁、板	气温(℃)	最高	23
							最低	12
材料 混凝土配合比	水泥(kg)	砂(kg)	石(kg)	水(kg)	外加剂名称及用量(kg)		外掺混合材料名称及用量(kg)	
配合比								
每 m³ 用量								
每盘用量								
浇注时间	××年×月×日×时至××年×月×日×时							
搅拌、运输、振捣、养护方法	×××商品砼、罐车运输、泵送、插入式振捣棒振捣(夏季：薄膜覆盖浇水养护)(冬季：薄膜覆盖、棉被保温养护)							
当班完成混凝土数量(立方米)	855 m³							
浇注过程记录	坍落度检测：坍落度检测数据。							
	试块留置：写明标养、同条件、拆模试块分别留置组数。							
	施工缝处理：连续浇筑(如有施工缝写明施工缝处理方法)。							
备　注								
专业技术负责人：		质检员：		施工员：			试验员：	

(六) 混凝土浇灌申请书

混凝土浇灌申请书(见表 4-32)是指为保证混凝土工程质量，浇筑前的准备工作(如人员安排、工艺布置、计量设备、各工序配合等)就绪后，请求开盘浇灌的申请。由施工单位提出申请，监理(建设)单位批准后方可浇灌混凝土。

表 4-32 混凝土浇灌申请书

施工单位：×××建筑工程有限公司　　　　　　　　　　　　　　编号：B3-6-001

<table>
<tr><td>工程名称</td><td colspan="2">××市××镇×××村住宅小区
2# 楼工程</td><td colspan="2">施工依据</td><td>结施×××</td></tr>
<tr><td>浇灌混凝土量</td><td colspan="2">350 m³</td><td colspan="2">申请浇灌部位</td><td>三层结构梁、板</td></tr>
<tr><td>混凝土强度等级</td><td colspan="2">C35</td><td colspan="2">技术要求</td><td>(写混凝土坍落度及
初凝时间)</td></tr>
<tr><td>申请浇灌时间</td><td colspan="2">××年×月×日×时
至××年×月×日×时</td><td rowspan="11">浇
灌
条
件</td><td>混凝土配比单
编号</td><td>××××××</td></tr>
<tr><td rowspan="2">批准浇灌时间</td><td colspan="2" rowspan="2">××年×月×日×时
至××年×月×日×时</td><td>材料质量认证</td><td>填写工程材料报
验单上的编号</td></tr>
<tr><td>钢筋工程验收</td><td>已验收</td></tr>
<tr><td>混凝土搅拌方式</td><td>现场搅拌 /</td><td>商品
混凝土 √</td><td>模板工程验收</td><td>已验收</td></tr>
<tr><td>混凝土输送形式</td><td>吊运 /</td><td>泵送 √</td><td>预留(埋)件验收</td><td>(如有，填"已
验收")</td></tr>
<tr><td rowspan="2">养护措施</td><td colspan="2" rowspan="2">夏季：洒水养护、薄膜覆盖
冬季：覆盖棉被(棉毡)、综合蓄热</td><td>机械工具准备</td><td>已准备好</td></tr>
<tr><td>施工组织</td><td>已准备好</td></tr>
<tr><td rowspan="4">施
工
会
签
栏</td><td>土建</td><td>(参与部门负责人签字)</td><td>保温准备</td><td>已准备好
(冬季填写)</td></tr>
<tr><td>电气</td><td>(参与部门负责人签字)</td><td rowspan="3">其他</td><td rowspan="3"></td></tr>
<tr><td>水暖</td><td>(参与部门负责人签字)</td></tr>
<tr><td>材料</td><td>(参与部门负责人签字)</td></tr>
<tr><td>施
工
单
位</td><td colspan="3">项目负责人：　　　　　　　(项目部章)</td><td colspan="2">质检员：
××年×月×日</td></tr>
<tr><td>会
签
栏</td><td colspan="3">土建：(施工负责人核验签字)
电气：(施工负责人核验签字)
管道：(施工负责人核验签字)
设备：(施工负责人核验签字)</td><td>监
理
单
位
签
发</td><td>项目监理机构(签章)：

总/专业监理工程师(签字)：

　　　　年　　月　　日</td></tr>
<tr><td>备
注</td><td colspan="5"></td></tr>
</table>

(七) 预拌混凝土交验单

预拌混凝土供应单位应随车向施工单位提供预拌混凝土交验单，内容包括工程名称、使用部位、供应数量、配合比、坍落度、出站时间、到场时间和施工单位测定的现场实测坍落度等。由签发人、验收人签字。

(八) 混凝土开盘鉴定

混凝土开盘鉴定是指现场对于首次使用的混凝土配合比,不论混凝土浇筑工程量大小,浇筑前均必须对混凝土配合比、拌和物和易性及原材料计量准确度进行鉴定,形成混凝土开盘鉴定表(见表4-33)。开盘鉴定必须在混凝土搅拌现场进行。

采用预拌混凝土的,应对首次使用的混凝土配合比在混凝土出厂前,由混凝土供应单位自行组织相关人员进行开盘鉴定。采用现场搅拌混凝土的,应由施工单位组织监理单位、搅拌机组、混凝土试配单位进行开盘鉴定工作,共同认定试验室签发的混凝土配合比确定的组成材料是否与现场施工所用材料相符,以及混凝土拌和物性能是否满足设计要求和施工需要。由施工单位专业施工员组织填写,并由参加鉴定的各单位有关人员签字认可。

表 4-33　混凝土开盘鉴定表

施工单位:　　　　　　鉴定日期:　　　年　月　日　　　　　　　　编号:

工程名称	××市××镇×××村住宅小区 2# 楼工程				施工部位		地下一层剪力墙	
搅拌方式	现场搅拌机搅拌	要求坍落度		100～140 mm	混凝土配合比单编号		20××—0654	
混凝土设计强度等级		C35		水灰比	0.45	砂率		33
材料用量		水泥	水	砂	石	外加剂	掺和料	要求坍落度 (mm)
试验室配合比	(kg/m³)	280	140	500	800	5	/	150	/	100～140 mm
	(kg/盘)	140	70	250	400	2.5	/	75	/	
施工配合比	(kg/盘)	140	55	258	408	2.5	/	75	/	100～140 mm
	砂子含水率:		3%		石子含水率:		2%		
实测结果	每盘	140	55	258	408	2.5	/	75	/	100～140 mm

鉴定结果	鉴定项目	混凝土拌和物			混凝土试块抗压强度(MPa)	原材料品种、规格、型号是否与配合比单相符			
		坍落度	保水性	黏聚性		砂	石	外加剂	掺和料
	设计	100～140 mm	/	/	35	/	/	/	/
	实际	120 mm	良好	良好	40	相符	相符	相符	相符

鉴定意见:

　　　　配合比,坍落度,实测砂、石含水率均符合要求,同意浇捣混凝土。

会签栏	监理(建设)项目部 (签章)	施工项目部(签章)			混凝土试配单位
		专业技术负责人	质检员	专业施工员	负责人
	年　月　日	年　月　日			年　月　日

(九) 混凝土拆模申请单

在拆除现浇混凝土结构板、梁、悬臂构件等底模和柱墙侧模前，专业施工员应填写混凝土拆模申请单并附同条件混凝土试件强度报告，报项目专业技术负责人审批，通过后方可拆模。如结构复杂(结构跨度变化较大)或平面不规则的，应附拆模平面图，并应经监理工程师签字认可。

模板拆除时，可采取先支的后拆、后支的先拆，先拆非承重模板、后拆承重模板的顺序，并应从上而下进行拆除。

由于过早拆模，混凝土强度不足而造成混凝土结构构件沉降变形、缺棱掉角、开裂，甚至塌陷的情况经常发生，为保证结构的安全和使用功能，《混凝土结构工程施工质量验收规范》(GB 50204)提出了对拆模时混凝土强度的要求。底模和支架应在混凝土强度达到设计要求后再拆除；当设计无具体要求时，同条件养护的混凝土立方体试件抗压强度应符合《混凝土结构工程施工质量验收规范》(GB 50204)中的规定。

由于侧模拆除时混凝土强度不足可能会造成结构构件缺棱掉角和表面损伤，所以当混凝土强度能保证其表面及棱角不受损伤时，方可拆除侧模。

多个楼层间连续支模的底层支架拆除时间，应根据连续支模的楼层间荷载分配和混凝土强度的增长情况来确定。

由于施工方式的不同，后浇带模板的拆除及支顶方法也各有不同，但都应保证结构的安全和质量，故在施工技术方案中应对此做出明确规定，施工中也应严格按施工技术方案执行。

后张预应力混凝土结构构件，侧模宜在预应力筋张拉前拆除，底模及支架的拆除应按施工技术方案执行，当无具体要求时，不应在结构构件建立预应力前拆除。

(十) 混凝土结构同条件试件等效养护龄期温度记录

本表为结构实体检验混凝土强度同条件试件等效养护龄期的温度记录，通过对混凝土环境温度的测量，来确定混凝土同条件试块 600℃·d 等效养护龄期和混凝土冬期施工的有关参数。

混凝土强度检验时的等效养护龄期可取日平均温度逐日累计达到 600℃·d 时所对应的龄期，且不应小于 14 d，日平均温度为 0℃及以下的龄期不计入。冬期施工时，等效养护龄期计算时温度可取结构构件的实际养护温度，也可根据结构构件的实际养护条件，按照同条件养护试件强度与在标准养护条件下 28 d 龄期试件强度相等的原则，由监理、施工等各方共同确定。

(十一) 冬期混凝土搅拌、浇灌、养护测温记录

混凝土冬期施工期间，为保证冬施条件下混凝土质量，应按相关标准规定对混凝土拌和水温度、外加剂溶液温度、骨料温度、混凝土出机温度、浇筑温度、入模温度，以及养护期间混凝土内部和大气温度进行测量并记录。

冬期混凝土原材料搅拌、浇灌、养护测温记录由施工员组织测温人员测温并记录，相关人员审查并签字。

(十二) 大体积混凝土养护测温记录

大体积混凝土在确定混凝土配合比时,应根据混凝土的绝热温升、温控施工方案的要求等,提出混凝土制备时粗细骨料和拌合用水及入模温度控制的技术措施。大体积混凝土施工时应对入模时大气温度、各测温孔温度、内外温差与裂缝进行检查和记录。测温点的布置、降温速率和测温频率应符合《大体积混凝土施工规范》(GB 50496)的规定。养护测温记录应附测温孔布置图,包括测温孔的位置、深度等。混凝土内测温点的布置应真实地反映出混凝土浇筑体内最高温升、时表温差、降温速率及环境温度。

大体积混凝土养护测温记录由施工员组织测温人员测温并记录,专业技术负责人、施工员应审查,提出意见并签字。

1. 基础大体积混凝土测温点的设置

基础大体积混凝土测温点的设置应符合下列规定:

(1) 宜选择具有代表性的两个交叉竖向剖面进行测温,竖向剖面交叉宜通过中部区域。

(2) 竖向剖面的周边及内部应设置测温点,周边及内部测温点宜上下、左右对齐;每个竖向位置设置的测温点不应少于 3 处,间距宜不小于 0.5 m 且不大于 1.0 m;每个横向设置的测温点应不少于 4 处,间距应不小于 0.5 m 且不大于 10 m。

(3) 周边测温点应设置在混凝土浇筑体表面以内 40～80 mm 位置处,竖向剖面交叉处应设置内部测温点。

(4) 混凝土浇筑体表面温度测温点宜布置在保温覆盖层底部或模板内侧表面有代表性的位置,且应不少于 2 处。环境温度测温点应不少于 2 处。

(5) 对基础厚度不大于 1.6 m,裂缝控制技术措施完善的工程可不进行测温。

2. 柱、墙、梁大体积混凝土测温点的设置

柱、墙、梁大体积混凝土测温点的设置应符合下列规定:

(1) 当柱、墙、梁结构实体的最小尺寸大于 2 m,且混凝土强度等级不小于 C60 时,应进行测温。

(2) 测温点宜设置在沿纵向的两个横向剖面中,测温点宜上下、左右对齐,横向剖面中的中部区域应设置测温点,测温点设置不应少于 2 点,间距不宜小于 0.5 m 且不宜大于 1.0 m。横向剖面周边的测温点宜设置在距浇筑体表面以内 40～80 mm 位置处。

(3) 模板内侧表面设置的测温点应不少于 1 处,环境温度测温点不应少于 1 处。

(4) 可根据第一次测温结果完善温差控制技术措施,后续施工可不进行测温。

3. 大体积混凝土测温

大体积混凝土测温应符合下列规定:

(1) 宜根据每个测温点被混凝土初次覆盖时的温度确定各测点部位混凝土的入模温度。

(2) 浇筑体周边表面以内测温点、浇筑体表面测温点、环境测温点的测温,应与混凝土浇筑、养护过程同步进行。

(3) 应按测温频率的要求及时提供测温报告,测温报告应包含各测温点的温度数据、温差数据、代表点位的温度变化曲线、温度变化趋势分析等内容。

(4) 当混凝土浇筑体表面以内 40～80 mm 位置的温度与环境温度的差值小于 20℃时,

可停止测温。

4. 大体积混凝土测温频率

大体积混凝土测温频率应符合下列规定：

(1) 第 1 天至第 4 天，每 4 h 不少于一次。

(2) 第 5 天至第 7 天，每 8 h 不少于一次。

(3) 第 7 天至测温结束，每 12 h 不少于一次。

(十三) 构件吊装记录

构件吊装记录是指应用起重机械、吊具(吊钩、吊索、卡环、横吊架等)或人力将构件直接安装在图纸规定的位置，对结构进行吊装实施过程的记录。吊装记录内容包括构件名称、安装位置、搁置与搭接长度、接头处理、固定方法、标高及节点连接等。

构件的型号、位置、支点锚固必须符合设计要求，且无变形损坏现象；构件接头(拼缝)的混凝土(砂浆)必须计量准确，浇筑密实，且认真养护，其强度必须达到设计要求或施工规范的规定。

钢管混凝土构件吊装与混凝土浇筑顺序应符合设计和专项施工方案要求；吊装前应按专项施工方案对吊点进行计算，对吊点位置的局部变形、滑动的防范措施等进行检查，并标志中心线、方向线、垂直线、标高等控制线，基座混凝土或下节钢管内混凝土强度应符合设计要求。

构件现场焊接及用紧固件连接的焊缝及螺栓紧固应达到设计要求的焊缝等级及紧固程度。

由于运输、堆放和吊装造成的构件变形必须矫正；垫铁规格、位置正确，与柱底面与基础接触紧贴平稳，点焊牢固，垫铁座浆的砂浆强度必须符合规定。

吊装完成后应对照设计施工图，核对构件的型号、部位、搁置长度、固定方法、节点处理等是否符合设计要求和有关规定。构件吊装记录由施工专业技术负责人组织施工员和相关人员对检查内容逐项检查并记录，符合要求后做出结论并签字。

构件吊装完成后经检查发现质量问题，应及时处理，处理后必须复验。

(十四) 中间交接检验记录

不同施工单位(专业工种)之间的工程交接，形成中间交接检验记录。

中间交接发生在建设单位和总包单位之间时，应由总包单位提出交接验收要求和记录，建设(监理)单位组织验收，必要时邀请设计单位、质监部门参加并作为交接的见证单位。

中间交接发生在总、分包单位之间时，应由分包单位提出交接验收要求和记录，总包单位组织验收，邀请建设(监理)单位参加并作为交接的见证单位。

移交单位、接收单位和见证单位三方共同对移交工程进行验收，并对质量问题、工序要求、遗留问题、成品保护、注意事项等进行记录。

发生在同一施工单位各专业工种的工程交接和同一专业工程中的各工序交接不填写本表，应通过隐蔽工程验收记录、施工检查记录和预检工程记录来进行交接。

(十五) 桩基和复合地基桩施工记录

桩基和基坑支护桩、各类复合地基桩施工，应由具有相应资质的专业施工单位承担，施工过程中应对各项技术指标进行控制并有检查记录。

　　常用的记录表格有：钢筋混凝土预制桩施工记录、预应力管桩施工记录、钢(管)桩施工记录、静力压桩施工记录、灌注桩施工记录、强夯地基施工记录、压实地基施工记录、复合地基桩施工记录、岩石锚杆基础施工记录、沉井与沉箱施工记录等。

(十六) 基坑支护桩施工记录

　　本表为各种基坑支护桩在施工过程中，施工单位对各项技术指标进行控制的施工记录。

　　基抗支护工程的施工应由具有相应资质的专业施工单位承担，专业施工员按规定填写施工记录，施工记录的内容为支护桩的孔位、孔径、孔深、桩体垂直度、桩顶标高、桩位偏差、桩体完整性及接桩质量等；记录应由专业技术负责人组织专业质检员、施工员、施工班组长等相关人员共同核验并签字认可。

　　常用的记录表格有：基坑支护工程排桩施工记录、基坑支护工程锚杆或土钉墙施工记录、基坑支护地下连续墙施工记录、基坑支护变形监控记录等。

　　在基坑开挖和支护结构使用期间，必须确保支护结构和基坑周围环境的安全。当设计有指标时，应以设计要求为依据进行过程监测；如设计无要求，应按规范(GB 50202—2002)第7.1.7条的规定对支护结构进行监测，并做好变形监测记录。监测记录内容包括基坑类别和围护结构的位移以及地面沉降。如果位移超出规范规定，应立即会同勘察、设计、建设、监理等单位研究补救措施。

(十七) 地下水控制的降水与排水施工记录

　　降水与排水工程应由具有相应资质的专业施工单位承担，专业施工员应按规定填写施工记录。

　　施工记录的内容为降水和排水类型、材料、机具、水位深度以及各项质量指标等。施工记录应注明水泵运转、边坡稳定情况和抽出水的含泥量等。施工记录应该由专业技术负责人组织专业质量检查员、施工员、班组长等相关人员共同核验并签字认可。

(十八) 边坡工程施工记录

　　本表为边坡喷锚支护和挡土墙的施工记录。主要内容为边坡支护结构，如边坡桩、挡墙、岩石喷锚支护、护面墙等的各项技术指标的施工过程记录。

(十九) 钢筋冷拉记录

　　本表为钢筋加工采用冷拉方法调直时的施工记录。主要内容包括控制冷拉率、控制冷拉应力及钢筋调直后的长度变化；盘卷钢筋调直后应进行力学性能和重量偏差的检验，其强度应符合现行有关标准规定，其断后伸长率、重量偏差应符合《混凝土结构工程施工质量验收规范》(GB 50204)的规定。如采用无延伸功能的机械设备进行钢筋的调直，可不做上述检验和本记录。

(二十) 预应力筋张拉记录、预应力张拉孔道灌浆记录

　　本表为预应力工程施工记录，预应力工程应由有相应资质的专业施工单位承担施工，施工记录应由专业施工员组织张拉施工并记录，专业技术负责人组织质检员、专业施工员、班组长等进行检验并签字认可。其预应力张拉和应力检测的原始记录应归档保存。

预应力工程施工记录包括电热法施加预应力记录、预应力筋张拉记录、无粘结预应力筋冷拉记录、幕墙张拉杆索体系预应力张拉记录、膜结构索杆张拉记录、预制安装水池壁板缠绕钢丝应力测定记录及预应力张拉孔道灌浆记录。

预应力筋的张拉力、张拉或放张顺序及张拉工艺应符合设计及施工技术方案的要求，预应力筋的张拉或放张前，应对构件混凝土强度进行检验。同条件养护的混凝土立方体试件抗压强度应符合设计要求，当设计无要求时应符合(GB5 0204)第 6.4.1 条的规定。

预应力筋的张拉程序，主要是根据构件类型、张拉锚固体系、松弛损失等因素确定。为了使混凝土不产生超应力，构件不扭转与侧弯，结构不变位，无论对结构整体还是对单个构件都应遵循同步、对称张拉的原则。

预应力筋张拉记录内容包括预应力施工部位、预应力筋规格、平面示意图、张拉程序、应力记录、伸长量等，并应对每根预应力筋的张拉实测值进行记录。预应力筋断裂和滑脱情况可记录在备注和附图栏内。

后张法有黏结预应力筋张拉后应灌浆，并做灌浆记录，记录内容包括灌浆孔状况、水泥浆配比、灌浆压力、灌浆量及灌浆点简图。现场搅拌的灌浆用水泥浆的性能及试块的抗压强度应符合《混凝土结构工程施工质量验收规范》(GB 50204)中的第 6.5.2 和 6.5.3 条的规定。

当采用冷拉方法调直预应力钢筋时，钢筋的调直应符合《混凝土结构工程施工质量验收规范》(GB 50204)中的第 5.3.4 条的规定，并填写《钢筋冷拉记录》。后张法预应力张拉施工应实行见证管理，按规定做见证张拉记录，见证人应对所见证的预应力张拉记录进行见证签字并加盖见证人印章。

(二十一) 钢结构工程施工记录

钢结构安装施工应由有相应资质的专业施工单位承担并负责提供施工记录。钢结构工程验收时应提供预检工程记录、中间交接检验记录和强制性条文检验项目的检查记录。如钢结构吊装记录、焊接材料烘焙记录、钢结构安装施工记录、钢网架安装施工记录等。

1. 钢结构吊装记录

钢结构吊装应有《构件吊装记录》，吊装记录内容包括构件名称、安装位置、搁置与搭接长度、接头处理、固定方法、标高等。

2. 焊接材料烘焙记录

焊条、焊剂等在使用前，应按产品说明书及有关工艺文件规定的技术要求或规范要求进行烘干，并填写烘焙记录。烘焙记录内容包括烘焙方法、烘干温度、要求烘干时间、实际烘焙时间和保温要求等。

(1) 酸性焊条保存时应有防潮措施，受潮的焊条使用前应在 100℃～150℃范围内烘焙 1 h～2 h。

(2) 低氢型焊条应符合下列要求：

① 焊条使用前应在 300℃～430℃范围内烘焙 1 h～2 h，或按厂家提供的焊条使用说明书进行烘干。当焊条放入烘箱时，烘箱的温度不应超过规定最高烘焙温度的一半，烘焙时间以烘箱达到规定最高烘焙温度后开始计算。

② 烘干后的低氢焊条应放置于温度不低于 120℃的保温箱中待用；使用时应置于保温

筒中，随用随取。

③ 焊条烘干后在大气中放置时间不应超过 4 h，用于焊接Ⅲ、Ⅳ类钢材的焊条，烘干后在大气中放置时间不应超过 2 h。重新烘干次数不应超过 1 次。

(3) 焊剂的烘干应符合下列要求：

① 使用前应按制造厂家推荐的温度进行烘焙，已受潮或结块的焊剂严禁使用。

② 用于焊接Ⅲ、Ⅳ类钢材的焊剂，烘干后在大气中放置时间不应超过 4 h。

(4) 栓钉焊接瓷环保存时应有防潮措施，受潮的焊接瓷环使用前应在 120℃～150℃范围内烘焙 1 h～2 h。

3. 钢结构安装施工记录

钢结构主要受力构件的安装应检查垂直度、侧向弯曲等安装偏差，并做施工记录。

钢结构主体结构在形成空间刚度单元并连接固定后，应检查整体垂直度和整体平面弯曲度的安装偏差，并做施工记录。

4. 钢网架安装施工记录

钢网架结构总拼完成后及屋面工程完成后，应检查挠度值和其他安装偏差，并做施工记录。

(二十二) 木结构工程施工记录

木结构工程施工应由有相应资质的专业施工单位承担并负责提供施工记录。应检查各种木结构和木桁架、梁和柱等构件的制作、安装，屋架安装允许偏差和屋盖横向支撑的完整性等，每道工序完成后均应进行检查并做好施工记录。

木结构的各类构件进场、安装过程应对其防腐、防火措施进行检查并记录。

(二十三) 铝合金结构工程施工记录

铝合金结构工程验收时应提供预检工程记录、中间交接检验记录和强制性条文检验项目的检查记录。如焊接材料烘培记录、铝合金零部件边缘加工施工记录、铝合金结构吊装记录、铝合金结构安装施工记录等。

1. 焊接材料烘焙记录

焊条、焊剂、药芯焊丝等在使用前，应按产品说明书及焊接工艺文件的规定进行烘焙和存放，并填写烘焙记录。烘焙记录内容包括烘焙方法、烘干温度、要求烘干时间、实际烘焙时间和保温要求等。焊接材料烘干后应存放在保温箱内，随用随取，焊条由保温箱取出到施焊的时间不得超过 2 h，酸性焊条不宜超过 4 h。

2. 铝合金零部件边缘加工施工记录

铝合金零部件按设计要求需要进行边缘加工时，应检查其刨削量、零部件的宽度及长度、加工边直线度、相邻两边夹角及加工表面粗糙度等允许偏差，并做施工记录。

3. 高强度螺栓连接副施工记录

高强度螺栓连接副的施拧顺序和初拧、复拧扭矩有螺栓施工记录，连接处的螺栓应由螺栓群中间向四周方向打紧，高强度螺栓连接副终拧后，螺栓丝扣外露应为 2 扣～3 扣，其中允许有10%螺栓丝扣外露 1 扣或 4 扣。

高强度螺栓紧固时复拧扭矩值应等于初拧扭矩值，初拧和复拧后的高强度螺栓应标记，后用专用扳手进行终拧。采用扭剪型高强螺栓紧固时，螺栓尾部拧断后终拧完毕；采用高强度大六角头螺栓紧固时，可按《铝合金结构工程施工规程》(JGJ/T216)第 7.3.16 条计算扭矩值进行终拧，终拧后的螺栓应区分标记。

4．铝合金框架结构安装施工记录

铝合金主体结构在形成空间刚度单元并连接固定后，应检查整体垂直度和整体平面弯曲度的安装偏差，并做施工记录。

5．铝合金空间网格结构安装施工记录

铝合金空间网格结构总拼及屋面工程完成后，应分别测量其挠度值和其他安装偏差，并做施工记录。

6．其他

其他施工记录有预热、后热施工记录，紧固件连接施工记录，铝合金幕墙结构与主体连接的各种预埋件、连接件、紧固件，其数量、规格、位置、连接方法和防腐处理施工记录，各种连接件、紧固件的螺栓有防松动措施施工记录等。

(二十四) 幕墙工程施工记录

幕墙工程施工应由有相应资质的专业施工单位承担并负责提供幕墙工程施工记录。

1．幕墙注胶检查记录

硅酮结构胶注胶应做施工检查记录，注胶应饱满、密实、连续、均匀、无气泡，宽度和厚度应符合设计要求和技术标准规定，并填写《打胶、养护环境的温度、湿度记录》，硅酮结构密封胶的注胶应在洁净的专用注胶室进行且养护环境、温度、湿度条件应符合结构胶产品的使用规定。

2．幕墙淋水检查记录

幕墙工程施工完成后，应在易渗漏部位进行淋水检查，填写《防水工程试水检查试验记录》(见本章第五节第四条相关内容)。试验方法及要求符合标准(JGJ/T 139—2001)附录 C 规定。将幕墙淋水试验装置安装在被检幕墙的外表面，喷水嘴离幕墙的距离不应小于 530 mm，在被检幕墙表面形成连续水幕，每一检验区域喷淋面积为 1800 mm×1800 mm，喷水量应不小于 4L/(m^2·min)，喷淋时间持续 5 min，在室内观察有无渗漏现象发生。

(二十五) 新材料、新工艺施工记录

新材料、新工艺由建设、监理和施工单位根据相关资料予以确认。凡属于新材料、新工艺的施工必须由施工单位或专项施工单位按新材料、新工艺提供的专项施工图或设计资料进行施工，并填报新材料、新工艺施工记录。

第六节　施工质量验收资料(C4)

施工质量验收资料(C4)是参与工程建设的各有关单位，根据《建筑工程施工质量验收

规程》(DBJ04/T226)和相关规范、标准，对工程质量是否达到合格做出的确认文件，即施工质量验收记录的统称。

建筑工程施工过程中各工序应按施工技术标准进行质量控制，每道工序完成后，经施工单位自检符合规定后，才能进行下道工序施工。各专业工种之间的相关工序，应进行交接检验，并形成记录。对于监理单位提出检查要求的重要工序，应经监理工程师(建设单位技术负责人)检查认可，才能进行下道工序施工。

一、建筑工程施工质量验收的基本要求

建筑工程施工质量验收有以下基本要求：

(1) 建筑工程质量应符合《建筑工程施工质量验收统一标准》(GB 50300—2013)和相关专业质量验收规范的规定。

(2) 工程质量验收均应在施工单位自检合格的基础上进行。

(3) 参加工程施工质量验收的各方人员应具备相应的资格。

(4) 检验批的质量应按主控项目和一般项目验收，并应有完整的质量控制资料。

(5) 对涉及结构安全、节能、环境保护和主要使用功能的试块、试件及材料，应在进场时或施工中按规定进行见证检验。

(6) 隐蔽工程在隐蔽前应由施工单位通知监理单位进行验收，并应形成验收文件，验收合格后方可继续施工。

(7) 对涉及结构安全、节能、环境保护和主要使用功能的重要分部工程应在验收前按规定进行抽样检验。

(8) 工程的观感质量应由验收人员现场检查，并应共同确认。

二、建筑工程质量验收的划分

随着经济的发展和施工技术的进步，涌现了大量建筑规模较大的单体工程和具有综合使用功能的综合性建筑物，受多种因素的影响，这些建筑物的施工周期一般较长。在建设期间，由于需要将其中一部分提前建成使用，规模特别大的工程，一次性验收也不方便，因此，可将此类工程划分为若干个子单位工程进行验收。同时，随着生产、工作、生活条件要求的提高，建筑物的内部设施也越来越多样化；建筑物相同部位的设计也呈多样化；新型材料大量涌现；加之施工工艺和技术的发展，使分项工程越来越多，因此，按建筑物的主要部位和专业来划分分部工程已不适应要求，故提出在分部工程中，按相近工作内容和系统来划分若干子分部工程，这样有利于正确评价建筑工程的质量，有利于进行验收。所以，建筑工程质量验收应划分为单位(子单位)工程、分部(子分部)工程、分项工程、检验批。

1. 单位(子单位)工程的划分

单位(子单位)工程的划分应按下列原则确定：

(1) 具备独立施工条件并能形成独立使用功能的建筑物或构筑物为一个单位工程。

(2) 对于规模较大的单位工程，可将其能形成独立使用功能的部分划分为一个子单位工程。

2. 分部(子分部)工程的划分

分部(子分部)工程的划分应按下列原则确定:

(1) 分部工程的划分可按专业性质、工程部位来确定。

(2) 当分部工程较大或较复杂时,可按材料种类、施工特点、施工程序、专业系统及类别等将分部工程划分为若干子分部工程。

3. 分项工程的划分

分项工程应按主要工种、材料、施工工艺、设备类别等进行划分。

建筑工程的分部工程、分项工程划分见表4-34。

表4-34 建筑工程的分部工程、分项工程划分

分部工程代号	分部工程名称	子分部工程名称(代号)	分 项 工 程
01	地基与基础	地基(01)	素土、灰土地基,砂和砂石地基,土工合成材料地基,粉煤灰地基,强夯地基,注浆地基,预压地基,砂石桩复合地基,高压旋喷注浆地基,水泥土搅拌桩地基,土和灰土挤密桩复合地基,水泥粉煤灰碎石桩复合地基,夯实水泥土桩复合地基
		基础(02)	无筋扩展基础,钢筋混凝土扩展基础,筏形与箱形基础,钢结构基础,钢管混凝土结构基础,型钢混凝土结构基础,钢筋混凝土预制桩基础,泥浆护壁成孔灌注桩基础,干作业成孔桩基础,长螺旋钻孔压灌桩基础,沉管灌注桩基础,钢桩基础,锚杆静压桩基础,岩石锚杆基础,沉井与沉箱基础
		基坑支护(03)	灌注桩排桩围护墙,板桩围护墙,咬合桩围护墙,型钢水泥土搅拌墙,土钉墙,地下连续墙,水泥土重力式挡墙,内支撑,锚杆,与主体结构相结合的基坑支护
		地下水控制(04)	降水与排水,回灌
		土方(05)	土方开挖,土方回填,场地平整
		边坡(06)	喷锚支护,挡土墙,边坡开挖
		地下防水(07)	主体结构防水,细部构造防水,特殊施工法结构防水,排水,注浆
02	主体结构	混凝土结构(01)	模板,钢筋,混凝土,预应力、现浇结构,装配式结构
		砌体结构(02)	砖砌体,混凝土小型空心砌块砌体,石砌体,配筋砌体,填充墙砌体
		钢结构(03)	钢结构焊接,紧固件连接,钢零部件加工,钢构件组装及预拼装,单层钢结构安装,多层及高层钢结构安装,钢管结构安装,预应力钢索和膜结构,压型金属板,防腐涂料涂装,防火涂料涂装

分部工程代号	分部工程名称	子分部工程名称(代号)	分 项 工 程
02	主体结构	钢管混凝土结构(04)	构件现场拼装，构件安装，钢管焊接，构件连接，钢管内钢筋骨架，混凝土
		型钢混凝土结构(05)	型钢焊接，紧固件连接，型钢与钢筋连接，型钢构件组装及预拼装，型钢安装，模板，混凝土
		铝合金结构(06)	铝合金焊接，紧固件连接，铝合金零部件加工，铝合金构件组装，铝合金构件预拼装，铝合金框架结构安装，铝合金空间网格结构安装，铝合金面板，铝合金幕墙结构安装，防腐处理
		木结构(07)	方木和原木结构，胶合木结构，轻型木结构，木结构的防护
03	建筑装饰装修	建筑地面(01)	基层铺设，整体面层铺设，板块面层铺设，木、竹面层铺设
		抹灰(02)	一般抹灰，保温层薄抹灰，装饰抹灰，清水砌体勾缝
		外墙防水(03)	外墙砂浆防水，涂膜防水，透气膜防水
		门窗(04)	木门窗安装，金属门窗安装，塑料门窗安装，特种门安装，门窗玻璃安装
		吊顶(05)	整体面板吊顶，板块面层吊顶，格栅吊顶
		轻质隔墙(06)	板材隔墙，骨架隔墙，活动隔墙，玻璃隔墙
		饰面板(07)	石材安装，陶瓷板安装，木板安装，金属板安装，塑料板安装
		饰面砖(08)	外墙饰面砖粘贴，内墙饰面砖粘贴
		幕墙(09)	玻璃幕墙安装，金属幕墙安装，石材幕墙安装，陶板幕墙安装
		涂饰(10)	水性涂料涂饰，溶剂型涂料涂饰，美术涂饰
		裱糊与软包(11)	裱糊，软包
		细部(12)	橱柜制作与安装，窗帘盒和窗台板制作与安装，门窗套制作与安装，护栏和扶手制作与安装，花饰制作与安装
04	屋面	基层与保护(01)	找坡层和找平层，隔气层，隔离层，保护层
		保温与隔热(02)	板状材料保温层，纤维材料保温层，喷涂硬泡聚氨酯保温层，现浇泡沫混凝土保温层，种植隔热层，架空隔热层，蓄水隔热层
		防水与密封(03)	卷材防水层，涂膜防水层，复合防水层，接缝密封防水
		瓦面与板面(04)	烧结瓦和混凝土瓦铺装，沥青瓦铺装，金属板铺装，玻璃采光顶铺装
		细部构造(05)	檐口，檐沟和天沟，女儿墙和山墙，水落口，变形缝，伸出屋面管道，屋面出入口，反梁过水孔，设施基座，屋脊，屋顶窗

续表(二)

分部工程代号	分部工程名称	子分部工程名称(代号)	分 项 工 程
05	建筑给水、排水及供暖	室内给水系统(01)	给水管道及配件安装，给水设备安装，室内消火栓系统安装，消防喷淋系统安装，防腐，绝热，管道冲洗、消毒，试验与调试
		室内排水系统(02)	排水管道及配件安装，雨水管道及配件安装，防腐，试验与调试
		室内热水系统(03)	管道及配件安装，辅助设备安装，防腐，绝热，试验与调试
		卫生器具(04)	卫生器具安装，卫生器具给水配件安装，卫生器具排水管道安装，试验与调试
		室内供暖系统(05)	管道及配件安装，辅助设备安装，散热器安装，低温热水地板辐射供暖系统安装，电加热供暖系统安装，燃气红外辐射供暖系统安装，热风供暖系统安装，热计量与调控装置安装，试验与调试，防腐，绝热
		室外给水管网(06)	给水管道安装，室外消火栓系统安装，试验与调试
		室外排水管网(07)	排水管道安装，排水管沟与井池，试验与调试
		室外供热管网(08)	管道及配件安装，系统水压试验，土建结构，防腐，绝热，试验与调试
		建筑饮用水供应系统(09)	管道及配件安装，水处理设备及控制设备安装，防腐，绝热，试验与调试
		建筑中水系统及雨水利用系统(10)	建筑中水系统、雨水利用系统管道及配件安装，水处理设备及控制设施安装，防腐，绝热，试验与调试
		游泳池及公共浴池水系统(11)	管道及配件系统安装，水处理设备及控制设施安装，防腐，绝热，试验与调试
		水井喷泉系统(12)	管道系统及配件安装，防腐，绝热，试验与调试
		热源及辅助设备(13)	锅炉安装，辅助设备及管道安装，安全附件安装，换热站安装，防腐，绝热，试验与调试
		监测与控制仪表(14)	检测仪器及仪表安装，试验与调试
06	通风与空调	送风系统(01)	风管与配件制作，部件制作，风管系统安装，风机与空气处理设备安装，风管与设备防腐，旋流风口、岗位送风口、织物(布)风管安装，系统调试
		排风系统(02)	风管与配件制作，部件制作，风管系统安装，风机与空气处理设备安装，风管与设备防腐，吸风罩及其他空气处理设备安装，厨房、卫生间排风系统安装，系统调试
		防排烟系统(03)	风管与配件制作，部件制作，风管系统安装，风机与空气处理设备安装，风管与设备防腐，排烟风阀(口)、常闭正压风口、防火风管安装，系统调试

分部工程代号	分部工程名称	子分部工程名称(代号)	分 项 工 程
06	通风与空调	除尘系统(04)	风管与配件制作，部件制作，风管系统安装，风机与空气处理设备安装，风管与设备防腐，除尘器与排污设备安装，吸尘罩安装，高温风管绝热，系统调试
		舒适性空调系统(05)	风管与配件制作，部件制作，风管系统安装，风机与空气处理设备安装，风管与设备防腐，组合式空调机组安装，消声器、静电除尘器、换热器、紫外线灭菌器等设备安装，风机盘管、变风量与定风量送风装置、射流喷口等末端设备安装，风管与设备绝热，系统调试
		恒温恒湿空调系统(06)	风管与配件制作，部件制作，风管系统安装，风机与空气处理设备安装，风管与设备防腐，组合式空调机组安装，电加热器、加湿器等设备安装，精密空调机组安装，风管与设备绝热，系统调试
		净化空调系统(07)	风管与配件制作，部件制作，风管系统安装，风机与空气处理设备安装，风管与设备防腐，净化空调机组安装，消声器、静电除尘器、换热器、紫外线灭菌器等设备安装，中、高效过滤器及风机过滤器单元等末端设备清洗与安装，洁净度测试，风管与设备绝热，系统调试
		地下人防通风系统(08)	风管与配件制作，部件制作，风管系统安装，风机与空气处理设备安装，风管与设备防腐，过滤吸收器、防爆波活门、防爆超压排气活门等专用设备安装，系统调试
		真空吸尘系统(09)	风管与配件制作，部件制作，风管系统安装，风机与空气处理设备安装，风管与设备防腐，管道安装，快速接口安装，风机与滤尘设备安装，系统压力试验与调试
		冷凝水系统(10)	管道系统及部件安装，水泵及附属设备安装，管道冲洗，管道、设备防腐，板式热交换器，辐射板及辐射供热、供冷地埋管，热泵机组设备安装，管道、设备绝热，系统压力试验与调试
		空调(冷、热)水系统(11)	管道系统及部件安装，水泵及附属设备安装，管道冲洗，管道、设备防腐，冷却塔与水处理设备安装，防冻伴热设备安装，管道、设备绝热，系统压力试验与调试
		冷却水系统(12)	管道系统及部件安装，水泵及附属设备安装，管道冲洗，管道、设备防腐，系统灌水渗漏及排放试验，管道、设备绝热
		土壤源热泵换热系统(13)	管道系统及部件安装，水泵及附属设备安装，管道冲洗，管道、设备防腐，埋地换热系统与管网安装，管道、设备绝热，系统压力试验与调试

续表(四)

分部工程代号	分部工程名称	子分部工程名称(代号)	分 项 工 程
06	通风与空调	水源热泵换热系统(14)	管道系统及部件安装，水泵及附属设备安装，管道冲洗，管道、设备防腐，地表水源换热管及管网安装，除垢设备安装，管道、设备绝热，系统压力试验与调试
		蓄能系统(15)	管道系统及部件安装，水泵及附属设备安装，管道冲洗，管道、设备防腐，蓄水罐与蓄冰槽、罐安装，管道、设备绝热，系统压力试验与调试
		压缩式制冷(热)设备系统(16)	制冷机组及附属设备安装，管道、设备防腐，制冷剂管道及安装，制冷剂灌注，管道、设备绝热，系统压力试验与调试
		吸收式制冷设备系统(17)	制冷机组及附属设备安装，管道、设备防腐，系统真空试验，溴化锂溶液加灌，蒸汽管道系统安装，燃气或燃油设备安装，管道、设备绝热，试验与调试
		多联机(热泵)空调系统(18)	室外机组安装，室内机组安装，制冷剂管路连接及控制开关安装，风管安装，冷凝水管道安装，制冷剂灌注，系统压力试验与调试
		太阳能供暖空调系统(19)	太阳能及热器安装，其他辅助能源、换热设备安装，蓄能水箱、管道及安装，防腐，绝热，低温热水地板辐射采暖系统安装，系统压力试验及调试
		设备自控系统(20)	温度、压力与流量传感器安装，执行机构安装调试，防排烟系统功能测试，自动控制及系统制冷控制软件调试
07	建筑电气	室外电气(01)	变压器、箱式变电所安装，成套配电柜、控制柜(屏、台)和动力、照明配电箱(盘)及控制柜安装，梯架、支架、托盘和槽盒安装，导管敷设，电缆敷设，管内穿线及槽盒内敷设，电缆头制作、导线连接和线路绝缘测试，普通灯具安装，专用灯具安装，建筑照明通电试运行，接地装置安装
		变配电室(02)	变压器、箱式变电所安装，成套配电柜、控制柜(屏、台)和动力、照明配电箱(盘)安装，母线槽安装，梯架、支架、托盘和槽盒安装，电缆敷设，电缆头制作、导线连接和线路绝缘测试，接地装置安装，接地干线敷设
		供电干线(03)	电气设备试验和试运行，母线槽安装，梯架、支架、托盘和槽盒安装，导管敷设，电缆敷设，电缆头制作、导线连接和线路绝缘测试，接地干线敷设
		电气动力(04)	成套配电柜、控制柜(屏、台)和动力配电箱(盘)安装，电动机、电加热器及电动执行机构检查接线，电气设备试验和试运行，梯架、支架、托盘和槽盒安装，导管敷设，电缆敷设，管内穿线和槽盒内敷线，电缆头制作、导线连接和线路绝缘测试

分部工程代号	分部工程名称	子分部工程名称(代号)	分项工程
07	建筑电气	电气照明(05)	成套配电柜、控制柜(屏、台)和照明配电箱(盘)安装,梯架、支架、托盘和槽盒安装,导管敷设,管内穿线和槽盒内敷线,塑料护套线直敷布线,钢索配线,电缆头制作、导线连接和线路绝缘测试,普通灯具安装,专用灯具安装,开关、插座、风扇安装,建筑照明通电试运行
		备用和不间断电源(06)	成套配电柜、控制柜(屏、台)和动力、照明配电箱(盘)安装,柴油发电机组安装,不间断电源装置及应急电源装置安装,母线槽安装,导线敷设,电缆敷设,电缆头制作、导线连接和线路绝缘测试,接地装置安装
		防雷及接地(07)	接地装置安装,避雷引下线及接闪器安装,建筑物等电位连接,浪涌保护器安装
08	智能建筑	智能化集成系统(01)	设备安装,软件安装,接口及系统调试,试运行
		信息接入系统(02)	安装场地检查
		用户电话交换系统(03)	线缆敷设,设备安装,软件安装,接口及系统调试,试运行
		信息网络系统(04)	计算机网络设备安装,计算机网络软件安装,网络安全设备安装,网络安全软件安装,系统调试,试运行
		综合布线系统(05)	梯架、托盘、槽盒和导管安装,线缆敷设,机柜、机架、配线架安装,信息插座安装,链路或信道测试,软件安装,系统调试,试运行
		移动通信室内信号覆盖系统(06)	安装场地检查
		卫星通信系统(07)	安装场地检查
		有线电视及卫星电视接收系统(08)	梯架、托盘、槽盒和导管安装,线缆敷设,设备安装,软件安装,系统调试,试运行
		公共广播系统(09)	梯架、托盘、槽盒和导管安装,线缆敷设,设备安装,软件安装,系统调试,试运行
		会议系统(10)	梯架、托盘、槽盒和导管安装,线缆敷设,设备安装,软件安装,系统调试,试运行
		信息导引及发布系统(11)	梯架、托盘、槽盒和导管安装,线缆敷设,显示设备安装,机房设备安装,软件安装,系统调试,试运行
		时钟系统(12)	梯架、托盘、槽盒和导管安装,线缆敷设,设备安装,软件安装,系统调试,试运行
		信息化应用系统(13)	梯架、托盘、槽盒和导管安装,线缆敷设,设备安装,软件安装,系统调试,试运行
		建筑设备监控系统(14)	梯架、托盘、槽盒和导管安装,线缆敷设,传感器安装,执行器安装,控制器、箱安装,中央管理工作站和操作分站设备安装,软件安装,系统调试,试运行

续表(六)

分部工程代号	分部工程名称	子分部工程名称(代号)	分 项 工 程
08	智能建筑	火灾报警系统(15)	梯架、托盘、槽盒和导管安装,线缆敷设,探测器类设备安装,控制器类设备安装,其他软件安装,系统调试,试运行
		安全技术防范系统(16)	梯架、托盘、槽盒和导管安装,线缆敷设,设备安装,软件安装,系统调试,试运行
		应急响应系统(17)	设备安装,软件安装,系统调试,试运行
		机房(18)	供配电系统,防雷与接地系统,空气调节系统,给水排水系统,综合布线系统,监控与安全防范系统,消防系统,室内装饰装修,电磁屏蔽,系统调试,试运行
		防雷与接地(19)	接地装置,接地线,等电位连接,屏蔽设施,电涌保护器,线缆敷设,系统调试,试运行
09	建筑节能	围护系统节能(01)	墙体节能、幕墙节能、门窗节能、屋面节能、地面节能
		供暖空调设备及管网节能(02)	供暖节能、通风与空调设备节能,空调与供暖系统冷热源节能,空调与供暖系统管网节能
		电气动力节能(03)	配电节能,照明节能
		监控系统节能(04)	监测系统节能、控制系统节能
		可再生能源(05)	地源热泵系统节能,太阳能光热系统节能,太阳能光伏节能
10	电梯	电力驱动的曳引式或强制式电梯(01)	设备进场验收,土建交接检验,驱动主机,导轨,门系统,轿厢,对重,安全部件,悬挂装置,随行电缆,补偿装置,电气装置,整机安装验收
		液压电梯(02)	设备进场验收,土建交接检验,液压系统,导轨,门系统,轿厢,对重,安全部件,悬挂装置,随行电缆,电气装置,整机安装验收
		自动扶梯、自动人行道(03)	设备进场验收,土建交接检验,整机安装验收

4. 检验批的划分

检验批可根据施工、质量控制和专业验收的需要,按工程量、楼层、施工段、变形缝进行划分。施工前,应由施工单位制定分项工程和检验批的划分方案,并由监理单位审核。对于《建筑工程施工质量验收统一标准》(GB 50300—2013)附录 B 及相关专业验收规范未涵盖的分项工程和检验批,可由建设单位组织监理、施工等单位协商确定。

三、建筑工程质量验收

1. 检验批

检验批是施工过程中条件相同并有一定数量的材料、构配件或安装项目,由于其质量水平基本均匀一致,因此可以作为检验的基本单元,并按批验收。

检验批是工程验收的最小单位,是分项工程、分部工程、单位工程质量验收的基础。检验批验收包括资料检查、主控项目和一般项目检验两个方面。

质量控制资料反映了检验批从原材料到最终验收的各施工工序的操作依据、检查情况，以及保证质量所必需的管理制度等。对其完整性的检查，实际是对过程控制的确认，是检验批合格的前提。

检验批的合格与否主要取决于对主控项目和一般项目的检验结果。主控项目是对检验批的基本质量起决定性影响的检验项目，须从严要求，因此要求主控项目必须全部符合有关专业验收规范的规定，这意味着主控项目不允许有不符合要求的检验结果。对于一般项目，虽然允许存在一定数量的不合格点，但某些不合格点的指标与合格要求偏差较大或存在严重缺陷时，仍将影响使用功能或观感质量，对这些位置应进行维修处理。

为了使检验批的质量满足安全和功能的基本要求，保证建筑工程质量，应依据各专业验收规范中对各检验批的主控项目、一般项目的合格质量给出的规定执行。

检验批质量验收合格应符合下列规定：

(1) 主控项目的质量经抽样检验均应合格。

(2) 一般项目的质量经抽样检验合格。当采用计数抽样时，合格点率应符合有关专业验收规范的规定，且不得存在严重缺陷。对于计数抽样的一般项目，正常检验一次，二次抽样可按《建筑工程施工质量验收统一标准》(GB 50300—2013)附录 D 判定。

(3) 具有完整的施工操作依据、质量验收记录。

检验批质量验收记录应由专业监理工程师组织施工单位项目专业质量检查员、专业工长等进行验收，并按《建筑工程施工质量验收统一标准》(GB 50300—2013)表填写记录，见表 4-35。填写时应具有现场验收原始记录。

表 4-35　分项工程名称工程检验批质量验收记录表

GB50□□□—20□□　　　　　　　　　□□□□□□□□

单位(子单位)工程			分部(子分部)及部位		(分部(子分部)工程名称及检验批所在部位)	
施工单位			项目负责人			
施工依据		(施工单位执行的工艺标准)		检验批容量		
		施工质量验收规范规定		施工单位检查记录		
主控项目	1	施工质量验收规程中定性检查内容			用文字表达检查情况	
	2					
	3					
	4					
一般项目	1	(施工质量验收规程中定性检查内容)			实际偏差统计结果	
	2	施工质量验收规程中定量检查内容	(允许偏差)			
	3					
	4					
施工单位检查结果	施工班组长：专业施工员：项目专业质检员：　　　　　　年　月　日			监理(建设)单位验收结论	专业监理工程师：(建设单位项目专业技术负责人)　　　　年　月　日	

2．分项工程

分项工程的验收是在检验批的基础上进行的。一般情况下，两者具有相同或相近的性质，只是批量的大小不同而已。因此，可将有关的检验批汇集构成分项工程。分项工程合格质量的条件比较简单，只要构成分项工程的各检验批的验收资料齐全完整，并且各检验批均已验收合格，则该分项工程验收合格。

分项工程质量验收合格应符合下列规定：

(1) 所含检验批的质量均应验收合格。

(2) 所含检验批的质量验收记录应完整。

分项工程质量应由专业监理工程师组织施工单位项目专业技术负责人等进行验收，并应按《建筑工程施工质量验收统一标准》(GB 50300—2013)表填写记录，见表4-36。

表 4-36　　<u>　模板　</u>　分项工程质量验收记录

单位(子单位) 工程		分部(子分部) 工程		分项工程数量	
				检验批数量	
施工单位		项目负责人		项目技术负责人	
分包单位		分包项目	分包项目 负责人	分包项目内容	
序号	检验批名称及部位、区段	施工、分包单位检查结果		监理(建设)单位验收意见	
1	负1层①～⑩/A～R轴结构模板安装	合格			
2	负1层①～⑩/A～R轴结构模板拆除	合格			
3					
说明：					
检查 结论	检查合格 项目专业技术负责人：××× 　　年　月　日		验收 结论	验收合格 专业监理工程师：××× (建设单位项目专业技术负责人) 　　年　月　日	

3．分部(子分部)工程

分部工程的验收是以所含各分项工程验收为基础进行的。首先，组成分部工程的各分项工程已验收合格且相应的质量控制资料齐全、完整。此外，由于各分项工程的性质不尽相同，因此作为分部工程不能简单地组合而加以验收，尚须进行以下两类检查项目：

(1) 涉及安全、节能、环境保护和主要使用功能的地基与基础，主体结构和设备安装等分部工程应进行有关的见证检验或抽样检验。

(2) 以观察、触摸或简单测量的方式进行观感质量验收，并由验收人进行主观判断，检查结果并不是给出"合格"或"不合格"的结论，而是综合给出"好"、"一般"、"差"的质量评价结果。对于"差"的检查点应进行返修处理。

分部工程质量验收合格应符合下列规定：

(1) 所含分项工程的质量均应验收合格。

(2) 质量控制资料应完整。

(3) 有关安全、节能、环境保护和主要使用功能的抽样检验结果应符合相应规定。

(4) 观感质量应符合要求。

分部(子分部)工程应由施工单位将自行检查评定合格的表填写好后，由项目负责人报监理(建设)单位验收。分部工程质量应由总监理工程师组织施工单位项目负责人和项目技术负责人等进行验收。勘察、设计单位项目负责人和施工单位技术、质量部门负责人应参加地基与基础分部工程的验收。设计单位项目负责人和施工单位技术、质量部门负责人应参加主体结构、节能分部工程的验收。并均应按《建筑工程施工质量验收统一标准》(GB 50300—2013)表填写记录，见表 4-37。

表 4-37　　　主体结构　　　分部工程质量验收记录

<table>
<tr><td rowspan="2">单位(子单位)
工程</td><td rowspan="2" colspan="2">××市××镇×××村
住宅小区 2# 楼工程</td><td rowspan="2">分部(子分部)
工程</td><td rowspan="2">剪力墙</td><td>子分部工程数量</td><td></td></tr>
<tr><td>分项工程数量</td><td></td></tr>
<tr><td>施工单位</td><td colspan="2">×××建筑工程有限公司</td><td>项目
负责人</td><td>×××</td><td>质量部门、
技术部门
负责人</td><td>×××</td></tr>
<tr><td>分包单位</td><td colspan="2">×××</td><td>分包单位
项目负责人</td><td>×××</td><td>分包项目
内容</td><td>×××</td></tr>
<tr><td>序
号</td><td>子分部工程
名称</td><td>分项工程
名称</td><td>检验
批数</td><td colspan="2">施工、分包单位检查结果</td><td colspan="2">验收结论</td></tr>
<tr><td>1</td><td rowspan="4">混凝土结构
子分部</td><td>模板
(不参加验收)</td><td>186</td><td colspan="2">合格</td><td colspan="2" rowspan="5">验收合格</td></tr>
<tr><td>2</td><td>钢筋</td><td>186</td><td colspan="2">合格</td></tr>
<tr><td>3</td><td>混凝土</td><td>93</td><td colspan="2">合格</td></tr>
<tr><td>4</td><td>现浇结构</td><td>93</td><td colspan="2">合格</td></tr>
<tr><td>/</td><td>/</td><td>/</td><td colspan="2">/</td></tr>
<tr><td colspan="3">质量控制资料</td><td>18 项</td><td colspan="2">合格</td><td colspan="2">验收合格</td></tr>
<tr><td colspan="3">安全和使用功能(实体检验)
检验结果</td><td>10 项</td><td colspan="2">合格</td><td colspan="2">验收合格</td></tr>
<tr><td colspan="3">观感质量验收结果</td><td>10 项</td><td colspan="2">好</td><td colspan="2">好</td></tr>
<tr><td>说明</td><td colspan="7">(填写有龄期的合格与否，整个分部需检查的项目，以及一些检查中情况的说明)</td></tr>
<tr><td>综合
验收
结论</td><td colspan="7">通过验收</td></tr>
<tr><td colspan="2" rowspan="2">分包单位

项目负责人：

年　月　日</td><td rowspan="2">施工单位

项目负责人：

年　月　日</td><td rowspan="2">勘察单位

项目负责人：

年　月　日</td><td colspan="2" rowspan="2">设计单位

项目负责人：

年　月　日</td><td colspan="2" rowspan="2">监理(建设)单位

总监理工程师：
(建设单位项目负责人)

年　月　日</td></tr>
<tr></tr>
</table>

在进行混凝土结构子分部工程施工质量验收时，除了各检验批、分项工程质量应验收合格外，其结构实体检验结果应满足以下规定：

(1) 结构实体检验包括结构实体混凝土强度、结构实体钢筋保护层厚度、结构实体位置及尺寸偏差的质量验收，形成结构实体混凝土强度检验记录、结构实体钢筋保护层厚度检验记录、结构实体位置及尺寸偏差检验记录。

(2) 结构实体检验应由监理单位组织施工单位实施，并见证实施过程。施工单位应制定结构实体检验专项方案，经监理单位审核批准后实施。除结构位置及尺寸偏差外的结构，实体检验项目应由有相应资质等级的试验(检测)机构完成，形成同条件混凝土试件强度报告、钢筋保护层厚度检验报告。

(3) 结构实体混凝土强度应按不同强度等级分别检验，检验方法宜采用同条件养护试件方法，同条件养护试件的取样和留置应符合《混凝土结构工程施工质量验收规范》(GB 50204)的规定；当未取得同条件养护试件强度或同条件养护试件强度不符合要求时，可采用回弹-取芯法进行检验。

(4) 结构实体钢筋保护层厚度检测的结构部位、构件数量、检验方法和验收等应符合《混凝土结构工程施工质量验收规范》(GB 50204)的规定。

(5) 结构实体位置及尺寸偏差检验的结构部位、构件数量、检验方法和验收等应符合《混凝土结构工程施工质量验收规范》(GB 50204)的规定。

(6) 混凝土筒仓工程的结构实体检验应符合(GB 50669)的规定，形成筒体结构实体钢筋保护层厚度、规格、间距检验记录。

4．单位(子单位)工程

单位工程质量验收也称质量竣工验收，是建筑工程投入使用前的最后一次验收，也是最重要的一次验收。

单位工程质量验收合格应符合下列规定：

(1) 所含分部工程的质量均应验收合格。

(2) 质量控制资料应完整。

(3) 所含分部工程中有关安全、节能、环境保护和主要使用功能的检验资料应完整。(涉及安全、节能、环境保护和主要使用功能的分部工程检验资料应复查合格。资料复查首先要全面检查其完整性，不得有漏检缺项，其次复核分部工程验收时要补充进行的见证抽样检验报告，这体现了对安全和主要使用功能等的重视。)

(4) 主要使用功能的抽查结果应符合相关专业验收规范的规定。(这是对建筑工程和设备安装工程质量的综合检验，也是用户最为关心的内容，可以减少工程投入使用后的质量投诉和纠纷。因此在分项、分部工程验收合格的基础上，竣工验收时再做全面检查。抽查项目是在检查资料文件的基础上由参加验收的各方人员商定，并用计量、计数的方法抽样检验，检验结果应符合有关专业验收规范的规定。)

(5) 观感质量应符合要求。(观感质量检查须由参加验收的各方人员共同进行，最后共同协商确定是否通过验收。)

5．不合格现象处理规定

一般情况下，不合格现象在检验批验收时就应发现并及时处理，但实际工程中不能完全避免不合格情况的出现，当建筑工程质量不符合规定时，应按下列规定进行处理：

(1) 经返工或返修的检验批，应重新进行验收。进行检验批验收时，对于主控项目不能满足验收规范规定或一般项目超过偏差限值时应及时进行处理。其中，对于严重的缺陷应重新施工，一般的缺陷可通过返修、更换予以解决，允许施工单位在采取相应的措施后重新验收。如能够符合相应的专业验收规范要求，应认为该检验批合格。

(2) 经有资质的检测机构检测鉴定能够达到设计要求的检验批，应予以验收。当个别检验批发现问题，难以确定能否验收时，应请具有资质的法定检测机构进行检测鉴定。当鉴定结果认为能够达到设计要求时，该检验批应可以通过验收。

(3) 经有资质的检测机构检测鉴定达不到设计要求、但经原设计单位核算认可能够满足安全和使用功能的检验批，可予以验收。一般情况下，标准、规范的规定是满足安全和功能的最低要求，而设计往往在此基础上留有一些余量。在一定范围内，会出现不满足设计要求而符合相应规范要求的情况，该检验批可予以验收，两者并不矛盾。

(4) 经返修或加固处理的分项、分部工程，满足安全及使用功能要求时，可按技术处理方案和协商文件的要求予以验收。经法定检测机构检测鉴定后认为达不到规范的相应要求，即不能满足最低限度的安全储备和使用功能时，则必须进行加固或处理，使之能满足安全使用的基本要求。这样可能会造成一些永久性的影响，如增大结构外形尺寸，影响一些次要的使用功能。但为了避免建筑物的整体或局部拆除，避免社会财富更大的损失，在不影响安全和主要使用功能条件下，可按技术处理方案和协商文件进行验收，责任方应按法律、法规承担相应的经济责任并接受处罚。

(5) 工程质量控制资料应齐全完整，当部分资料缺失时，应委托有资质的检测机构进行相应的实体检验或抽样试验。分部工程及单位工程如存在影响安全和使用功能的严重缺陷，经返修或加固处理仍不能满足安全或使用要求时，严禁验收。

上述规定给出了当质量不符合要求时的处理办法。一般情况下，不合格现象在最基层的验收单位—检验批时就应发现并及时处理，否则将影响后续检验批和相关的分项工程、分部工程的验收。因此所有质量隐患必须尽快消灭在萌芽状态，这也是《建筑工程施工质量验收统一标准》(GB 50300)"以强化验收促进过程控制"原则的体现。

四、建筑工程质量验收程序和组织

建筑工程施工质量验收应按照检验批、分项工程、分部工程、单位工程逐级检查验收的顺序进行。

建筑工程施工质量验收应在施工单位自行检查评定合格的基础上，由监理(建设)单位按照规定的验收程序组织验收。

工程质量监督机构应对桩基、地基与基础、主体结构、建筑节能等涉及结构安全的重要分项、分部工程及单位工程验收进行监督。

1. 检验批

检验批应由专业监理工程师组织施工单位项目专业质量检查员、专业施工员等进行验收。分项工程应由监理工程师组织施工单位项目专业技术负责人等进行验收。

检验批验收是建筑工程施工质量验收的最基本层次，是单位工程质量验收的基础，所有检验批均应由专业监理工程师组织验收。验收前施工单位应完成自检，对存在问题自行整改处理，然后申请专业监理工程师组织验收。

2．分项工程

分项工程应由专业监理工程师组织施工单位项目专业技术负责人等进行验收。

分项工程由若干个检验批组成，也是单位工程质量验收的基础。在专业监理工程师组织下，可由施工单位项目技术负责人对所有检验批验收记录进行汇总，核查无误后报专业监理工程师审查，确认符合要求后，由项目专业技术负责人在分项工程质量验收记录中签字，然后由专业监理工程师签字通过验收。在分项工程验收中，对检验批验收结论有怀疑或有异议时，应进行相应的现场检查核实。

3．分部工程

分部工程应由总监理工程师组织施工单位项目负责人和项目技术负责人等进行验收。由于地基与基础、主体结构工程要求严格，技术性强，关系到整个工程的安全，为保证质量，应严格把关，勘察、设计单位项目负责人和施工单位技术、质量部门负责人应参加地基与基础分部工程的验收。设计单位项目负责人和施工单位技术、质量部门负责人应参加主体结构、节能分部工程的验收。

对在质量监督计划中确定的重要监督点隐蔽工程和地基与基础、主体结构和节能分部(子分部)工程的验收，应在验收之前通知工程质量监督机构。

4．单位工程

单位工程完工后，施工单位应首先依据验收规范、设计图纸等组织有关人员进行自检，对检查结果进行评定并进行必要的整改。总监理工程师应组织各专业监理工程师对工程质量进行竣工预验收。存在施工质量问题时，应由施工单位及时整改。整改完毕后由施工单位向建设单位提交工程竣工报告和完整的质量控制资料，申请建设单位组织竣工验收。

建设单位收到工程竣工报告后，应由建设单位项目负责人组织监理、施工、设计、勘察等单位项目负责人进行单位工程验收。施工单位项目技术、质量负责人和监理单位的总监理工程师也应参加验收。

在一个单位工程中，对满足生产要求或具备使用条件，施工单位已自行检验，监理单位已预验收的子单位工程，建设单位可组织进行验收。由几个施工单位负责施工的单位工程，当其中的子单位工程已按设计要求完成，并经自行检验，也可按规定的程序组织正式验收，办理交工手续。在整个单位工程验收时，已验收的子单位工程验收资料应作为单位工程验收的附件。

由于《建设工程承包合同》的双方主体是建设单位和总承包单位，总承包单位应按照承包合同的权利义务对建设单位负责。总承包单位可以根据需要将建设工程的一部分依法分包给其他具有相应资质的单位，分包单位对总承包单位负责，亦应对建设单位负责。总承包单位就分包单位完成的项目向建设单位承担连带责任。因此，单位工程中的分包工程完工后，分包单位应对所承包的工程项目进行自检，分包单位对承建的项目进行检验时，总承包单位应参加，检验合格后，分包单位应将工程的有关资料整理完整后移交给总承包单位，建设单位组织单位工程质量验收时，分包单位负责人应参加验收。

五、建设工程竣工验收备案制度

建设工程竣工验收备案制度是加强政府监督管理，防止不合格工程流向社会的一个重要手段。建设单位应依据《建设工程质量管理条例》和建设部《房屋建筑和市政基础设施工程竣工验收备案管理办法》等有关规定，在自工程竣工验收合格之日起 15 日内，将工程竣工验收报告和有关文件报县级以上地方人民政府建设行政主管部门备案。否则，不允许投入使用。

建设单位办理工程竣工验收备案应当提交下列文件：

(1) 工程竣工验收备案表。

(2) 工程竣工验收报告。竣工验收报告应当包括工程报建日期，施工许可证号，施工图设计文件审查意见，勘察、设计、施工、工程监理等单位分别签署的质量合格文件及验收人员签署的竣工验收原始文件，市政基础设施的有关质量检测和功能性试验资料，以及备案机关认为需要提供的有关资料。

(3) 法律、行政法规规定应当由规划、环保等部门出具的认可文件或者准许使用文件。

(4) 法律规定应当由公安消防部门出具的对大型的人员密集场所和其他特殊建设工程验收合格的证明文件。

(5) 施工单位签署的工程质量保修书。

(6) 法规、规章规定必须提供的其他文件。

(7) 住宅工程还应当提交《住宅质量保证书》和《住宅使用说明书》。

第七节　室外设施与环境工程资料

一、室外设施与环境工程物资

室外设施与环境工程物资主要包括钢筋、水泥、砂、石、外加剂、石灰、沥青、土、热拌沥青混合料、石材、砌块、路缘石、焊接材料、植物材料等。各种材料均按本章第五节第二条的规定收集相应材料的出厂质量证明文件，按本章第五节第三条的规定对相应材料进行进场检验和复试，收集复试报告。当规范或合同约定对材料做见证检测，或对材料质量产生异议时，须进行见证检验，并应有相关检测报告。按要求做好见证取样记录的填写。

二、室外设施与环境工程施工试验报告及见证检测报告

室外设施与环境工程施工试验报告及见证检测报告除应满足第五节第四条的规定外，还应符合下列要求：

(1) 挡土墙工程应提供地基承载力触探检测报告、回填土检验报告。

(2) 道路、广场与停车场路基工程除了提供土工击实试验报告、压实度检验报告外，还应形成弯沉值检测记录。

(3) 道路、广场与停车场基层工程应提供压实度检验报告、稳定土无侧限抗压强度检验报告，基层配合比应由有资质的试验单位出具。

(4) 道路、广场与停车场沥青混合料面层应提供压实度、弯沉值检验报告与路面厚度检验记录，沥青混合料配合比应由有资质的试验单位出具。

(5) 道路、广场与停车场水泥混凝土面层应提供弯拉强度试验报告、路面厚度与抗滑构造深度检验记录。

(6) 道路、广场与停车场铺砌式面层石材(料)与预制混凝土砌块强度复验报告。

(7) 场坪绿化工程应提供植物成活覆盖率统计记录。

(8) 室外设施与环境工程应提供沉降观测记录。

(9) 室外设施与环境工程关系到植物成活的水、土、基质，涉及结构安全和使用功能的有关材料、半成品、成品、构配件等应按规定进行见证取样检测，并有见证取样记录。

三、室外设施与环境工程主要隐检项目及内容

室外设施与环境工程主要隐检项目及内容如下：

(1) 道路、广场与停车场工程应检查路基底清理情况，检查各结构层纵断高程、中线偏位、宽度、平整度、横坡、边坡、厚度等。检查路基工程土工击实试验报告、压实度检验报告与弯沉值检测记录、稳定土无侧限抗压强度检测报告。

(2) 挡土墙应检查内部材料质量，组砌方法合理，埋深及标高，灰缝、混凝土密实度等；检查内部钢筋及预埋件的规格、型号及连接接头等，检查预留孔洞的位置、分布与数量。

(3) 场坪绿化主要隐检项目及内容：

① 土壤处理：检查栽植土壤 PH 值、全盐含量、容重、土壤理化性质检测报告，检查场地标高及清理程度是否符合设计和栽植要求，检查回填土及地形造型的范围、厚度、标高、造型及坡度是否符合设计要求。

② 常规栽植：检查栽植穴槽定点放线位置、标记、深度、底部疏松或排水措施、挖出的表层土和底土堆放情况、底部施基肥与回填情况、土壤密实度与渗透系数，检查扩大树穴、疏松土壤、土壤干燥处理措施落实情况。

③ 园路与广场铺装：检查基层所用材料的品种、质量、规格，各结构层纵横向坡度、厚度、标高和平整度是否符合设计要求。

四、室外设施与环境工程施工记录

(1) 比较重要的室外设施与环境工程验收时应提供施工记录、预检工程记录、地基验槽记录、地基钎探记录、地基处理验收记录、混凝土工程施工记录、混凝土浇灌申请书、沉降观测记录、混凝土结构同条件等效养护龄期温度记录、沥青混合料到场及摊铺测温记录、沥青混合料碾压温度检测记录、预拌混凝土交验单、混凝土开盘鉴定、中间交接检验记录等。

(2) 施工记录应包括：土方路基挖、填方施工，道路基层施工，热拌沥青混合料面层施工，水泥混凝土面层施工，铺砌式面层施工，现浇钢筋混凝土挡土墙施工，砌体挡土墙

施工，场坪绿化工程施工等。

五、室外设施与环境工程施工质量验收资料

(1) 室外设施与环境工程施工质量验收资料应符合本章第六节的相关规定。

(2) 室外工程可根据专业类别和工程规模按标准《建筑工程施工质量验收统一标准》(GB 50300—2013)附录 C 的规定划分子单位工程、分部工程和分项工程，详见表 4-38。

表 4-38 室外工程的划分

单位工程	子单位工程	分部工程	分项工程
室外设施与环境	道路	路基	土方路基
		基层	石灰土基层，水泥稳定土基层
		面层	沥青混合料面层，水泥混凝土面层，铺砌式面层
		广场与停车场	土方路基，石灰土基层，水泥稳定土基层，料石面层，预制混凝土砌块面层，沥青混合料面层，水泥混凝土面层
		人行道	人行道铺砌
		附属构筑物	路缘石，排水管沟与井池，隔离墩，护栏
	边坡	挡土墙	现浇钢筋混凝土挡土墙，砌体挡土墙
		土石方	土方开挖、土方回填
		支护	土钉墙，水泥土重力式挡墙，锚喷支护
	附属建筑	车棚	基础、结构、装饰
		围墙	基础、结构、装饰
		大门	基础、结构、装饰
	室外环境	场坪绿化	土壤处理，常规栽植，养护，园路与广场铺装
		亭台	基础、结构、装饰
		水景	基础、结构、装饰
		连廊	基础、结构、装饰
		花坛	基础、结构、装饰
		建筑小品	基础、结构、装饰
		景观桥	基础、结构、装饰

(3) 室外设施与环境工程检验批划分宜符合下列原则：

① 室外设施工程统一划分一个检验批。散水、台阶、明沟等包含在地面检验批中。

② 室外建筑环境工程和各分项工程一般划分为一个检验批，工程量较大时，广场与停车场、挡土墙、场坪绿化按相同材料、工艺每 1000 m² 划分为一个检验批，道路中除广场

与停车场按面积划分外，其他均按相同材料、工艺每 500 m² 划分为一个检验批。

✦✦✦✦ 课 后 习 题 ✦✦✦✦

一、名词解释

1. 施工资料
2. 开工报告
3. 竣工验收证明书
4. 破土动工日期
5. 施工日志
6. 危险性较大的分部分项工程
7. 隐蔽工程验收
8. 混凝土开盘鉴定
9. 施工组织设计
10. 工程质量事故

二、填空题

1. 《山西省建筑工程资料管理规程》(DBJ 04/T214—2015)中规定施工单位资料应按照( )进行分类。

2. 每个分部工程的施工资料又划分为：( )、施工技术资料、( )、施工质量验收资料四个资料类别。

3. 建设单位接到竣工报告后，由( )项目负责人组织( )、设计单位、( )、监理单位及有关部门，以( )为依据，按设计图纸和施工合同的内容对工程进行全面检查和验收，验收合格后办理( )。

4. 施工单位应当在危险性较大的分部、分项工程施工前编制( )；对于超过一定规模的危险性较大的分部、分项工程，施工单位应当组织( )对专项方案进行( )，形成 ( )。

5. 沉降观测报告包括工程平面位置图和( )、沉降观测点位分布图、沉降观测成果表、( )等沉降曲线图、( )。

6. 技术交底包括( )，专项施工方案交底，( )，新材料、新工艺、新技术、新产品技术交底及( )等。

7. 进场材料质量证明文件若为复印件，复印件应与( )内容一致，加盖( )公章，注明原件存放处，并有( )签字和时间。

8. 建筑工程材料和构配件的检测包括( )、出厂检验和( )与复试。

9. 拆除模板时，可采取先支的( )、后支的( )，先拆非承重模板、后拆承重模板的顺序，并应( )进行拆除。

10. 建筑工程施工质量验收应按照( )、分项工程、( )、单位工程逐级检查验收的顺序进行。

三、选择题

1. 深基坑工程开挖深度超过( )的基坑(槽)的土方开挖、支护、降水工程，施工单位应组织专家对专项方案进行论证。

　　A. 5 m(含 5 m)　　　　B. 3 m(含 3 m)　　　　C. 8 m(含 8 m)

2. 设计变更通知单如果是由建设单位提出的，对已发施工图的核定问题，涉及结构及使用功能改变的必须经( )核定签认。重大结构及使用功能改变，及涉及节能工程变更时，对变更部分要重新进行图纸审查，并由(　　)重新认证。

  A．施工单位　　图审部门和相关节能管理部门

  B．设计单位　　消防部门和相关节能管理部门

  C．监理单位　　消防部门和相关监督管理部门

  3．建设单位必须将工程质量检测业务委托给(　　)承担，否则其质量检测资料不得归档，不得组织工程竣工验收。

  A．试验检测机构　　　　　　　　　B．质量监督站下属的检测机构

  C．具有相应资质的检测机构

  4．对按一、二、三级抗震等级设计的框架和斜撑构件(含梯段)中的纵向受力钢筋的抗拉强度实测值与屈服强度实测值之比应不小于(　　)；屈服强度实测值与屈服强度标准值之比应不大于(　　)；最大力下总伸长率应不小于(　　)。

  A．1.15　1.30　9%　　　　　　　　B．1.25　1.30　9%

  C．1.25　1.30　7%

  5．当地基验槽不符合设计要求时，应由(　　)提出处理意见，施工单位应按照处理意见进行处理。

  A．建设和设计单位　　　　　　　　B．勘察和设计单位

  C．监理和勘察单位

  6．地基处理是指地基经过验槽，不满足设计要求而对地基的补强处理；地基处理应按(　　)要求进行。

  A．建设单位　　　　　　　　　　　B．监理单位

  C．地基处理方案或设计

  7．混凝土强度检验时的等效养护龄期可取日平均温度逐日累计达到 $600℃ \cdot d$ 时所对应的龄期，且应不小于(　　)，日平均温度为 0℃ 及以下的龄期不计入。

  A．14 d　　　　　　B．7 d　　　　　　C．28 d

  8．检验批应由(　　)组织施工单位项目专业质量检查员、专业施工员等进行验收；分部工程应由(　　)组织施工单位项目负责人和项目技术负责人等进行验收。

  A．专业监理工程师　　建设单位项目负责人

  B．专业监理工程师　　总监理工程师

  C．总监理工程师　　建设单位项目负责人

  9．(　　)是检验批合格的前提。

  A．施工技术资料　　　　　　　　　B．施工质量验收资料

  C．质量控制资料

  10．工程竣工验收备案由(　　)办理。

  A．建设单位　　　　　B．施工单位　　　　　C．监理单位

四、简答题

1．提交竣工报告的条件是什么？

2．竣工验收应具备的条件是什么？

3．建筑材料、构配件进场时应进行进场检验验收，检验内容包括什么？

4. 哪些建筑材料、构配件的进场复试必须实施见证取样和送检？

5. 混凝土立方体抗压强度的试验结果如何确定？

6. 装配式结构主要隐检项目及内容有哪些？

7. 混凝土结构子分部结构实体检验包括哪些内容？

8. 单位工程质量验收合格应符合哪些规定？

9. 建筑工程质量不符合规定时，应如何处理？

10. 请思考建设项目中建设单位、总承包单位、分包单位三方的关系及应承担的责任。

五、案例题

1.【背景资料】某工程基坑开挖深度约 5.4 m，采用喷锚支护，主楼采用桩基+筏板基础，地下车库②-⑧轴为级配砂石换填部分，换填厚度为 1.2 m，面积约 1000 m²，要求压实系数不小于 0.97，承载力要求 130 kPa，现场施工碾压为压路机碾压。其他轴线部分为天然地基，设计要求钎探。

问题一：基础施工前要进行地基验槽，地基验槽由哪几家单位参与？由哪家单位负责人组织验收？

问题二：地基验槽检查的内容主要有哪些？

问题三：针对本工程验槽前资料员主要需准备哪些资料？

问题四：砂石换填部分做哪些试验？根据现场机械类型可分几步回填？现场每层抽样几个点？

2.【背景资料】某住宅楼工程为剪力墙结构，地下 2 层，地上 l6 层，建筑面积 75 076 m²，工程于 2015 年 3 月开工建设，地下防水采用卷材防水和防水混凝土两种方式，屋面采用高聚物改性沥青防水卷材，屋面施工完毕后进行了淋水试验、蓄水检验。

问题一：地下防水隐蔽验收记录应包括哪些内容？

问题二：屋面渗漏淋水试验和蓄水检查有什么要求？

问题三：屋面工程隐蔽验收记录应包括哪些主要内容？

第五章　竣工图(D类)及工程竣工文件(E类)

学习目标 ✍

1. 知识目标
(1) 了解绘制竣工图的意义。
(2) 熟悉编制竣工图的要求。
2. 能力目标
(1) 能对一个工程进行竣工图的分类、立卷。
(2) 依照《建筑工程资料管理规程》(JGJ/T185—2009)规定,能整理出工程的竣工资料。

教学建议 📖

以一套典型的施工图为载体,采取任务驱动法,收集、整理出工程竣工资料。

第一节　竣工图(D类)的编制

一、竣工图的概念

竣工图是建筑工程竣工验收后,反映建筑工程施工结果的图纸,是建筑工程竣工档案的重要组成部分,是工程建设完成后的主要凭证性资料。竣工图是建筑工程竣工后的真实写照,也是工程维修、管理、改建、扩建的重要依据。各项新建、改建、扩建的基本建设工程,特别是地基基础、地下建筑、管线、主体结构以及设备安装等隐蔽部位,都要编制竣工图。为确保竣工图质量,必须在施工过程中及时做好隐蔽工程验收记录,并整理好设计变更文件。

二、竣工图的分类

竣工图应按单位工程,并按专业、系统进行分类和整理立卷。主要包括建筑与结构竣工图(包括建筑竣工图、结构竣工图、钢结构竣工图),建筑装饰与装修竣工图(包括幕墙竣工图、室内装饰竣工图),建筑给水、排水与采暖竣工图,建筑电气竣工图,智能建筑竣工图、通风与空调竣工图,室外工程竣工图(包括室外给水、排水、供热、供电、照明管线、室外道路、园林绿化、花坛、喷泉等竣工图)。

三、竣工图的编制

根据 JGJ/T 185—2009 行业标准,竣工图的编制属于 D 类文件。

　　竣工图的绘制工作应由建设单位负责，也可由建设单位委托施工单位、监理单位或设计单位绘制，并按相关文件规定承担费用。

　　编制竣工图的要求如下：

　　(1) 凡按施工图施工没有变动的，则由竣工图编制单位在原施工图上加盖并签署"竣工图"章后，即作为竣工图。

　　(2) 凡在施工中，虽有一般性设计变更，但能将原施工图加以修改补充作为竣工图的，可不重新绘制。由竣工图编制单位负责在原施工图(必须是新蓝图)上改绘或在图纸空白处绘出修改的内容，标明变更修改的依据。如在原位置上改绘有困难，可画大样改绘或另绘补图修改，补图应有图名与图号，原图应注明修改范围和修改依据。修改后的施工图加盖"竣工图"章后，即作为竣工图。

　　(3) 凡结构形式、工艺、平面布置、项目有重大改变，或变更部分超过图面 1/3 的，不宜再在原施工图上修改、补充，应重新绘制竣工图。重新绘制的图应与原图比例相同，符合制图规范，有标准图框和图签。竣工图编制单位负责在新图上加盖"竣工图"章并附以修改依据和说明后，将其作为竣工图。重新绘制的竣工图应经监理单位核验并签字确认。重大的改建、扩建工程涉及原有工程项目变更时，应将相关项目的竣工图资料统一整理归档，并在原图案卷内增补必要的说明。

　　(4) 竣工图必须真实反映工程竣工验收的实际情况，准确、完整、清楚、规范、修改到位。要保证图纸质量，做到规格统一、图面整洁、字迹清楚，能满足计算机扫描的要求。竣工图使用施工图时，施工图必须是新蓝图或绘图仪绘的白图，不得用复印图。不得用圆珠笔或其他易于褪色的墨水绘制。

　　(5) 编制竣工图时必须编制各专业竣工图的图纸目录，并加盖竣工图章。凡有作废、补充、增加和修改的图纸，均应在施工图目录上标注清楚，即作废的图纸在目录上划掉，补充的图纸在目录上列出图名、图号。

　　(6) 编制竣工图应按照国家建筑制图规范要求进行绘制，在绘制字、图时，应使用绘图笔、签字笔及不褪色的绘图墨水。

　　建设单位委托施工单位编制竣工图的有关规定如下：

　　(1) 建设项目实行总包制的，各分包单位应负责编制分包范围内的竣工图。总包单位除应编制自行施工的竣工图外，还应负责汇总整理各分包单位编制的竣工图。总包单位在交工时应向建设单位提交总包范围内各项工程完整、准确的竣工图。

　　(2) 建设项目由建设单位分别发包给几个施工单位承包的，各施工单位应负责编制所承包工程的竣工图，建设单位负责汇总整理。

　　(3) 建设项目在签订承发包合同时，应明确规定竣工图的编制、检验和交接等问题。

　　大中型建设项目和城市住宅小区建设工程的竣工图，不得少于两套，一套移交生产使用单位保管，一套交有关主管部门或技术档案部门长期保存，关系到国计民生的特别重要的建设项目，应增交一套给国家档案馆保存。小型建设项目的竣工图不得少于一套，移交生产使用单位保管。因编制竣工图需增加的施工图，由建设单位负责及时提供给编制单位，并在签订合同时，明确需要增加的份数。

　　大型工程竣工后，上述竣工图仍不能满足需要时，可重新绘制竣工图，由建设单位负责组织力量绘制，设计、施工单位负责提供工程变更资料。

　　所有竣工图均应加盖竣工图章。竣工图章的基本内容应包括"竣工图"字样、编制单位、编制人、审核人、技术负责人、编制日期、监理单位、现场监理、总监等。竣工图章示例如图 5-1 所示。竣工图章的尺寸为 50 mm × 80 mm。竣工图章应使用不易褪色的红印泥，盖在图标栏上方的空白处。

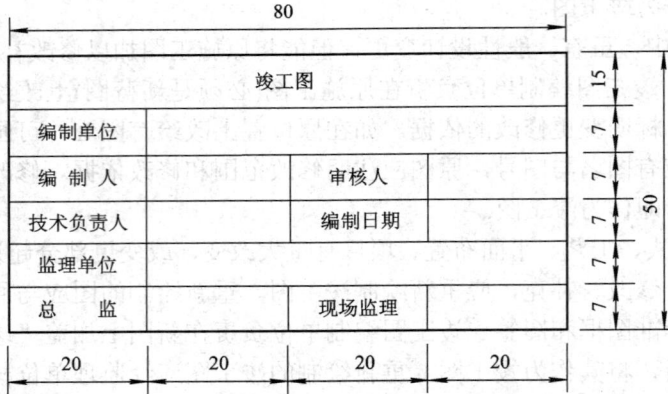

图 5-1　竣工图章示例

　　不同幅面的工程图纸按《技术制图复制图的折叠方法》(GB/T 10609.3—2009)统一折叠成 A4 幅面(297 mm × 210 mm)，图标栏露在外面，具体方法见第六章。

第二节　　工程竣工文件(E 类)的编制

　　《建筑工程资料管理规程》(JGJ/T 185—2009)从档案管理的角度，将工程文件划分为工程准备阶段文件、监理资料、施工资料、竣工图、工程竣工文件等五类。"工程竣工文件"包括《建设工程文件归档整理规范》(GB/T 50328)提出的"竣工验收文件"，还包括"竣工决算文件、竣工交档文件、竣工总结文件"等内容。因此，凡是新建、改建、扩建的基本建设工程都应进行工程竣工文件的编制。

一、单位(子单位)工程质量竣工验收记录

　　单位(子单位)工程质量竣工验收记录、单位(子单位)工程质量控制资料核查记录、单位(子单位)工程安全和功能检验资料核查及主要功能抽查记录、单位(子单位)工程观感质量检查记录应符合现行国家标准《建筑工程施工质量验收统一标准》(GB 50300—2013)的有关规定。表格填写应符合下列规定：

　　(1) 施工单位填写的单位(子单位)工程质量竣工验收记录应一式五份，建设单位、监理单位、施工单位、设计单位、城建档案馆各保存一份。单位(子单位)工程质量竣工验收记录宜采用表 5-1 的格式。

　　(2) 施工单位填写的单位(子单位)工程质量控制资料核查记录应一式四份，建设单位、监理单位、施工单位、城建档案馆各保存一份。单位(子单位)工程质量控制资料核查记录宜采用表 5-2 的格式。

(3) 施工单位填写的单位(子单位)工程安全和功能检验资料核查及主要功能抽查记录应一式四份,建设单位、监理单位、施工单位、城建档案馆各保存一份。单位(子单位)工程安全和功能检验资料核查及主要功能抽查记录宜采用表5-3的格式。

(4) 施工单位填写的单位(子单位)工程观感质量检查记录应一式四份,建设单位、监理单位、施工单位、城建档案馆各保存一份。单位(子单位)工程观感质量检查记录宜采用表5-4的格式。

表5-1 单位(子单位)工程质量竣工验收记录

工程名称	××市××镇×××村住宅小区2#楼工程	结构类型	剪力墙	层数/建筑面积	地下1层,地上17层/10 715.38 m²
施工单位	×××建筑工程有限公司	技术负责人	×××	开工日期	××年×月×日
项目经理	×××	项目技术负责人	×××	竣工日期	××年×月×日

序号	项 目	验收记录		验收结论
1	分部工程	共9分部,经查,符合标准及设计要求9分部		全部合格
2	质量控制资料核查	共41项,经审查,符合要求41项,经核定,符合规范要求41项		完整
3	安全和主要使用功能核查及抽查结果	共核查22项,符合要求22项,共抽查16项		资料完整,抽查结果符合相关质量验收规范的规定
4	观感质量验收	共抽查22项,符合要求22项,不符合要求0项		好
5	综合验收结论	所含分部工程全部合格;质量控制资料完整;所含分部工程有关安全和功能的检测资料完整;主要功能项目的抽查结果符合相关质量验收规范的规定;观感质量验收好。同意验收。		

参加验收单位	建设单位	监理单位	施工单位	设计单位
	(公章) 单位(项目)负责人 ××× ××年×月×日	(公章) 总监理工程师 ××× ××年×月×日	(公章) 单位负责人 ××× ××年×月×日	(公章) 单位(项目)负责人 ××× ××年×月×日

表 5-2 单位(子单位)工程质量控制资料核查记录

工程名称		××市××镇×××村住宅小区 2#楼工程	施工单位	×××建筑工程有限公司		
序号	项目	资 料 名 称	份数	核查意见		核查人
1	建筑与结构	图纸会审记录，设计变更通知单，工程洽商记录	10	设计变更、洽商记录齐全		×××
2		工程定位测量，放线记录	7	定位测量准确、放线记录齐全		
3		原材料出厂合格证书及进场检(试)验报告	××	水泥、钢筋、防水材料等有出厂合格证及复试报告		
4		施工试验报告及见证检测报告	××	钢筋连接、混凝土抗压强度试验报告等符合要求		
5		隐蔽工程验收记录	××	隐蔽工程验收记录齐全		
6		施工记录	××	施工记录齐全		
7		地基、基础、主体结构检验及抽样检测资料	××	抽样检测资料符合要求		
8		分项、分部工程质量验收记录	××	质量验收记录符合规范规定		
9		工程质量事故调查处理资料	××	无工程质量事故		
10		新技术论证、备案及施工记录	××	备案及施工记录齐全		
11						
1	给水排水与供暖	图纸会审记录，设计变更通知单，工程洽商记录	××	洽商记录齐全		×××
2		原材料出厂合格证书及进场检(试)验报告	××	合格证、进场检验报告齐全		
3		管道、设备强度试验、严密性试验记录	××	试验记录齐全且符合要求		
4		隐蔽工程验收记录	××	隐蔽工程验收记录齐全		
5		系统清洗、灌水、通水、通球试验记录	××	试验记录齐全		
6		施工记录	××	各种施工记录齐全		
7		分项、分部工程质量验收记录	××	质量验收记录符合规范规定		
8		新技术论证、备案及施工记录	××	备案及施工记录齐全		
9						
1	建筑电气	图纸会审记录，设计变更通知单，工程洽商记录	××	洽商记录齐全		×××
2		原材料出厂合格证书及进场检(试)验报告	××	材料有出厂合格证书及进场检(试)验报告		
3		设备调试记录	××	设备调试记录齐全		
4		接地、绝缘电阻测试记录	××	测试记录齐全且符合要求		
5		隐蔽工程验收记录	××	隐蔽工程验收记录齐全		
6		施工记录	××	各种施工记录齐全		
7		分项、分部工程质量验收记录	××	质量验收记录符合规范规定		
8		新技术论证、备案及施工记录	××	备案及施工记录齐全		
9						
1	通风与空调	图纸会审记录，设计变更通知单，工程洽商记录	××	洽商记录齐全		×××
2		原材料出厂合格证书及进场检(试)验报告	××	材料有出厂合格证书及进场检(试)验报告		
3		制冷、空调、水管道强度试验、严密性试验记录	××	试验记录符合要求		
4		隐蔽工程验收记录	××	隐蔽工程验收记录齐全		
5		制冷设备运行调试记录	××	调试记录齐全		

续表

工程名称		××市××镇×××村住宅小区 2#楼工程	施工单位	×××建筑工程有限公司	
序号	项目	资料名称	份数	核查意见	核查人
6	通风与空调	通风、空调系统调试记录	××	调试记录齐全	
7		施工记录	××	各种施工记录齐全	
8		分项、分部工程质量验收记录	××	质量验收记录符合规范规定	×××
9		新技术论证、备案及施工记录	××	备案及施工记录齐全	
10					
1	电梯	图纸会审记录，设计变更通知单，工程洽商记录	/		
2		设备出厂合格证书及开箱检验记录	/		
3		隐蔽工程验收记录	/		
4		施工记录	/		×××
5		接地、绝缘电阻测试记录	/		
6		负荷试验、安全装置检查记录	/		
7		分项、分部工程质量验收记录	/		
8		新技术论证、备案及施工记录	/		
9					
1	建筑智能化	图纸会审记录，设计变更通知单，工程洽商记录	××	洽商记录齐全	
2		原材料出厂合格证书及进场检(试)验报告	××	材料有出厂合格证书及进场检(试)验报告	
3		隐蔽工程验收记录	××	隐蔽工程验收记录齐全	
4		施工记录	××	各种施工记录齐全	
5		系统功能测定及设备调试记录	××	调试记录齐全	
6		系统技术、操作和维护手册	××	系统技术、操作和维护手册	×××
7		系统管理、操作人员培训记录	××	系统管理、操作人员培训记录	
8		系统检测报告	××	系统检测报告齐全且符合要求	
9		分项、分部工程质量验收记录	××	质量验收记录符合规范规定	
10		新技术论证、备案及施工记录	××	备案及施工记录齐全	
11					
1	建筑节能	图纸会审记录，设计变更通知单，工程洽商记录	××	洽商记录齐全	
2		原材料出厂合格证书及进场检(试)验报告	××	材料有出厂合格证书及进场检(试)验报告	
3		隐蔽工程验收记录	××	隐蔽工程验收记录齐全	
4		施工记录	××	各种施工记录齐全	×××
5		外墙、外窗节能检测报告	××	检测报告齐全	
6		设备系统节能检测报告	××	检测报告齐全	
7		分项、分部工程质量验收记录	××	质量验收记录符合规范规定	
8		新技术论证、备案及施工记录	××	备案及施工记录齐全	
9					

结论：

　　通过工程质量控制资料核查，该工程资料完整、有效，各种施工试验、系统调试记录等符合有关规定，同意竣工验收。

　　施工单位项目经理：×××　　　××年×月×日　　　　　　总监理工程师：×××

　　　　(建设单位项目负责人)　　　　　　　　　　　　　　　　　　　　　××年×月×日

表 5-3　单位(子单位)工程安全和功能检验资料核查及主要功能抽查记录

工程名称		××市××镇×××村住宅小区2#楼工程	施工单位			×××建筑工程有限公司	
序号	项目	资 料 名 称	份数	核查意见	抽查结果	核查人(抽查)	
1	建筑与结构	地基承载力检测报告	××	检测报告齐全有效	合格		
2		桩基承载力检测报告	××	检测报告齐全有效	合格		
3		混凝土强度试验报告	××	试验报告齐全有效	合格		
4		砂浆强度试验报告	××	试验报告齐全有效	合格		
5		主体结构尺寸、位置抽查记录	××	抽查记录齐全有效	合格		
6		建筑物垂直度、标高、全高测量记录	××	测量记录齐全有效	合格		
7		屋面淋水或蓄水试验记录	××	试验记录齐全有效	合格		
8		地下室渗漏水检测记录	××	检测记录齐全有效	合格		
9		有防水要求的地面蓄水试验记录	××	试验记录齐全有效	合格	×××	
10		抽气(风)道检查记录	××	符合要求	合格		
11		外窗气密性、水密性、耐风压检测报告	××	符合要求	合格		
12		幕墙气密性、水密性、耐风压检测报告	××	符合要求	合格		
13		建筑物沉降观测测量记录	××	符合要求	合格		
14		节能、保温测试记录	××	符合要求	合格		
15		室内环境检测报告	××	满足要求	合格		
16		土壤氡气浓度检测报告	××	满足要求	合格		
17							
1	给排水与供暖	给水管道通水试验记录	××	记录齐全有效	合格		
2		暖气管道、散热器压力试验记录	××	记录齐全有效	合格		
3		卫生器具满水试验记录	××	记录齐全有效	合格	×××	
4		消防管道、燃气管道压力试验记录	××	记录齐全有效	合格		
5		排水管通球试验记录	××	记录齐全有效	合格		
6							

续表

工程名称	××市××镇×××村住宅小区2#楼		施工单位	×××建筑工程有限公司			
序号	项目	资　料　名　称	份数	核查意见	抽查结果	核查人(抽查)	
1	电气	照明全负荷试验记录	××	符合要求	合格		
2		大型灯具牢固性试验记录	××	符合要求	合格	×××	
3		避雷接地电阻测试记录	××	记录齐全符合要求	合格		
4		线路、插座、开关接地检验记录	××	记录齐全	合格		
5							
1	通风与空调	通风、空调系统试运行记录	××	符合要求	合格		
2		风量、温度测试记录	××	记录齐全符合要求	合格		
3		空气能量回收装置测试记录	××	符合要求	合格	×××	
4		洁净室洁净度测试记录	/				
5		制冷机组试运行调试记录	/				
6							
1	电梯	电梯运行记录	/				
2		电梯安全装置检测报告	/			×××	
3							
1	智能建筑	系统试运行记录	××	运行记录齐全	合格		
2		系统电源及接地检测报告	××	报告符合要求	合格	×××	
3							
1	建筑节能	外墙节能构造检查记录或热工性能检验报告	××	符合要求	合格		
2		设备系统节能检查记录	××	符合要求	合格	×××	
3							

结论:

　　对本工程的安全和功能检验资料进行核查,符合要求;对单位工程的主要功能进行抽查,其抽查结果合格,满足使用功能。同意验收。

施工单位项目经理:×××　　××年×月×日　　　　　　总监理工程师:×××

　　　　　　　　　　　　　　　　　　　　　　　　(建设单位项目负责人)　　××年×月×日

注:抽查项目由验收组协商确定。

表 5-4　单位(子单位)工程观感质量检查记录

工程名称	××市××镇×××村住宅小区2#楼工程	施工单位	×××建筑工程有限公司

序号	项目		抽查质量状况	质量评价		
				好	一般	差
1	建筑与结构	主体结构外观	√ √ √ √ √ √ √ √ √ √ √ √	√		
2		室外墙面	√ √ ○ √ √ √ √ √ √ √ √ √	√		
3		变形缝,水落管	√ √ √ √ √ √ √ √ √ √ √ √	√		
4		屋面	√ ○ √ √ √ ○ √ √ ○ √ √ √			○
5		室内墙面	√ √ √ √ √ √ √ √ √ √ √ √			○
6		室内顶棚	√ √ √ √ √ √ √ √ √ √ √ √			
7		室内地面	○ √ √ √ ○ √ √ ○ √ √ ○ √			○
8		楼梯、踏步、护栏	√ √ √ √ √ √ √ √ √ √ √ √			
9		门窗	√ √ √ √ √ √ √ √ √ √ √ √			
10		雨罩、台阶、坡道、散水				
11						
1	给排水与供暖	管道接口、坡度、支架	√ ○ √ √ √ ○ ○ √ √ ○ √ √			○
2		卫生器具、支架、阀门	√ √ √ √ √ √ √ √ √ √ √ √			○
3		检查口、扫除口、地漏	√ √ √ √ √ √ √ √ √ √ √ √			○
4		散热器、支架	√ √ √ ○ √ √ √ √ √ √ √ √			
5						
1	建筑电气	配电箱、盘、板,接线盒				
2		设备器具、开关、插座				
3		防雷、接地、防火	√ √ √ √ √ √ √ √ √ √ √ √			
4						
1	通风与空调	风管、支架	√ √ √ ○ √ √ √ √ √ √ √ √			
2		风口、风阀	√ √ √ √ √ √ √ √ √ √ √ √			
3		风机、空调设备	√ √ √ √ √ √ √ √ √ √ √ √			
4		阀门、支架	√ √ √ √ √ √ √ √ √ ○ √ √			
5		水泵、冷却塔	○ √ √ √ ○ √ √ √ √ √ √ √			○
6		绝热	√ √ √ √ √ √ √ √ ○ √ √ √			
7						
1	电梯	运行、平层、开关门				
2		层门、信号系统				
3		机房				
4						
1	智能建筑	机房设备安装及布局	√ ○ √ √ √ √ √ √ √ √ √ √			
2		现场设备安装	√ √ √ √ × ○ √ √ √ √ √ √			
3						
	观感质量综合评价			好		

检查结论	工程观感质量综合评价为好,验收合格。 施工单位项目经理:×××　　　　××年×月××日　　　总监理工程师:××× 　　　　　　　　　　　　　　　　　(建设单位项目负责人) ××年×月×日

注:(1) 质量综合评价为"差"的项目,应进行返修;(2) 观感质量现场检查原始记录应作为本表附件。

二、房屋建筑工程质量保修书(示范文本)

依据《房屋建筑工程质量保修办法》(建设部令第 80 号)规定:房屋建筑工程质量保修,是指对房屋建筑工程竣工验收后在保修期限内出现的质量缺陷,予以修复。房屋建筑工程在保修范围和保修期限内出现质量缺陷,施工单位应当履行保修义务。施工单位填写的《房屋建筑工程质量保修书》应一式三份,建设单位、监理单位、施工单位各保存一份。《房屋建筑工程质量保修书》可采用表5-5(示范文本)的格式。

表5-5 房屋建筑工程质量保修书

房屋建筑工程质量保修书

发包人(全称): ＿＿×ב房地产开发公司＿＿＿＿

承包人(全称): ＿＿×××建筑工程有限公司＿＿

发包人、承包人根据《中华人民共和国建筑法》、《建设工程质量管理条例》和《房屋建筑工程质量保修办法》,经协商一致,对＿＿＿＿＿＿＿(工程全称)签订工程质量保修书。

一、工程质量保修范围和内容

承包人在质量保修期内,按照有关法律、法规、规章的管理规定和双方约定,承担本工程质量保修责任。

质量保修范围包括地基基础工程,主体结构工程,屋面防水工程,有防水要求的卫生间、房间和外墙面的防渗漏,供热与供冷系统,电气管线,给排水管道,设备安装和装修工程,以及双方约定的其他项目。具体保修的内容,双方约定如下:＿保修的内容为本合同第二条规定的内容。＿

二、质量保修期

双方根据《建设工程质量管理条例》及有关规定,约定本工程的质量保修期如下:

(1) 地基基础工程和主体结构工程为设计文件规定的该工程合理使用年限。

(2) 屋面防水工程,有防水要求的卫生间、房间和外墙面的防渗漏为＿5＿年。

(3) 装修工程为＿2＿年。

(4) 电气管线、给排水管道、设备安装工程为＿2＿年。

(5) 供热与供冷系统为＿2＿个采暖期、供冷期。

(6) 住宅小区内的给排水设施、道路等配套工程为＿2＿年。

(7) 其他项目保修期限约定如下:＿＿＿＿＿无＿＿＿＿＿

质量保修期自工程竣工验收合格之日起计算。

三、质量保修责任

(1) 属于保修范围、内容的项目,承包人应当在接到保修通知之日起7天内派人保修。承包人不在约定期限内派人保修的,发包人可以委托他人修理。

(2) 发生紧急抢修事故的,承包人在接到事故通知后,应当立即到达事故现场抢修。

(3) 对于涉及结构安全的质量问题,应当按照《房屋建筑工程质量保修办法》的规定,立即向当地建设行政主管部门报告,采取安全防范措施;由原设计单位或者具有相应资质等级的设计单位提出保修方案,承包人实施保修。

(4) 质量保修完成后,由发包人组织验收。

四、保修费用

保修费用由造成质量缺陷的责任方承担。

五、其他

双方约定的其他工程质量保修事项:＿＿＿＿＿＿＿＿＿＿＿＿＿＿＿＿＿＿＿＿＿＿。

本工程质量保修书,由施工合同发包人、承包人双方在竣工验收前共同签署,作为施工合同附件,其有效期限至保修期满。

发 包 人 (公章):   承 包 人 (公章):

法定代表人 (签字):   法定代表人 (公章):

年 月 日   年 月 日

三、工程竣工验收备案表

建设单位应负责工程竣工备案工作。在建设工程竣工验收合格后 15 日内，填报《××省工程竣工验收备案表》(见表 5-6)以及相关资料，向县级以上地方人民政府建设行政主管部门或其委托的工程质量监督机构(备案机关)备案。表 5-6 内要求的竣工验收备案文件应齐全，备案机关对符合备案条件者，给予办理备案手续。

表 5-6　工程竣工验收备案表

编号：

工程名称	××市××镇×××村住宅小区 2#楼工程		工程地址	××市××镇×××村	
工程面积	10 715.38 m²	工程总造价	1600 万元	结构类型	剪力墙
建筑总高度	51.450 m	建筑层数	17	开竣工日期	2011.12.11 2013.1.8
规划许可证号	并规建证新字【2011】第××号		施工许可证号	14010320110215000	
施工图设计文件审批文号	第 TJ06022 号		监督注册号	A00010030	
单　位　名　称			负责人	联系电话	
建设单位	××房地产开发公司				
勘察单位	××勘察院				
设计单位	××设计院				
施工单位	×××建筑工程有限公司				
监理单位	××监理公司				
监督部门	××市建筑工程质量监督站				

备案理由：

　　本工程已按《建设工程质量管理条例》第十六条规定进行了竣工验收，条件具备，验收合格，备案文件齐全。现报送备案。

　　建设单位：××房地产开发公司　(公章)　　　负责人：＿＿＿＿＿＿＿＿＿＿

　　　　　　　　　　　　　　　　　　　　　报送时间：××年×月×日

续表

内　　容	份数	验收情况	备　注
1．施工许可证或开工报告	3	合格	
2．工程质量监督手续	1	合格	
3．施工图设计文件审查批准书	1	合格	
4．质量合格文件			
1）勘察单位对勘察文件的质量检查报告	1	合格	
2）设计单位对设计文件的质量检查报告	1	合格	
3）监理单位签署工程质量评价报告	1	合格	
4）施工单位的工程施工竣工报告	1	合格	
5）地基与基础、主体结构工程验收记录及检测报告	3	合格	
6）单位工程竣工验收记录	1	合格	
7）建设单位编制的工程竣工验收报告	1	合格	
5．规划许可证及其他规划批复文件	3	合格	
6．公安消防部门出具的认可文件或准许使用文件	2	合格	
7．环保部门出具的认可文件或准许使用文件	1	合格	
8．建设工程质量保修书	1	合格	
9．住宅质量保证书	1	合格	
10．住宅使用说明书	1	合格	
11．其他文件			

（左侧竖排：竣工验收备案文件清单）

备案意见	本工程的竣工验收备案文件于××年×月×日收讫，经验证文件齐全。 （公章）

备案管理部门负责人		经办人		日期	

注：

(1) 本表用钢笔、墨水笔填写或用计算机打印清楚。

(2) 本表竣工验收备案文件清单所列文件如为复印件应加盖报送单位公章，并注明原件存放处。

(3) 本表一式二份，一份由备案管理部门存档，一份在建设单位进行工程决算并办理工程质量监督费结算后交建设单位按规定年限保存。

(4) 市政基础设施工程参照本表要求执行。

四、建设工程竣工验收报告

工程竣工验收合格后,建设单位应当编制工程竣工验收报告(见表 5-7)向建设行政主管部门或其委托的备案机关报送。

工程竣工验收报告的内容包括:

(1) 工程概况及工程项目组成情况。

(2) 工程内容及施工质量情况。

(3) 建设单位执行基本建设程序情况。

(4) 工程竣工验收时间、地点、程序、内容和组织形式。

(5) 竣工验收组对工程勘察、设计、施工、监理等方面的评价。

(6) 竣工验收组签署的工程竣工验收意见。

工程竣工验收报告应附有下列文件:

(1) 施工许可证、施工图设计文件审查批准书以及施工单位的施工竣工报告。

(2) 监理单位的工程质量评估报告;勘察、设计单位的质量检查报告。

(3) 市政基础设施工程的质量检测和功能性试验资料。

(4) 施工单位签署的工程质量保修书。

(5) 规划、消防、环保等部门出具的验收认可文件或准许使用文件。

表 5-7　竣工验收报告

工程名称	××市××镇×××村住宅小区 2# 楼工程	工程地址	××市××镇×××村
面积/层数	10715.38 m^2　17 层	结构形式	剪力墙
开竣工日期	2011.12.11—2013.1.8	工程总价	1600 万元
建设单位	××房地产开发公司	施工单位	×××建筑工程有限公司
设计单位	××设计院	勘察单位	××勘察院
监理单位	××监理公司	质监机构	××市建筑工程质量监督站

工程概况:

　　本工程为××住宅小区 2#楼,该项目位于山西省××市××镇。总建筑面积 10715.38 m^2,基底面积 553.48 m^2。该建筑地下一层,地上十七层,地下一层为戊类储藏室,地上一层为商业服务网点,二层及以上为住宅,屋顶设电梯机房和水箱间。

　　本工程为剪力墙结构。建筑设计使用年限:50 年。建筑防火类别:二类。耐火等级:地下一级,地上二级。抗震设防烈度:7 度。屋面防水等级:Ⅱ级。地下工程防水等级:Ⅱ级。

工程项目管理责任人及分工:

　　项目负责人:×××　　　　　　　　　　　项目技术负责人:×××

　　水、暖、电技术:×××　　　　　　　　　预、结算:×××

施工分包、专项承包单位及承包内容和施工质量情况:

　　电梯分部工程,由××市×××电梯安装公司施工,已通过了山西省特种设备监督检验所的验收。

　　智能建筑工程,由××市×××智能安装公司施工,经监理单位验收,其工程质量符合验收标准要求。

执行建设程序情况(计划、规划、招标、施工许可、质监、施工图审查及其文号):

　　××市规划局颁发"建设工程规划许可证"并规建证新字【2011】第××号。

　　通过公开招标,确定勘察、设计、施工单位,并分别签订合同。

　　××省住宅与城乡建设厅颁发"建筑工程施工许可证",编号:1401032011021501××。

　　××市工程质量监督站颁发"建设工程质量监督注册证书",编号:A00100××。

　　××市××设计审查公司签发"设计文件审查合格证书",编号:第 TJ060××。

续表

竣工验收情况(时间、地点、程序、内容及组织形式)、验收结果:
本工程 2013 年 1 月 8 日竣工。2013 年 1 月 3 日总监理工程师组织专业监理工程师对施工单位报送的竣工资料进行审查，并对工程质量进行竣工预验收。2013 年 1 月 8 日承包单位对预验收提出的问题整改完成，总监理工程师签署工程竣工报验单，并提出工程质量评估报告。 　　2013 年 1 月 13 日建设单位组织监理单位、施工单位及相关单位对工程进行竣工验收。 　　本工程的各分部、分项工程均合格；质量控制资料齐全完整；安全和功能检验资料核查及主要功能抽查符合要求；观感质量评价符合要求。故对本单位工程质量综合验收结论：合格。

消防、环保认可情况及专项验收情况:
(1) 消防工程已通过了××市公安消防支队的验收，具有建筑工程消防验收报告一份。 　　(2) 本工程的室内环境检测，由山西××建筑工程技术开发有限公司现场检测，具有室内环境检测报告一份。检测结果：室内环境污染物中氡、游离甲醛、苯、氨、TVOC 浓度均符合《民用建筑工程室内环境污染控制规范》(GB 50325—2010)中Ⅱ类民用建筑工程要求，室内环境合格。

参加验收单位及验收组组成人员:
××市建设工程质量监督站　　×××　　×××　　××× 　　　××房地产开发公司　　　　　×××　　×××　　×××　　××× 　　　××监理公司　　　　　　　　×××　　×××　　××× 　　　××设计院　　　　　　　　　×××　　×××　　××× 　　　××勘察院　　　　　　　　　×××　　×××　　××× 　　　×××建筑工程有限公司　　　×××　　×××　　×××

竣工验收组对勘察、设计、施工、监理等方面的评价:
勘察单位在项目勘察过程中，配备的人员及装备能够满足勘察作业的需要，各类人员的职责明确，勘察作业活动过程能满足规范要求，施工过程中，能及时进行验槽工作并处理相关问题。 　　设计单位在项目设计过程中，配备的人员的能力能够满足设计的需要，各类人员的职责明确，设计成果能满足规范要求，施工过程中，能及时进行现场设计服务并处理相关问题。 　　监理单位在项目监理过程中，配备的人员的能力能够满足监理工作的需要，各类人员的职责明确，监理工作过程能满足规范要求。 　　施工单位在项目施工过程中，建立、健全了质量、安全保证体系，各类人员职责明确，各种资源配置合理，能够制定施工组织设计或施工方案，按照设计图及规范施工，并进行各工序质量自检，及时发现和处理质量问题，工程的各项指标均能达到合同要求。

竣工验收提出问题及整改结果:
在竣工验收过程中，提出的有关监理单位资料完整性方面的 3 个问题及施工单位资料完整性方面的 2 个问题，均已经整改完成。

执行合同、设计变更、工程结(决)算情况:
施工单位、勘察单位、设计单位、监理单位等各参建单位均能履行工程合同要求。 　　工程施工过程中，发生设计变更××份，工程洽商记录××份，均经过设计人员签字，监理人员确认。施工单位已经按设计变更及工程洽商记录的要求进行施工。 　　工程结(决)算工作已经完成。

工程竣工验收意见:
施工单位、勘察单位、设计单位、监理单位等各参建单位均能按照合同要求，严格执行法律、法规及规范要求。经验收小组对工程进行验收，一致认为：工程质量符合国家质量标准。

建设项目负责人(签章)：×××　　　　　　　　　　　报告编写人(签章)：×××
建设单位负责人(签章)：×××　　　　　　　　　　　　　　　　　　××年×月×日

说明：(1) 本表为竣工验收后对工程项目验收总结的书面报告，由建设单位填写，一式四份。

　　　(2) 要求用钢笔和墨水笔填写或用计算机打印，字迹要清楚。

　　　(3) 建设单位申请竣工验收备案时，需提供本表(原件)一份。

五、建设工程设计文件质量检查报告

工程竣工验收前，设计单位应对设计文件及设计变更进行检查，并提出质量检查报告 (见表 5-8)。

设计文件质量检查报告的内容包括：

(1) 工程设计概况及设计项目组成人员情况。

(2) 施工图审查意见及落实情况。

(3) 图纸会审、设计变更情况。

(4) 参加工程验收及签证情况。

(5) 设计文件质量检查意见。

表 5-8　建设工程设计文件质量检查报告

编号：

建设工程名称	××市××镇×××村住宅小区 2#楼工程	设计单位	××设计院
施工图完成日期	××年×月×日	设计资质	甲级
施工图审查单位	××市××设计审查公司	施工图审查编号	TJ060××
建筑面积、高度	10715.38 m²、51.450 m	结构形式、层数	剪力墙、17 层

工程设计概况：

　　本工程为××市××镇×××村住宅小区 2# 楼工程，该项目位于××市××镇×××村。总建筑面积 10715.38 m²，基底面积 553.48 m²。该建筑地下一层，地上十七层，地下一层为戊类储藏室，地上一层为商业服务网点，二层及以上为住宅，屋顶设电梯机房和水箱间。本工程为剪力墙结构。

工程设计项目相关责任人：

项目负责人：　　　　建筑：　　　　结构：　　　　电气：　　　　　　给排水、暖通：

施工图审查结论意见：

　　根据《××省建筑工程施工图设计文件审查实施办法(暂行)》及有关规定，经审查，该工程施工图设计文件已符合要求，准予使用。

施工图审查要求整改内容及落实情况：

　　××市××设计审查公司对施工图审查提出需要整改的内容×项，设计院认真对待审查部门意见并及时进行了整改，经审图部门复查确认，××年×月×日签发了"设计文件审查合格证书"，编号：第 TJ060×× 号。

参加图纸会审、设计交底情况(时间、内容、意见)：

　　××年×月×日×××、×××、×××参加了建设单位组织的设计交底、图纸会审，解决技术问题 56 项。

参加人员：

续表

参加地基处理、桩基验收、地基验槽签证情况(时间、内容、意见)： 　　××年×月×日×××岩土工程师参加了地基验槽，现场地基原状土壤没有扰动，土质情况与勘察报告的结果基本一致。 参加人员：
参加基础验收、主体验收签证情况(时间、内容、意见)： 　　××年×月×日×××参加了地基基础验收，地基基础工程施工满足设计要求。 　　××年×月×日×××参加了主体工程验收，主体工程施工能够满足设计图纸要求。 参加人员：
参加质量事故(问题)处理签证情况(时间、内容、意见)： 　　××年×月×日×××、×××参加了监理单位组织，建设单位、施工单位参加的质量问题处理会议，对一层混凝土胀模问题进行了详细的检查、论证，认真审定了处理措施，其处理结果符合标准要求。 参加人员：
设计变更的主要内容及签证情况(可另加附页)： 　　工程施工过程中，发生设计变更×份，技术核定单×份，主要内容是设计图的尺寸笔误，以及局部点描述不详等方面的问题，均经过设计人员签字，监理人员确认。 参加人员：
参加工程初验、竣工验收签证情况(时间、内容、意见)： 　　××年×月×日参加了建设单位组织监理单位、施工单位及相关单位对工程进行竣工验收。 　　本工程的基础工程、主体工程施工能够满足设计图纸要求。各分部、分项工程均合格；质量控制资料齐全完整，安全和功能检验资料核查及主要功能抽查符合要求；观感质量评价符合要求。 　　工程质量综合验收结论：合格。 参加人员：
设计文件质量检查意见： 　　本工程设计文件经太原市××设计审查公司审查，该工程设计文件符合要求，××年×月×日签发了"设计文件审查合格证书"，编号第 TJ060××号。 　　工程施工过程中，发生设计变更×份，技术核定单×份，均经过设计人员签字，监理人员确认，其内容符合规范要求。
项目设计负责人(签章)：　　　　　　　　　　　　　报告编写人(签章)： 设计单位负责人(签章)： 　　　　　　　　　　　　　　　　　　　　　　　　　××年×月×日

六、建设工程勘察文件质量检查报告

　　工程竣工验收前，勘察单位应对勘察文件及变更情况进行检查，并提出质量检查报告(表格形式参照表 5-8)。

　　勘察文件质量检查报告的内容包括：

　　(1) 勘察文件概况(勘察内容、方法、勘察文件变更、项目组成人员等)。

　　(2) 勘察报告审查意见及落实情况。

(3) 参加工程验收及签证情况。

(4) 勘察文件质量检查意见。

七、规划、消防、环保等部门出具的验收认可文件或准许使用文件

建设工程完工后，在竣工验收前，政府有关部门应对规划、消防、环保等进行专项验收，验收合格后，规划、消防、环保等部门应给建设单位出具认可文件或准许使用文件，即工程竣工专项验收证明文件。

八、住宅质量保证书、住宅使用说明书

1. 住宅质量保证书

鉴于房屋的特殊属性，为了维护购房者的合法权益，国家对住宅质量进行了专项规定，要求房地产开发企业建造的房屋必须达到一定的标准，并要求房地产开发企业承担一定期限的保修责任。

住宅质量保证书是房地产开发企业将新建成的房屋出售给购买人时，针对房屋质量向购买者做出承诺保证的书面文件。该文件具有法律效力，房地产开发企业应根据住宅质量保证书上约定的房屋质量标准承担维修、补修的责任。通常房屋保修的事项应该由房地产开发企业亲自负责维修和处理，如果房地产开发企业委托物业管理公司等其他单位负责补修事宜的，必须在住宅质量保证书中对所委托的单位予以明示，保证购房者权益获得实际保护。

房地产开发企业在住宅质量保证书上注明的保修内容和保修期限不得低于国家规定，保修期从房地产开发企业将房屋交付给购房者之日起算，在办理房屋交付和验收时，必须有购房者确认房屋设施、设备能正常使用的签字。

2. 住宅使用说明书

房地产开发企业将住宅质量保证书交付购房者的同时，应当将住宅使用说明书一并交付购房者。

房地产开发企业在住宅使用说明书中对住户合理使用住宅应有提示，由于用户使用不当或擅自改动结构、设备位置和不当装修等造成的质量问题，房地产开发企业不承担保修责任。由于用户使用不当或擅自改动结构造成房屋质量受损或其他用户损失的，应由责任人承担相应责任。

住宅使用说明书应当对住宅的结构、性能和各部位(部件)的类型、性能、标准等做出说明，并提出使用注意事项。住宅使用说明书一般应当包含以下内容：

(1) 开发单位、设计单位、施工单位和监理单位。

(2) 结构类型。

(3) 装修、装饰注意事项。

(4) 给水、排水、电、燃气、热力、通信、消防等设施配置的说明。

(5) 有关设备、设施安装预留位置的说明和安装注意事项。

(6) 门、窗类型，使用注意事项。

(7) 配电负荷。

(8) 承重墙、保温墙、防水层、阳台等部位注意事项的说明。

(9) 其他需说明的问题。

住宅中配置的设备、设施,生产厂家另有使用说明书的,应附于住宅使用说明书中。

九、工程竣工档案预验收意见

建设单位在组织工程竣工验收前,应当向市城建档案馆提出工程竣工档案预验收申请,将工程竣工档案资料送至市城建档案馆,由市城建档案馆组织工程竣工档案预验收,验收合格后,出具工程竣工档案预验收意见。

建设单位在取得工程竣工档案预验收认可意见后,方可组织工程竣工验收。

十、城市建设档案移交书

凡列入城建档案馆接收范围的工程档案,竣工验收通过后 3 个月内,建设单位将汇总后的全部工程档案移交城建档案馆并办理移交手续。推迟报送的,应在规定报送时间内向城建档案馆申请延期报送,并申明延期报送原因,经同意后办理延期报送手续。

城市建设档案移交书(见表 5-9)为竣工档案进行移交的凭证,应有移交日期和移交单位、接收单位的签章。

表 5-9 城市建设档案移交书

工程名称	××市××镇×××村住宅小区 2# 楼工程	编号	××
致:××市城市建设档案馆(城建档案馆) 我方现将××住宅小区 2# 楼工程的档案移交给贵方,共计×册。其中:图样材料×册,文件材料×册,其他材料××张。			
附: (1) 城市建设档案移交目录一式×份,共××张。 (2) 完整档案 1 套。 移交单位:××房地产开发公司 负责人:××× 日 期:××年×月×日			
接收单位审查意见: 同意接收。 接收单位:××市城市建设档案馆 负责人:××× 日 期:××年×月×日			

注:本表一式两份,由建设单位、城建档案馆各保存一份。

十一、工程竣工总结

工程竣工总结是建筑工程的综合性或专题性总结的文字材料，应由建设单位负责组织相关单位编制，一般应包括以下内容：

(1) 管理方面。根据工程特点与难点，进行项目质量、进度、合同、成本和综合控制等方面的总结。

(2) 技术方面。工程技术方面的总结应包括工程采用的新技术、新产品、新工艺、新材料等内容。

(3) 经验方面。工程实施过程中各种经验与教训的总结。

十二、竣工新貌影像资料

建设工程竣工后，建设单位应对建设工程的新貌留存影像，并存档。

◆◆◆◆◆　课后习题　◆◆◆◆◆

一、名词解释

1. 竣工图　　　　　2. 住宅质量保证书　　　　　3. 房屋建筑工程质量保修

二、填空题

1. 竣工图的绘制工作应由( )负责，也可由建设单位委托( )、( )或设计单位绘制，并按相关文件规定承担费用。

2. 凡结构形式、工艺、平面布置、项目以及有其他重大改变，或变更部分超过图面( )，不宜再在原施工图上修改、补充者，应重新绘制竣工图。

3. 凡列入城建档案馆接收范围的工程档案，竣工验收通过后( )内，建设单位将汇总后的全部工程档案移交( )并办理移交手续。

4. ( )应负责工程竣工备案工作。在建设工程竣工验收合格后( )日内，向县及以上地方人民政府建设建设行政主管部门备案。

5. 凡列入城建档案馆接收范围的工程档案，竣工验收通过后( )月内，建设单位将汇总后的全部档案移交城建档案馆并办理移交手续。

三、选择题

1. 地基基础工程和主体结构工程的质量保修期为( )年。

　　A. 10　　　　　　　　　　　　　　B. 15

　　C. 20　　　　　　　　　　　　　　D. 设计文件规定的该工程合理使用年限

2. 屋面防水工程、有防水要求的卫生间、房间和外墙面的防渗漏，质量保修期为( )年。

　　A. 10　　　　B. 2　　　　C. 20　　　　D. 5

3. 单位工程竣工验收记录不包括( )项。

　　A. 分部工程　　　　　　　　　　B. 质量控制资料核查

　　C．观感质量验收　　　　　　D．安全和主要功能核查
　　E．分项工程

四、简答题

1．竣工图按照专业及系统分为哪几类？
2．单位工程竣工验收记录需要哪些单位签字、盖章？
3．建设工程竣工验收报告什么时间编制？由哪个单位编制？
4．单位工程质量控制资料核查记录中，建筑与结构工程中应包括哪些资料？

第六章　建筑工程资料归档整理

学习目标 ✍

1. 知识目标

(1) 了解各参建单位在资料与档案的整理、立卷、验收、移交等工作中，应履行的职责。

(2) 熟悉建筑工程资料归档的质量要求。

(3) 掌握工程准备阶段文件、竣工验收文件、施工资料、监理资料的立卷方法。

2. 能力目标

以一个框架工程为例，参照山西省地方标准，能对施工单位资料进行立卷。

教学建议 📖

以一套典型施工图为载体，采取任务驱动法，对施工单位资料进行立卷。

建筑工程资料的归档整理是指建设项目建设、勘察、设计、施工、监理等各参与单位，按照规范的要求对与工程建设有关的重要活动、工程建设主要过程和现状的记载，并将具有保存价值的各种载体的文件进行收集，按照《建设工程文件归档整理规范》(GB/T 50328 —2014)的归档范围的基本原则整理立卷后归档。

建设、勘察、设计、施工、监理等各参与单位应将工程文件的形成和积累纳入工程建设管理的各个环节和有关人员的职责范围。

在工程文件与档案的整理、立卷、验收、移交工作中，建设单位应履行下列职责：

(1) 在工程招标及与勘察、设计、施工、监理等单位签订协议、合同时，应对工程文件的套数、费用、质量、移交时间等提出明确要求。

(2) 收集和整理工程准备阶段、竣工验收阶段形成的文件，并应进行立卷归档。

(3) 负责组织、监督和检查勘察、设计、施工、监理等单位的工程文件的形成、积累和立卷归档工作。

(4) 收集和汇总勘察、设计、施工、监理等单位立卷归档的工程档案。

(5) 在组织工程竣工验收前，应提请当地的城建档案管理机构对工程档案进行预验收；未取得工程档案验收认可的文件，不得组织工程竣工验收。

(6) 对列入城建档案馆(室)接收范围的工程，工程竣工验收后 3 个月内，向当地城建档案馆(室)移交一套符合规定的工程档案。

勘察、设计、施工、监理等单位应将本单位形成的工程文件立卷后向建设单位移交。

　　建设工程项目实行总承包的，总包单位负责收集、汇总各分包单位形成的工程档案，并应及时向建设单位移交；各分包单位应将本单位形成的工程文件整理、立卷后及时移交总包单位。建设工程项目由几个单位承包的，各承包单位负责收集、整理、立卷其承包项目的工程文件，并应及时向建设单位移交。

　　城建档案管理机构应对工程文件的立卷归档工作进行监督、检查、指导。在工程竣工验收前，应对工程档案进行预验收，验收合格后，须出具工程档案认可文件。

第一节　建筑工程资料归档范围与要求

一、建筑工程资料的归档范围

　　对与工程施工有关的重要活动，记载工程施工主要过程和现状、具有保存价值的各种载体的文件，均应收集齐全，整理立卷后归档。

　　施工资料的声像档案收集范围包括：记录工程施工的重大活动、重大事件如签约、奠基仪式等；记录基础施工过程中的测量、放线、打桩、基槽开挖、桩基处理等关键工序；记录主体施工过程中的现场整体情况，钢筋、模板、混凝土施工，隐蔽验收、内外装饰装修等；反映工程采用的各种新技术、新材料、新工艺等；记录工程重大事故的现场、处理结果等情况；记录工程验收情况、竣工典礼和竣工后的工程面貌等。

二、建筑工程资料归档的质量要求

　　根据《建设工程文件归档整理规范》(GB/T 50328—2014)的规定，建筑工程资料在归档时应满足以下质量要求：

　　(1) 归档的建筑工程资料应为原件，因各种原因不能使用原件的，应在复印件上进行标识，注明原件存放处，经办人签字并注明时间，加盖原件存放单位的公章。

　　(2) 建筑工程资料的内容及其深度必须符合国家、行业及地方有关工程勘察、设计、施工、监理等方面的技术规范、标准和规程。

　　(3) 建筑工程资料的内容必须真实、准确，与工程实际相符合，能够反映工程建设活动的全过程。

　　(4) 建筑工程资料应采用耐久性强的书写材料，如碳素墨水、蓝黑墨水、中性笔等，不得使用易褪色的书写材料，如红色墨水、纯蓝墨水、圆珠笔、复写纸、铅笔等。计算机输出文字和图件应使用激光打印机，不应使用色带打印机、水性墨打印机等。

　　(5) 建筑工程资料应字迹清楚，图样清晰，图表整洁，签字、盖章齐全，手续完备。计算机打印的施工资料应采用手工签名方式。

　　(6) 建筑工程资料的纸张应采用能够长期保存的韧力大、耐久性强的纸张。图纸一般采用蓝图，竣工图应是新蓝图，计算机出图必须清晰，不得使用计算机出图的复印件。

(7) 归档的施工资料电子文件的内容应必须与其纸质档案一致，应包含元数据，保证文件的完整性和有效性；应采用电子签名等手段，保证所载内容真实、可靠。

(8) 建筑工程资料中，文字材料幅面尺寸规格宜为 A4 幅面(297 mm × 210 mm)。图纸宜采用国家标准图幅。不同幅面的工程图纸应按《技术制图复制图的折叠方法》(GB/T10609.3—2009)统一折叠成 A4 幅面(297 mm × 210 mm)，图标栏露在外面。小于 A4 幅面的资料要用 A4 白纸(297 mm × 210 mm)衬托。

(9) 所有竣工图均应加盖竣工图章。竣工图用施工图必须是新蓝图或绘图仪绘的白图，不得用复印图。

(10) 竣工图图纸折叠方法：

① 图纸折叠应符合下列规定：图纸折叠前应按图 6-1 所示的裁图线裁剪整齐，图纸幅面应符合表 6-1 的规定。

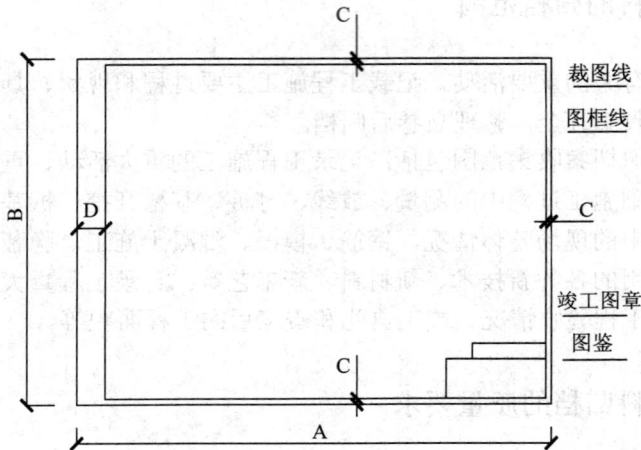

图 6-1　图框及图纸边线尺寸示意图

表 6-1　图幅代号及图幅尺寸

基本图幅代号	0#	1#	2#	3#	4#
B(mm) ×A(mm)	841 × 1189	594×841	420×594	297×420	297 × 210
C(mm)	10			5	
D(mm)	25				

② 折叠时图面应折向内侧成手风琴风箱式。

③ 折叠后幅面尺寸应以 4# 图为标准。

④ 图签及竣工图章应露在外面。

⑤ 3#~0# 图纸应在装订边 297 mm 处折一三角或剪一缺口，并折进装订边。

⑥ 3#~0# 图不同图签位的图纸，可分别按图 6-2~图 6-5 所示方法折叠。

⑦ 图纸折叠前，应准备好一块略小于 4# 图纸尺寸(一般为 292 mm × 205 mm)的模板。折叠时，应先把图纸放在规定位置，然后按照折叠方法的编号顺序依次折叠。

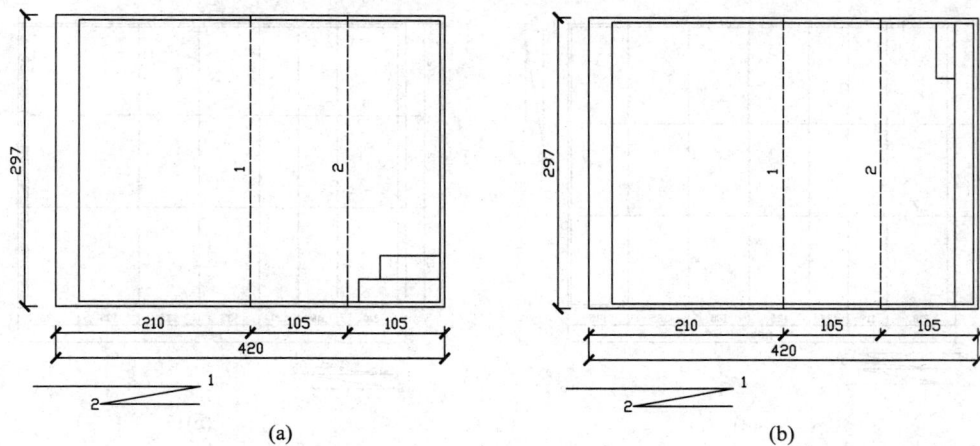

图 6-2　3# 图纸折叠示意图

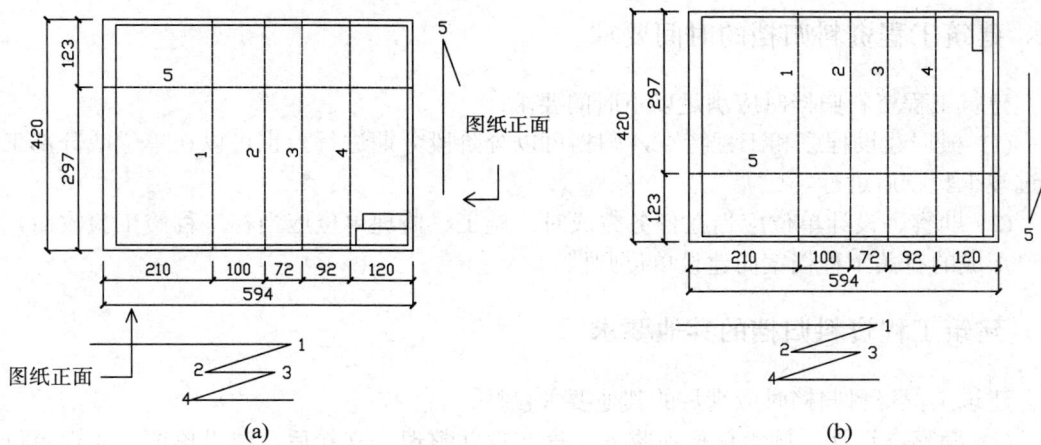

图 6-3　2# 图纸折叠示意图

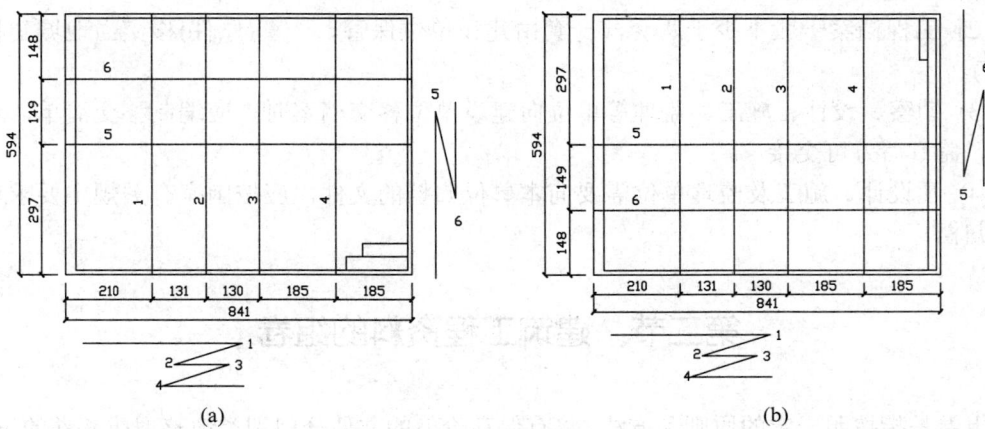

图 6-4　1# 图纸折叠示意图

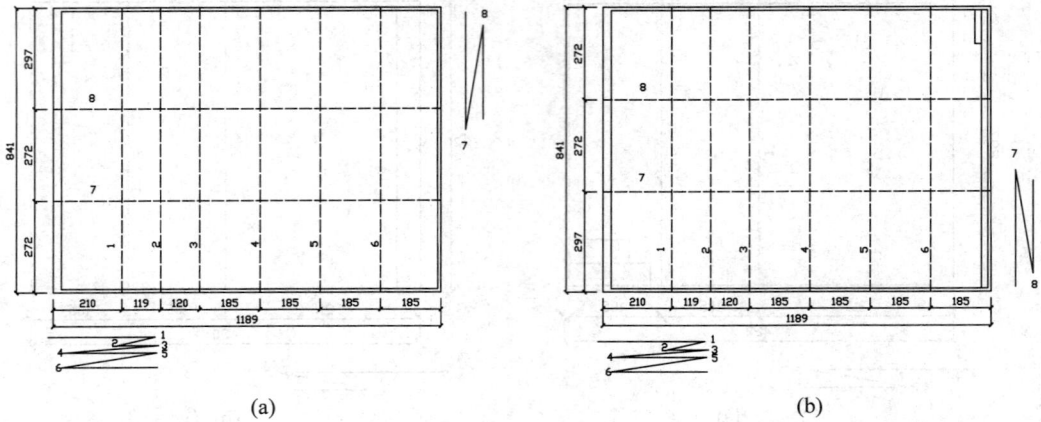

图 6-5　0# 图纸折叠示意图

三、建筑工程资料归档的时间要求

建筑工程资料归档时应满足以下时间要求：

(1) 根据建设程序和工程特点，归档可以分阶段分期进行，也可以在单位或分部工程通过竣工验收后进行。

(2) 勘察、设计单位应当在任务完成时，施工、监理单位应当在工程竣工验收前，将各自形成的有关工程档案向建设单位归档。

四、建筑工程资料归档的其他要求

建筑工程资料归档时应满足的其他要求包括：

(1) 勘察、设计、施工单位在收齐工程文件并整理、立卷后，建设单位、监理单位应根据城建档案管理机构的要求对档案文件完整、准确、系统情况和案卷质量进行审查。审查合格后向建设单位移交。

(2) 工程档案一般不少于两套，一套由建设单位保管，一套(原件)移交当地城建档案馆(室)。

(3) 勘察、设计、施工、监理等单位向建设单位移交档案时，应编制移交清单，双方签字、盖章后方可交接。

(4) 凡设计、施工及监理单位需要向本单位归档的文件，应按国家有关规定要求单独立卷归档。

第二节　建筑工程资料的组卷

组卷是指按照一定的原则和方法，将有保存价值的文件分门别类地整理成案卷的过程，亦称立卷。

一、组卷的原则

建筑工程资料的组卷原则包括：

(1) 建筑工程资料的组卷应遵循施工资料的自然形成规律，按时间先后分专业排列，保持卷内文件的有机联系。

(2) 一个建设工程由多个单位工程组成时，施工资料应按单位工程组卷。

二、组卷的要求

建筑工程资料组卷的要求包括：

(1) 案卷内文字材料厚度不宜超过 20 mm，图纸卷厚度不宜超过 50 mm。

(2) 案卷内不应有重份文件；印刷成册的施工资料宜保持原状；不同载体的文件一般应分别组卷。

三、组卷的方法

建筑工程资料组卷的方法包括：

(1) 建筑工程资料应按照不同的收集、整理单位及资料类别，按工程准备阶段和竣工验收文件、监理资料、施工资料和竣工图分别进行组卷。

(2) 单位工程的工程准备阶段和竣工验收的文件，可根据文件资料类别和数量多少组成一卷或多卷，同一类文件资料还可根据数量多少组成一卷或多卷。

(3) 单位工程的监理资料立卷，应按监理管理、进度控制、质量控制、造价控制、分包资质、合同管理等分类进行，并根据资料数量的多少，组成一卷或多卷。

(4) 单位工程的施工资料组卷，应按工程管理与验收、地基与基础、主体结构、建筑装饰装修、屋面、建筑给水排水与供暖、通风与空调、建筑电气、智能建筑、建筑节能、电梯分部工程划分。每一个专业和分部工程再按照文件资料类别的顺序排列，并根据文件资料的数量多少组成一卷或多卷。

① 各分部工程和专业工程的施工资料案卷以及单独立卷的分项、子分部工程案卷的卷内资料，应按施工管理资料、施工技术资料、质量控制资料、施工质量验收资料的文件资料类别和顺序排列组卷。

② 各分部工程和专业工程内有些施工工艺比较复杂，专业化程度比较高的分项、子分部工程或单独分包给专业施工队伍的分项、子分部工程的施工资料应单独组卷。

③ 施工资料应单独组卷的分项、子分部工程：

● 地基与基础：基坑支护，地基处理，桩基础，地下防水。

● 主体结构：预应力，钢结构，索膜结构，铝合金结构，加固工程。

● 建筑装饰装修：幕墙，防水。

● 建筑给排水及供暖：供热锅炉及辅助设备安装，消防工程、太阳能热水系统。

● 建筑电气工程：变配电室。

④ 单独组卷的分项、子分部工程卷内资料排列顺序可参照分部工程进行；专业差异较大的，可单独编制卷内资料排列的归档顺序。

⑤ 单独组卷的分项、子分部工程卷应排列在分部工程卷后。如有多个单独组卷的分项、子分部工程卷应按分项、子分部工程的排序排列在所在分部工程卷后。

(5) 单位工程竣工图应划分为专业竣工图(D1)、室外工程竣工图(D2)二类,并顺序组卷。每类竣工图应按专业顺序排列,每一专业可根据图纸数量多少组成一卷或多卷。

四、组卷时卷内文件的排列

建筑工程资料组卷时卷内文件的排列有以下要求:

(1) 卷内文件资料排列顺序应依据卷内资料构成而定,一般顺序为封面、目录、文件资料、图纸、音像、备考表、封底等,并应按事项、专业顺序排列。同一事项的请示与批复,同一文件的印本和定稿、主件与附件不能分开,并按批复在前、请示在后,印本在前、定稿在后,主件在前、附件在后的顺序排列。

(2) 卷内如有多类文件资料时,同类资料应按自然形成的顺序和时间排序,不同资料之间的排列顺序,应参照第二章的卷内排序进行排列。

(3) 卷内图纸按专业排列,同一专业图纸按图号顺序排列。

(4) 既有文字材料又有图纸的案卷,文字材料排前,图纸排后。

五、案卷的编目

1．卷内文件页号的编制规定

卷内文件页号的编制应符合以下规定:

(1) 卷内文件均按有书写内容的页面编号。每卷单独编号,页号从"1"开始。

(2) 页号编写位置:单面书写的文件在右下角;双面书写的文件,正面在右下角,背面在左下角。折叠后的图纸一律在右下角。

(3) 成套图纸或印刷成册的科技文件材料,自成一卷的,原目录可代替卷内目录,不必重新编写页码。

(4) 案卷封面、卷内目录、卷内备考表不编写页号。

2．施工资料卷内目录的编制规定

施工资料卷内目录的编制应符合以下规定:

(1) 卷内目录式样(如图 6-6 所示)宜符合《建筑工程文件归档整理规范》(GB/T 50328—2014)附录 B 的要求。

序号	文件编号	责任人	文件提名	日期	页次	备注

图 6-6　卷内目录式样

(2) 序号：以一份文件为单位，用阿拉伯数字从"1"开始依次标注。

(3) 文件编号：填写工程文件形成单位的发文号或图纸的图号，或设备、项目代号。

(4) 责任人：填写文件的直接形成单位和个人。有多个责任者时，选择两个主要责任者，其余用"等"代替。

(5) 文件题名：填写文件标题的全称。文件无标题时，应根据内容拟写标题，拟写标题外应加"[ ]"符号。

(6) 日期：填写原文件形成的日期，竣工图的编制日期。日期中的年应用四位数字表示，月、日分别用两位数字表示。

(7) 页次：填写文件在卷内所排的起始页号。最后一份文件填写起止页号。

(8) 卷内目录排列在卷内文件首页之前，目录内容应与案卷内容相符。

3．施工资料卷内备考表的编制规定

施工资料卷内备考表的编制应符合以下规定：

(1) 卷内备考表式样(如图 6-7 所示)宜符合《建筑工程文件归档整理规范》(BG/T 50328—2014)附录 C 的要求。

卷内备考表
本案卷共有文件材料＿＿页，其中： 文字材料＿＿页，图样材料＿＿页，照片＿＿张。 说明：   组卷人： 年　　月　　日
说明：   审核人： 年　　月　　日

图 6-7　案卷备考表式样

(2) 卷内备考表主要标明卷内文件的总页数、各类文件页数(照片张数)，以及立卷单位对案卷情况的说明。

(3) 立卷单位的立卷人和审核人应在卷内备考表上签名，年、月、日按立卷、审核时间分别填写。

(4) 卷内备考表排列在卷内文件的尾页之后。

4．施工资料案卷封面的编制规定

施工资料案卷封面的编制应符合以下规定：

(1) 案卷封面印刷在卷盒、卷夹的正表面，也可采用内封面形式。案卷封面的式样(如图 6-8 所示)宜符合《建筑工程文件归档整理规范》(GB/T 50328—2014)附录 D 的要求。

(2) 案卷封面应包括档号、档案馆代号、案卷题名、编制单位、编制日期、密级、保管期限、共几卷、第几卷等内容。

(3) 档号应由分类号、项目号和案卷号组成。档号由档案保管单位填写。

(4) 档案馆代号应填写国家给定的本档案馆的编号。档案馆代号由档案馆填写。

```
┌─────────────────────────────────────────────────────────┐
│                                                         │
│      档        号 _____        │
│      档案馆代号 _____          │
│                                                         │
│      案卷题名 _____          │
│               _____          │
│               _____          │
│                                                         │
│      编制单位 _____          │
│      编制日期 _____          │
│      密    级 _____ 保管期限 _____      │
│                                                         │
│          共___卷              第___卷                   │
│                                                         │
└─────────────────────────────────────────────────────────┘
```

图 6-8　案卷封面式样

(5) 案卷题名应简明、准确地提示卷内文件的内容。案卷题名应包括工程名称(一般包括工程项目名称、单位工程名称)、分部工程或专业名称、卷内文件的内容。

(6) 编制单位应填写案卷内文件的形成单位或主要责任者(工程准备阶段文件和竣工验收文件的编制单位一般为建设单位;勘察、设计文件的编制单位一般为工程的勘察、设计单位;监理文件的编制单位一般为监理单位;施工文件的编制单位一般为施工单位)。

(7) 编制日期应填写案卷内全部文件形成的起止日期。

(8) 密级分为绝密、机密、秘密三种。若同一案卷内有不同密级的文件,则应以高密级为本卷密级。密级由档案保管单位按照本单位的保密规定或有关规定填写。

(9) 保管期限分为永久、长期、短期三种期限。永久是指工程档案需永久保存。长期是指工程档案的保存期限等于该工程的使用寿命。短期是指工程档案保存 20 年以下。若同一案卷内有不同保管期限的文件,则该案卷保管期限应从长。保管期限由档案保管单位按有关规定填写。

5．其他规定

卷内目录、卷内备考表、案卷内封面应采用 70 g 以上的白色书写纸制作,幅面统一采用 A4 幅面。

六、案卷的装订、装盒要求

案卷的装订与装盒有以下要求:

(1) 案卷内文字材料必须装订成册。既有文字材料又有图纸的案卷应装订。装订应采用线绳三孔左侧装订法,要整齐、牢固,便于保管和利用。

(2) 图纸散装在卷盒内时,应将案卷封面、目录、备考表三件装订,放在案卷之首。图纸折叠前应按图框裁剪整齐,折叠方式应采用"手风琴箱式",图标、竣工图章应该外露。

(3) 案卷装订时必须剔除金属物。装订线一侧应根据案卷厚薄加垫草板纸。

(4) 案卷装具应采用硬壳卷盒、卷夹两种形式。其外表尺寸为 310 mm × 220 mm，案卷内软卷皮的尺寸为 297 mm × 210 mm。案卷脊背的内容应包括档号和案卷题名，其式样(如图 6-9 所示)宜符合《建筑工程文件归档整理规范》(GB/T 50328—2014)附录 E 的要求。

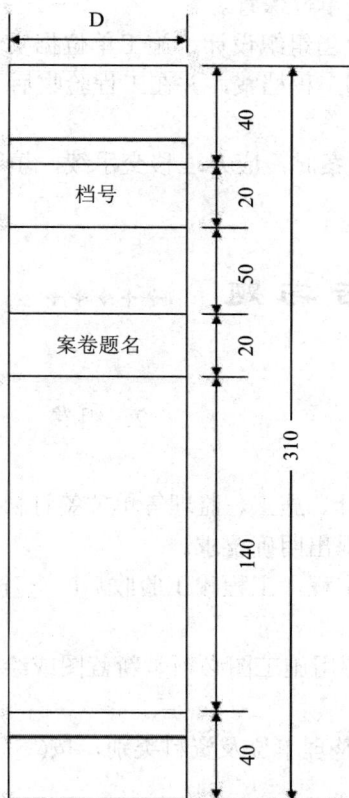

D为20 mm、30 mm、40 mm、50 mm，尺寸单位统一为 mm，比例为1：2

图 6-9　案卷脊背式样

第三节　建筑工程资料的验收与移交

列入城建档案馆(室)档案接收范围的工程，建设单位在组织工程竣工验收前，应提请城建档案管理机构对工程档案进行预验收。建设单位未取得城建档案管理机构出具的认可文件，不得组织工程竣工验收。

城建档案管理机构在进行工程档案预验收时，应重点验收以下内容：工程档案齐全、系统、完整；工程档案的内容真实、准确地反映工程建设活动和工程的实际状况；工程档案已整理立卷，立卷符合《建设工程文件归档整理规范》(GB 50328—2014)的规定；竣工图绘制方法、图式及规格等符合专业技术要求，图面整洁，盖有竣工图章；文件的形成、来源符合实际,要求单位或个人签章的文件,其签章手续完备;文件材质、幅面、书写、绘图、用墨、托裱等符合要求。

列入城建档案馆(室)接收范围的工程,建设单位在工程竣工验收后 3 个月内,必须向城建档案馆(室)移交一套符合规定的工程档案。

停建、缓建建设工程的档案,暂由建设单位保管。

对改建、扩建和维修工程,建设单位应当组织设计、施工单位据实修改、补充和完善原工程档案。对改变的部位,应当重新编制工程档案,并在工程验收后 3 个月内向城建档案馆(室)移交。

建设单位向城建档案馆(室)移交工程档案时,应办理移交手续,填写移交目录,双方签字、盖章后交接。

✦✦✦✦✦　课 后 习 题　✦✦✦✦✦

一、名词解释

1. 建筑工程资料的归档管理　　　　　　　2. 组卷

二、填空题

1. 建设单位在工程招标及与勘察、设计、施工、监理等单位签订协议、合同时,应对工程文件的( )、费用、质量、( )等提出明确要求。

2. 对列入城建档案馆(室)接收范围的工程,工程竣工验收后( )内,向当地城建档案馆(室)移交一套符合规定的工程档案。

3. 所有竣工图均应加盖( )。竣工图用施工图必须是新蓝图或绘图仪绘的白图,不得用( )。

4. 建筑工程资料应按照不同的收集、整理单位及资料类别,按( )、监理资料、施工资料和竣工图分别进行组卷。

5. 单位工程的施工单位资料组卷,应按( )、地基与基础、( )、建筑装饰装修、( )、建筑给水排水与供暖、通风与空调、建筑电气、智能建筑、( )、电梯分部工程划分。

三、选择题

1. 勘察、设计、施工单位在收齐工程文件并整理组卷后,应根据( )的要求对档案文件进行审查。

　　A. 城建档案管理机构　　　　　　　　B. 监理单位
　　C. 建设单位、监理单位

2. 案卷内文字材料厚度不宜超过( ),图纸卷厚度不宜超过( )。

　　A. 20 mm　50 mm　　　　　　　　　B. 30 mm　70 mm
　　C. 50 mm　100 mm

3. 工程技术档案:永久指工程档案需要永久保存;长期是指工程档案保存期限等于工程使用寿命;短期是指工程档案保存( )年以下。

　　A. 5　　　　　　　　　B. 10　　　　　　　　　C. 20

4．一个建设工程由多个单位工程组成时，施工资料应按(　　)组卷。

　　A．工程项目　　　　　　　　B．单位工程　　　　　　　　C．单项工程

5．停建、缓建建设工程的档案，暂由(　　)保管。

　　A．施工单位　　　　　　　　B．建设单位　　　　　　　　C．监理单位

四、简答题

1．请分别叙述建设工程项目实行总承包和由几个单位承包这两种情况下，工程资料应如何管理和移交。

2．施工资料声像档案收集范围是什么？

3．归档的建筑工程资料应为原件，因各种原因不能使用原件的，应如何处理？

4．组卷的原则是什么？

5．什么情况下施工资料可以单独组卷？

五、案例题

某工程为办公楼，框架剪力墙结构，混凝土灌注桩，筏板基础，设计使用年限 50 年、抗震等级一级、抗震设计防烈度 8 度。工程地下 2 层，地上 12 层，总建筑面积 16 500 m^2，建筑外墙设计为玻璃幕墙，中央空调，2 部电梯。现该工程处于施工收尾阶段，且该工程列入城建档案馆接收范围的工程。

问题一：针对该工程情况，施工单位资料应如何组卷？

问题二：针对该工程情况，可以单独组卷的分项、子分部工程有哪些？单独组卷的分项、子分部工程卷内资料按什么顺序排列？

问题三：卷内文件资料的排列顺序依据什么而定？一般顺序是什么？

问题四：编制卷内文件页号应符合什么规定？

问题五：该工程资料在验收与移交时应怎样做？

第七章　建筑工程资料管理软件及其应用

学习目标 ✍

1. **知识目标**

熟悉常用建筑资料管理软件的应用范围、使用方法及各资料管理软件的优缺点。

2. **能力目标**

掌握并熟练使用 1～2 种资料管理软件来编制工程资料。

教学建议 📖

(1) 教学方法：利用多媒体教学，边演示、边讲解。

(2) 教学手段：多媒体设备、图集、资料软件等。

(3) 考核要求：选择一个实际工程，使学生能利用软件完成资料整理任务。

本章阐述了建筑工程资料管理软件的类别、应用状况和应用中应注意的问题，介绍了当前流行的几种工程资料管理软件的特点和功能，最后通过一个案例详细说明了资料管理软件的应用过程。

第一节　建筑工程资料管理软件应用概述

建筑工程资料管理软件是建设工程项目管理软件的其中一类，这类软件主要用于编制各类工程项目中各个阶段的文字资料，并分类整理，最终进行电子归档。

一、资料管理软件的发展

建筑工程资料管理软件同其他的项目管理软件一样，在项目管理的发展过程中不断探索、升级，目前在项目管理的过程中，资料管理软件的使用量越来越大，应用面越来越广，几乎覆盖了建设工程项目管理全过程的各个阶段和各个方面。

随着国家各项基础设施的不断完善，建筑业的飞速发展，参与基础设施建设的各个单位都必须与时俱进，积极改进并提升自身的工作效率，并将各项工作格式化、规范化、规模化。资料管理软件的应用和发展，正是适应这种需求，应时而生，不断升级的。

二、资料管理软件的类别

1. 按建筑工程类型划分

按建筑工程类型划分，资料管理软件可分为一般建筑安装工程资料管理软件和市政基础设施工程资料管理软件。一般建筑安装工程资料管理软件采用的表格，按一般建筑安装工程国家或地方验收标准设置；市政基础设施工程资料管理软件采用的表格，按市政基础建设工程验收标准设置。

应当指出的是：我们这里介绍的建筑工程仅指房屋建筑专业范围内的建设工程，未涉及煤炭、电力、水利、公路、铁路等其他专业的建设工程。工程资料管理软件的设置因各专业的验收标准差异而不同，所以应按照承建工程的类型选用相适应的资料管理软件，避免引起不必要的工作延误。

2. 按建设工程参建单位划分

按建设工程参建单位划分，资料管理软件可分为监理单位资料管理软件、施工单位资料管理软件、设计单位资料管理软件和城建档案管理部门资料管理软件等。

三、几种资料管理软件的特点

目前建筑市场广为应用的资料管理软件有品茗工程资料管理软件、海盛工程资料管理软件和筑业工程资料管理软件等。

这些资料管理软件的共同特点是功能强大、覆盖面广、表格编写工具齐全、简单易学。而在市场经济的需求下，各个软件研发公司会根据用户反馈的意见，编制出各具特色的产品。

1. 品茗工程资料管理软件的优点

品茗工程资料管理软件可以整体复制某个单位工程。这个优点适用于含有多个同样或相似结构类型的单位工程的项目，新建工程时只要将单位工程名称重新输入，就可以得到一套编制完整的工程资料了。这就大大缩短了资料编制、整理的负荷量。

2. 海盛工程资料管理软件的优点

海盛工程资料管理软件的导入、导出操作非常方便。每份表格可以单独导出，单位工程可以整体导出。这样就可以将编制完整的工程资料整体存入其他载体，便于电子存档。该软件也适合多台计算机编制资料的情况，只要计算机内安装好海盛资料管理软件，插入存有资料的载体，就可以随意编辑、导入、导出。

3. 筑业工程资料管理软件的优点

筑业工程资料管理软件功能完善、电子立卷便捷。该软件具有以下特点：

(1) 涵盖了一般建筑工程地方标准表格、市政基础工程地方标准表格、安全资料表格、节能资料表格等。

(2) 自动生成分项、子分部、分部、子单位、单位工程验收记录。

(3) 企业标准、地方标准、国家标准方便转换。

(4) 资料库中技术交底、分项工程施工工艺、施工方案、施工组织设计案例等比较齐全、完善。

四、资料管理软件应用中应注意的问题

随着电子科技的飞速发展，为了适应建筑市场的需求，资料管理软件在现代基础设施

建设项目中被广泛采用。但由于软件开发者和使用者存在经验、能力等方面的差异,故操作者还需在使用过程中注意以下几点:

1. 表格的编码

虽然资料软件一般都能将使用者编辑的表格自动编码,但一些软件可能由于开发时的设置出现问题等原因,表格的编码会出现错乱。因此,资料整理时一定要看清编制日期是否与编码一致。

还有一种是由于使用者的原因,资料编制不及时,后补资料,编制时间虽然人为地改动了,但软件却按资料编制的顺序自动编码,这样就会出现时间与编码的不一致。为避免此类错误的发生,一定要尽量保证资料与现场施工的同步。

2. 报验单与报验内容

一些软件的设置将报验单与报验内容分列于 2 个界面,即编制好报验记录表后,需打开另外一个界面才能编制报验单,这样就常常出现报验内容与报验单不统一的情形。操作者在使用时一定要做到一一对应,保证资料的准确。

当编制一些检验批、生成表格时,验收部位跟着表格名称自动更新了,可报验单内需要填写的验收部位不会自动更新,这也需要操作者手工输入改动,与报验单保持一致。

3. 签字与盖章

除电子版资料按建设、监理等单位要求,进行电子签章外,其余文字输出的纸质资料,都不允许电脑输入签名,更不允许加盖任何单位的电子印章及个人的电子签名。

4. 页面设置

资料管理软件中一般都已经设置好页面,为保证资料归档的质量,最好将其他非软件编制的资料的页面设置得与软件编制的资料的页面一致。每份表格编辑完成后,打印前最好预览一下,避免出现因内容填写过多超出打印范围的情况。

5. 数据生成

资料软件中一般都可以自动生成检验数据,但为了保证资料的真实、准确、可查、可追溯,最好手工填写实际检测数据,还要注意将临界数据、超出标准的数据用规范符号标记清楚。

6. 分项统计

一些软件中虽然可以进行分项工程的自动统计,但却把钢筋加工、钢筋安装、模板安装、模板拆除、混凝土配合比、混凝土施工分别统计,而不是按钢筋、模板、混凝土三个分项进行统计。出现这种偏差时,操作者只能进行手工输入统计,不能按照资料管理软件中的错误将资料归档。

7. 软件系统错误

由于软件开发时的种种原因,一些软件在文字输入上会出现错误,因此使用者一定要在操作时,对照国家施工质量验收标准及各种规范,及时改正软件中与标准、规范发生偏差的部分,保证资料的整体准确性。

8. 熟悉图纸及现场施工工艺

资料编制人员一定要熟悉施工图纸和现场的施工工艺,保证资料与现场的一致。因软件开发人员考虑的是该工序的所有材料、所有工艺、所有检测项目及相应的检验标准，而现场施工时，使用的材料及工艺标准仅是其中的一项，因此编制资料时必须熟悉图纸与现场，对应实际发生的材料及检验标准，正确填写。不需要的部分以斜线划掉。避免漏填、错填项目或将所有项目全填的现象。

最后还要提出一点建议是，软件的应用是为了提高我们的工作效率，但各种软件中都会存在一些小缺陷，因此我们不能完全依赖软件，必须严格按照各种标准及施工质量验收规范的要求，编制和整理工程资料，正确应用好软件这个辅助工具。

第二节 建筑工程资料管理软件应用实例

为了让使用者更快、更好地掌握资料管理软件的操作，使软件最大化提高我们的工作效率，我们选取一个资料管理软件的操作实例加以说明。目前应用于建筑市场的资料管理软件数量虽然很多，但操作方法大同小异，这里就以品茗工程资料管理软件为例来介绍。

一、品茗工程资料管理软件简介

1. 软件的特点
品茗工程资料管理软件的特点如下：

(1) 具备完善的工程资料数据库管理功能，可方便地查询、修改、统计汇总、组卷、打印。

(2) 实现了表格数据录入简单、快捷于一体的填写方式。

(3) 可以设置软件登录和工程登录两级密码保护，保护用户工程信息。

(4) 软件提供自动备份功能，即便工地用电环境恶劣造成工程文件损坏，也能找回最后一次正在编辑的工程进行恢复，最大限度地减少损失。

(5) 新建表格时，工程信息、验收部位等信息自动填充，省去重复填充的烦恼。

(6) 为表格提供大量填写范例，用户可以参照范例填写表格，即使没有编制过资料的人员也可迅速掌握。

(7) 一键分部分项汇总和一键报验，操作更简单。

(8) 表格具有自动计算、自动填充等功能，使填表更加快捷。

(9) 软件可根据检验批一般项目和主控项目数据，自动判定该检验批是否合格。

(10) 可以多用户同时做项目，最后将几个工程文件合并成一个文件。

(11) 可以同时打开多个工程，进行比较做表。

(12) 做好的工程可以保存起来，下次做相同类型工程时，导入工程后同步工程信息即可。

(13) 可以导入自定义模板，编辑创建的新模板。

(14) 软件可以跨专业、跨规范表格借用，一个工程中可以有多个规范的表格。

2. 软件的主要功能
品茗工程资料管理软件的主要功能见表 7-1。

表7-1 功能简介

1	自动填表	自动导入工程常用信息；可以在常用信息中进行编辑，直接修改常用信息的内容
2	自动计算	所有包含计算的表格，用户只需填写基础数据，软件自动计算，用户可以自行输入或修改计算公式
3	查找替换	超级方便的查找替换功能，工程通用信息统一指定替换
4	自动生成分部、分项表	根据检验批表格自动生成分部和分项表
5	工程表格相互导入	表格可以在不同工程之间相互导入、移动
6	自动编号	自动填写表格编号，对当前模板下已编号的表格，可以重新编号
7	排序功能	上下移动：用来调整客户建立表格的顺序 左右移动：可以改变表格的从属关系 随意移动：可以把建好的表格随意拖动
8	导入、导出	方便地导入 Excel、Word、文本文件，批量导入文件夹，导出文本、Excel、PDF 文件
9	智能评定	软件根据国家标准或企业标准自动评定检验批质量验收表格的检测值等级，自动添加"○"和"△"，标记不合格点值
10	企业标准设置	用户可以修改检验批资料国家标准数据，形成企业标准，软件自动根据企业标准进行评定
11	表格套打	对于有特殊需要的客户，提供了表格套打功能
12	表格自定义打印	表格填写完成后，可以批量打印整个工程表格，也可以按照编制日期进行分批打印，随意设置是否打印表格、打印表格张数、图章是否打印等
13	电子组卷	做完工程后，软件可对工程数据进行分类立卷
14	盖章、电子签名	根据当地规定的设置盖章、电子签名，可实现电子存档
15	数据自动保存	用户只需把数据填写完成，软件即可自动保存所填的内容；还可以自动备份工程，也可人工备份以确保数据的安全
16	图片插入	软件可以直接插入不同格式的图片文件、不同版本的 CAD 软件、直接调入 CAD 画版，还可以截图；自带画图工具，实现自己轻松画图
17	附件管理	工程中的所有附件可以进行统一管理
18	用户管理	可以新建不同的用户和不同的访问权限，使软件更安全
19	回收站功能	表格若删除，可以轻松找回
20	在线服务	如果在线，则可以进行在线服务、在线升级等
21	规范自由切换	新版本资料可以同一个软件不同规范标准自由切换，大大方便客户随时调用不同规范的表格，而不用同时打开两个程序
22	资料库查找	软件赠送了大量的资料、规程、图样、标准、施组、技术交底和安全交底，方便客户随时查看相关资料的电子版

二、品茗工程资料管理软件操作说明

（一）主界面及各功能模块

软件安装完毕后，桌面上会生成快捷方式图标"品茗二代资料 V4.0 山西版"。双击桌面图标，启动工程资料管理软件。

1．主界面

登录后，主界面工具栏如图 7-1 所示。

工程	素材库	工具	模板	设置	帮助
新建工程	打开 ▼	保存	快速打印 ▼	预览 ▼	查找	新建表格	新建子单位	同步设置	试块提醒	施工日记

图 7-1　主界面工具栏

- 新建工程：为工程进行新建的第一步操作。
- 打开：可以打开移动设备及电脑其他位置保存的工程，也可以在下拉选项中直接切换。
- 保存：在编辑表格的过程中，可以随时点击保存按钮对输入的内容进行保存。
- 快速打印：需要打印某份资料时可单击该按钮。
- 预览：表格打印前预览及套打预览。
- 查找：对工程或模板中的表格进行查找、替换、定位。
- 新建表格：该新建表格界面中包括整个模板的所有节点。
- 新建子单位：当有多个单位工程时，可以通过该按钮来增加单位工程来实现同步。
- 同步设置：在该设置中，可以通过勾选来选择工程是否同步。
- 试块提醒：输入相应的试块信息，程序会根据信息来判断标养、同条件是否达到送检要求，及时提醒用户。
- 施工日记：当天施工情况的填写工具，自动生成当天气象信息，同时也可以根据地方要求来制作新的施工日记样式，导入后作为模板使用。

2．工程菜单栏介绍

1) 工程下拉菜单

(1) 工程下拉菜单如图 7-2 所示。

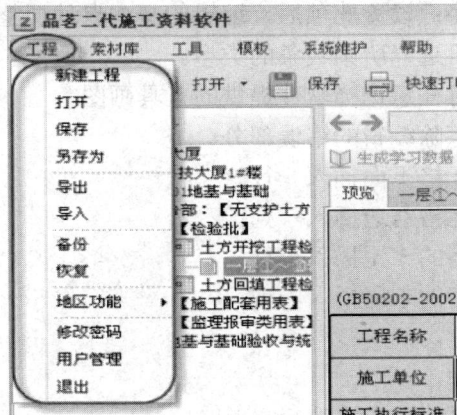

图 7-2　工程下拉菜单

- 新建工程：用于按不同模板创建工程。
- 打开：可以打开保存在不同目录与不同存储设备中的工程文件。
- 保存：可以批量保存当前正在编辑的所有表格。
- 另存为：将当前工程存储在不同目录或不同的存储设备中，可用于工程备份。
- 备份：对当前操作工程状态进行备份。
- 恢复：对备份过的工程进行恢复。
- 修改密码：修改当前登录账户的密码。
- 用户管理：自由设置用户，满足多样的软件编制需要。
- 退出：退出本系统。

(2) 主界面中的编辑工具栏第一行如图 7-3 所示。

图 7-3　编辑工具栏第一行

各图标功能依次为：

- 前进：进入下一步操作。
- 后退：返回上一步操作。
- 字体设置：设置选中单元格文字的字体。
- 字号设置：设置选中单元格文字的字号。
- 粗体：选中的单元格文字加粗。
- 斜体：选中的单元格文字斜体。
- 下划线：选中的单元格中的文本添加下划线。
- 水平居左：选中的单元格文本水平居左。
- 水平居中：选中的单元格文本水平居中。
- 水平居右：选中的单元格文本水平居右。
- 垂直居上：选中的单元格文本垂直居上。
- 垂直居中：选中的单元格文本垂直居中。
- 垂直居下：选中的单元格文本垂直居下。
- 自动适应单元格大小：设置此项后，编辑的文本自动调整大小以适应单元格大小。
- 画线类型：点击后可选择所画线条的类型。
- 画图工具：点击后可任意选择软件提供的工具画图。
- 橡皮擦：点击后可擦除编辑的错误部分。
- 插入行：在当前单元格下面插入一行。
- 插入列：在当前单元格右边插入一列。
- 追加行：在当前表格的末尾插入一行。
- 追加列：在当前表格的末尾插入一列。
- 删除行：删除当前行。
- 删除列：删除当前列。
- 行组合：将选中的多行单元格按行合并。

- 列组合：将选中的多列单元格按列合并。
- 合并及拆分单元格：将选择的单元格合并或拆分。
- 格式刷：用于设置与选中的单元格文本格式一致。

(3) 编辑工具栏第二行如图 7-4 所示。

图 7-4　编辑工具栏第二行

各图标功能依次为：

- 生成学习数据：包括导入示例数据、存为示例数据和设置三个下拉选择项。
- 评定：包括了施工单位评定和监理单位评定、评定设置三个下拉选择项。
- 混凝土评定：将同一强度等级混凝土试块报告数据输入后，软件自动进行强度评定。
- 沉降校核：输入沉降观测数据后，自动校核沉降量是否异常。
- 回弹计算：输入回弹数据后，点击回弹计算按钮，将会自动计算混凝土实体强度是否达到规范的要求。
- 变量设置：设置实测项目的变量允许值，以方便进行评定。
- 电子签名：由非重复性的 32 位字符组成的标识(采用数字签名技术内核算法，具有极高的安全性)构成电子签名系统。
- 特殊字符：选择所需的工程专业特殊字符，点击插入。
- 设置日期：选择资料所需的日期及日期格式。
- 标记符号：对表中数据进行标记。
- 插入图片：最便捷的截图方式，插入图片不需要选择 CAD 的版本，也不需要考虑图形格式。
- 自动适应纸张大小：编辑完的资料根据内容自动调整，以适应打印纸张的大小。
- 单元格锁定及解锁：单元格锁定后无法再进行编辑，若需修改则应点击解锁按钮，才可重新进行编辑。
- 拆行显示：使单元格中输入的内容根据单元格的大小分成多行显示。
- 显示网格线：显示单元格边框网格。

2) 素材库下拉菜单

素材库下拉菜单如图 7-5 所示。

图 7-5　素材库下拉菜单

- 国家规范：里面有针对现场施工及资料编制的相关规范，可以进行预览及打印。
- 技术交底：大量的技术交底素材，涉及整个施工过程，可以对其进行再编辑及打印。单击"技术交底"，屏幕将弹出如图 7-6 所示的对话框。

图 7-6　"技术交底"对话框

3) 工具下拉菜单

工具下拉菜单如图 7-7 所示。

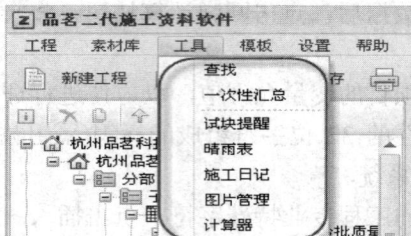

图 7-7　工具下拉菜单

- 查找：对工程或模板中的表格进行查找、替换、定位。
- 晴雨表：自动生成当天的气象信息，并且可以打印当月的气象信息(Word 格式)。
- 图片管理：可以把一些常用的图片资料导入图片管理中进行分类整理。
- 计算器：满足常用的计算功能。

4) 模板下拉菜单

模板下拉菜单如图 7-8 所示。

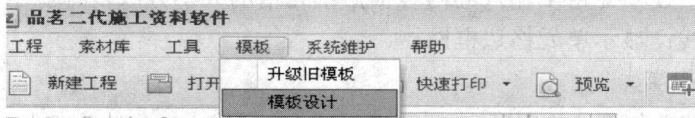

图 7-8　模板下拉菜单

单击"模板设计"可进入模板设计界面。

5) 设置下拉菜单

系统维护下拉菜单如图 7-9 所示。

图 7-9　设置下拉菜单

- **工程信息库**：用户可以对信息库中的内容进行更改及添加。
- **表格批量设置**：可以对表格中填写内容的字体及对齐方式进行统一设置。
- **系统设置**：在系统设置中，用户根据自己的操作习惯来进行设置，使系统更具人性化。单击"系统设置"，屏幕将弹出如图 7-10 所示的对话框。

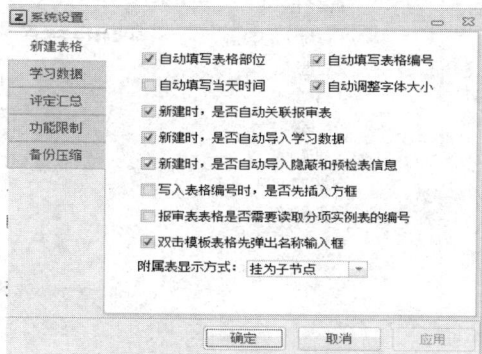

图 7-10　"系统设置"对话框

6) 帮助下拉菜单

帮助下拉菜单如图 7-11 所示。

图 7-11　帮助下拉菜单

（二）新建工程

新建工程的步骤如下：

（1）进入主界面后，先选择相应专业的类型，这里以"建筑"为例，默认模板包为"山西建筑施工资料模板"，然后单点"下一步"，如图 7-12 所示。

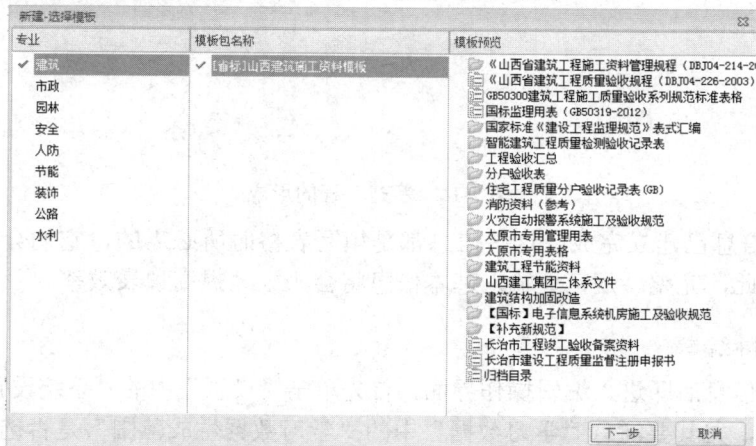

图 7-12　新建工程对话框

(2) 进入"工程概况"对话框，如图 7-13 所示。在页面中输入基本信息及各参建单位的基本信息。

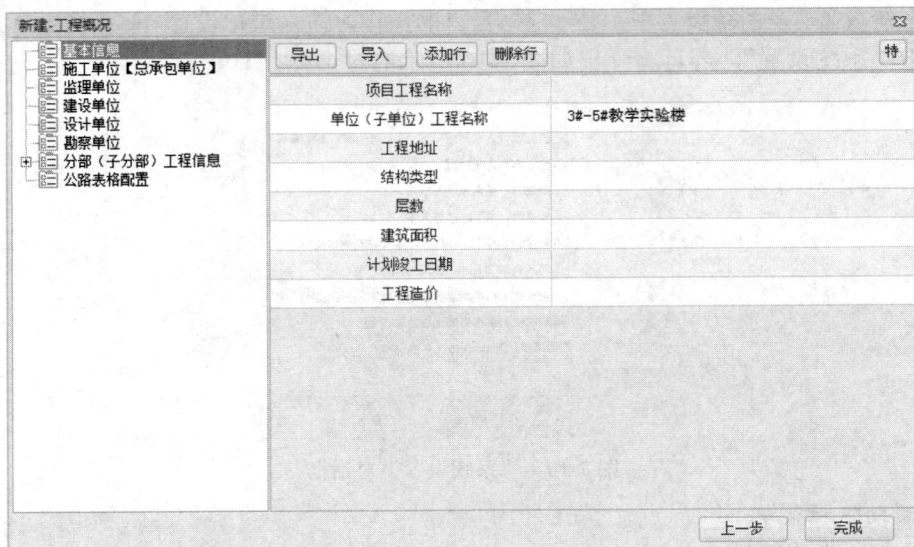

图 7-13　工程概况对话框

(3) 基本信息建立后，主界面左侧会生成项目名称，上方为工程概况的基本信息，见图 7-14。

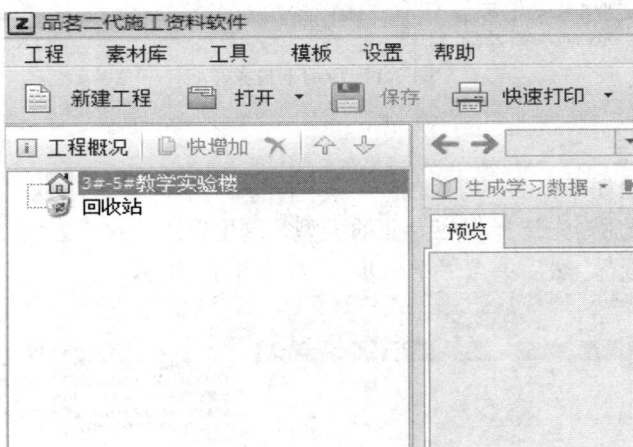

图 7-14　新建工程的形成

(4) 基本信息已建立完成，这些信息都是填写表格时所必需的，它们会在新建表格时自动导入。因此，完整、规范地输入基本信息将会极大地提高填表效率。

（三）资料编辑

填完工程信息后即进入编辑操作界面，首先单击"设置"中的"系统设置"，检查每项设置是否正确，尤其要注意"学习数据"中的"学习数据生成范围"是否选择了"只生成施工"，如图 7-15 所示。

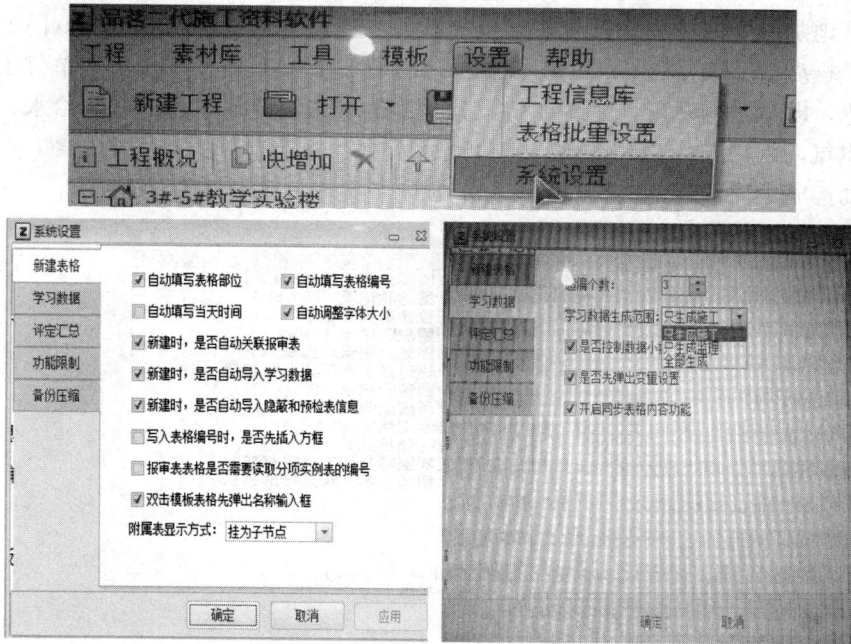

图 7-15　新建工程的系统设置

主界面的左下角为"模板区"，如图 7-16 所示。《山西省建筑工程施工资料管理规程》(DBJ04/T214—2015)包括：

(1) 工程准备阶段和竣工验收文件记录表格及编号(编制单位：建设单位)。

(2) 施工监理资料记录表格及编号(编制单位：监理单位)。

(3) 施工单位资料记录表格及编号(编制单位：施工单位)。

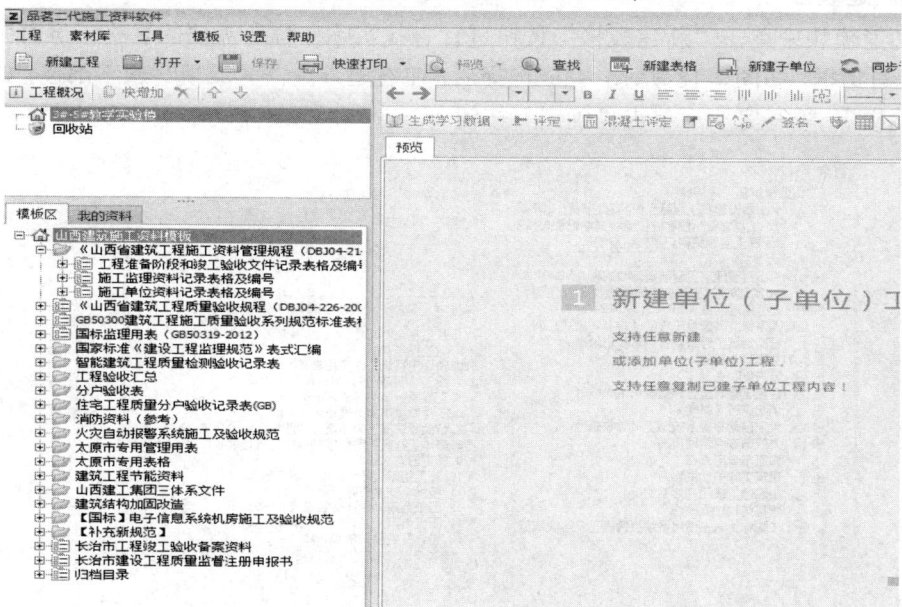

图 7-16　施工资料的模板

为更好地加强建筑工程的质量管理及执行各专业施工质量验收规范,专门编写了《山西省建筑工程质量验收规程》(DBJ04/T226—2015),如图7-17所示。一个单位工程由十一个分部组成,即地基与基础,主体结构,建筑装饰装修,建筑屋面,建筑给水、排水及采暖,建筑电气,通风与空调,电梯,自动喷水灭火,建筑节能。十一大分部(子分部)、分项、检验批构成了质量资料。

图7-17 《山西省建筑工程质量验收规程》

图7-17是资料软件自带的表格模板目录,若要查找表格,首先应确认表格所属目录,然后展开该级目录进行查找。在标准模板中,单击"+"展开模板目录,选择表格模板,在用户表格编辑区中即显示所选表格,完成了表格模板的选择。

1. 新建表格

在功能模块中单击"新建表格"按钮进行查找实际工程所需要的表格,屏幕弹出"选择表格"对话框,如图7-18所示。完成选择后,在右上方空白区域填写施工部位,如"3#-5#教学实验楼",填写完毕后单击"确定"按钮。

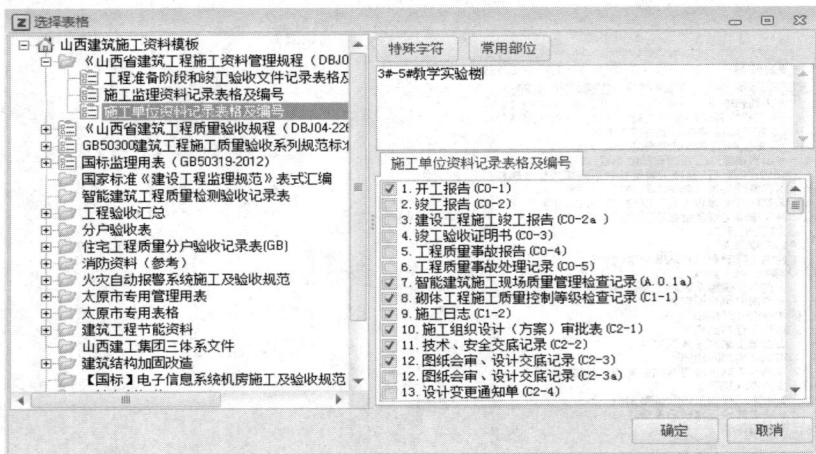

图7-18 "选择表格"对话框

也可以在主界面左下角模板区实际工程所需要的表格，选择"新建"按钮创建新的表格。

形成的表格如图 7-19 所示。

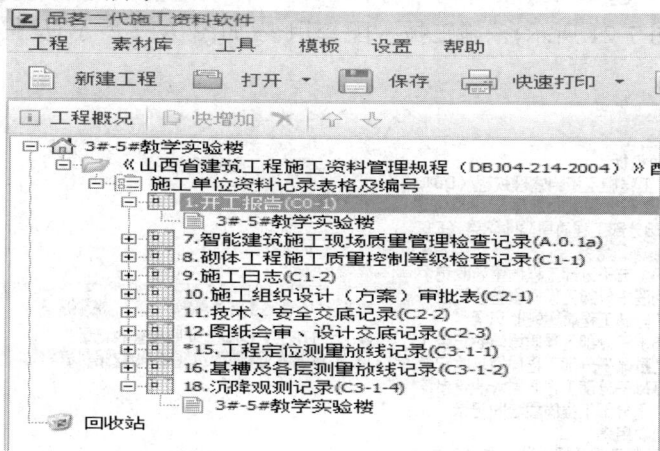

图 7-19　形成的新建表格

2．删除表格

在要删除的表格上单击鼠标右键，选择"删除"，如图 7-20 所示。也可以直接单击选中要删除的表格，按"Delete"键进行删除。

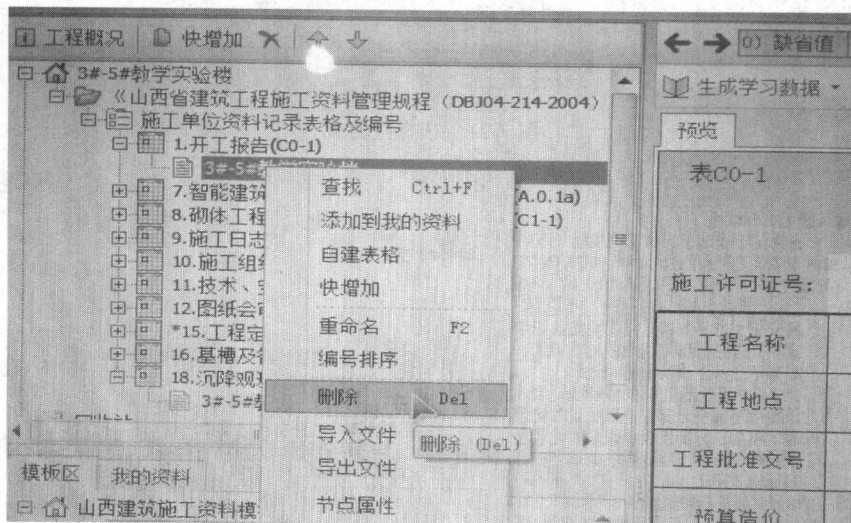

图 7-20　删除表格

3．填写表格

软件提供了方便、快捷的多种表格填写功能，如自动导入表头信息、智能填充、自动评定、自动计算、汇总、自动生成统计表等。下面以新建质量验收资料为例，详细介绍填写表格的操作方法。

（1）填写工程基本信息。新建表格后，软件自动将设置的基本信息和相关单位信息导入该表格中，如工程名称、分部(子分部)工程名称、施工单位等。

(2) 新建质量验收资料。单击"新建表格"进入选择表格目录，点选《山西省建筑工程质量验收规程(DBJ 04/T226—2015)》，选择分部工程"地基与基础分部工程质量验收记录"，在下拉列表中选择符合实际的子分部工程，在右边空白处填写施工部位，并选择需要的检验批(如图 7-21 所示)、施工技术配套用表(如图 7-22 所示)及监理用表(如图 7-23 所示)。

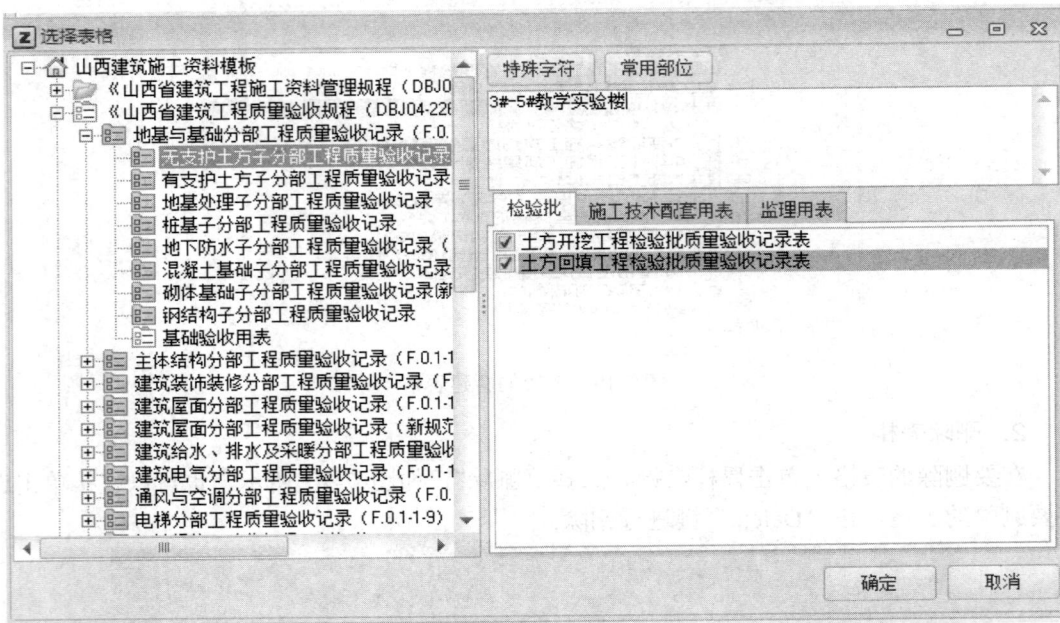

图 7-21　选择检验批

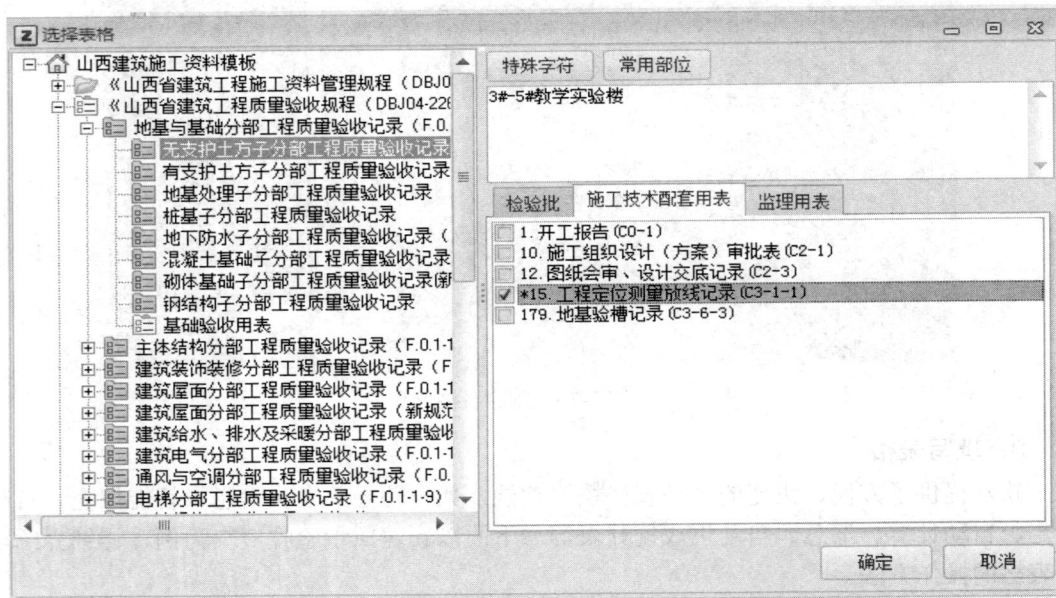

图 7-22　选择施工技术配套用表

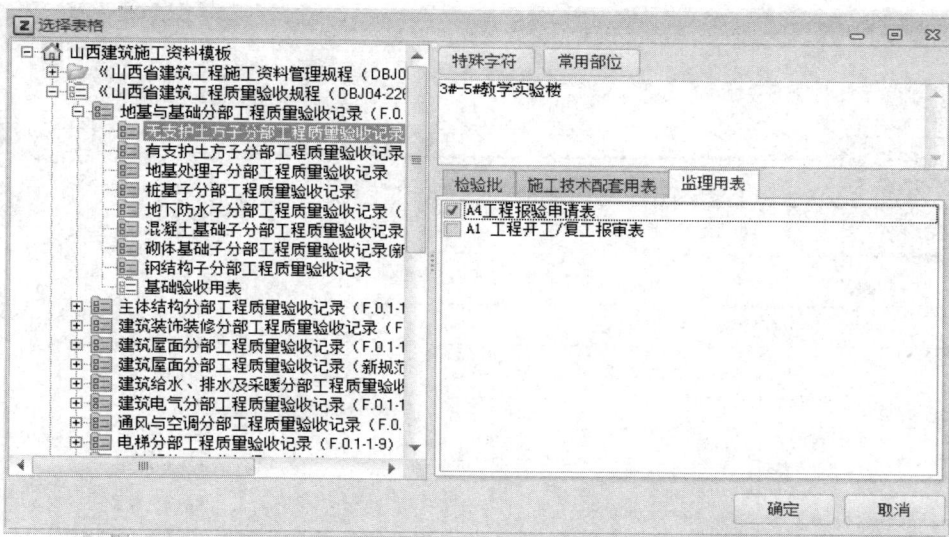

图 7-23　选择监理用表

依次设置其余分部质量验收检验批，单击"确定"按钮，形成如图 7-24 所示的主界面。

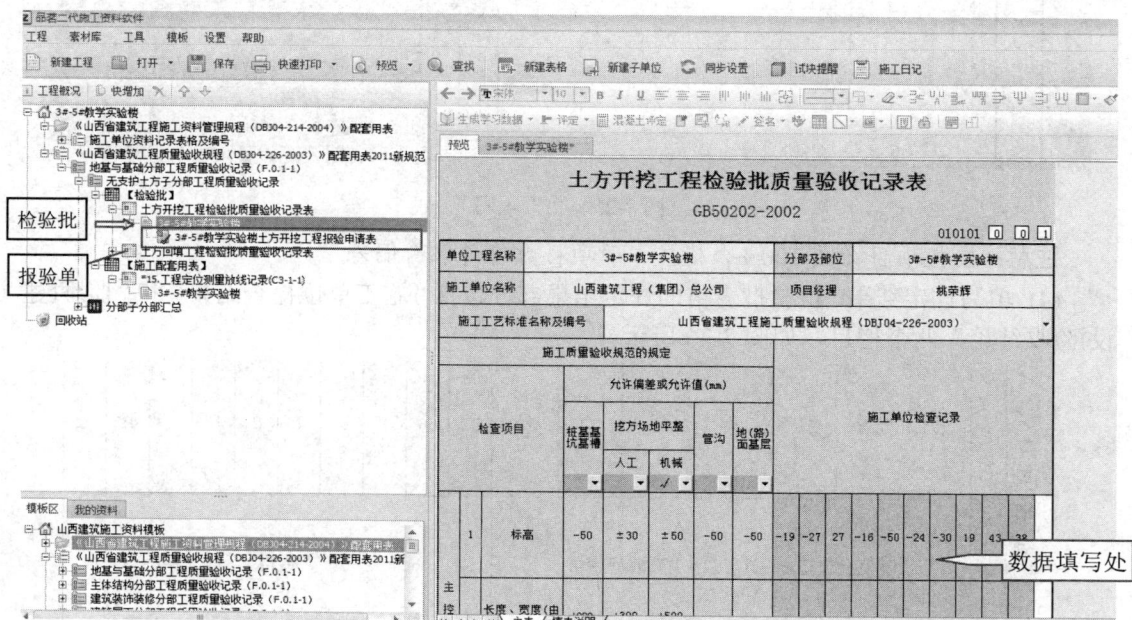

图 7-24　新建的检验批表格

在生成检验批时，系统会自动生成报验监理的报验表。

（3）填写施工具体数据。双击所需填写数据的位置，即可开始填写实测值；也可以选择所需填写数据的位置，单击鼠标右键，在弹出的列表中选择"按单元格生成学习数据"，系统会自动生成符合规范的数据，如图 7-25 所示。

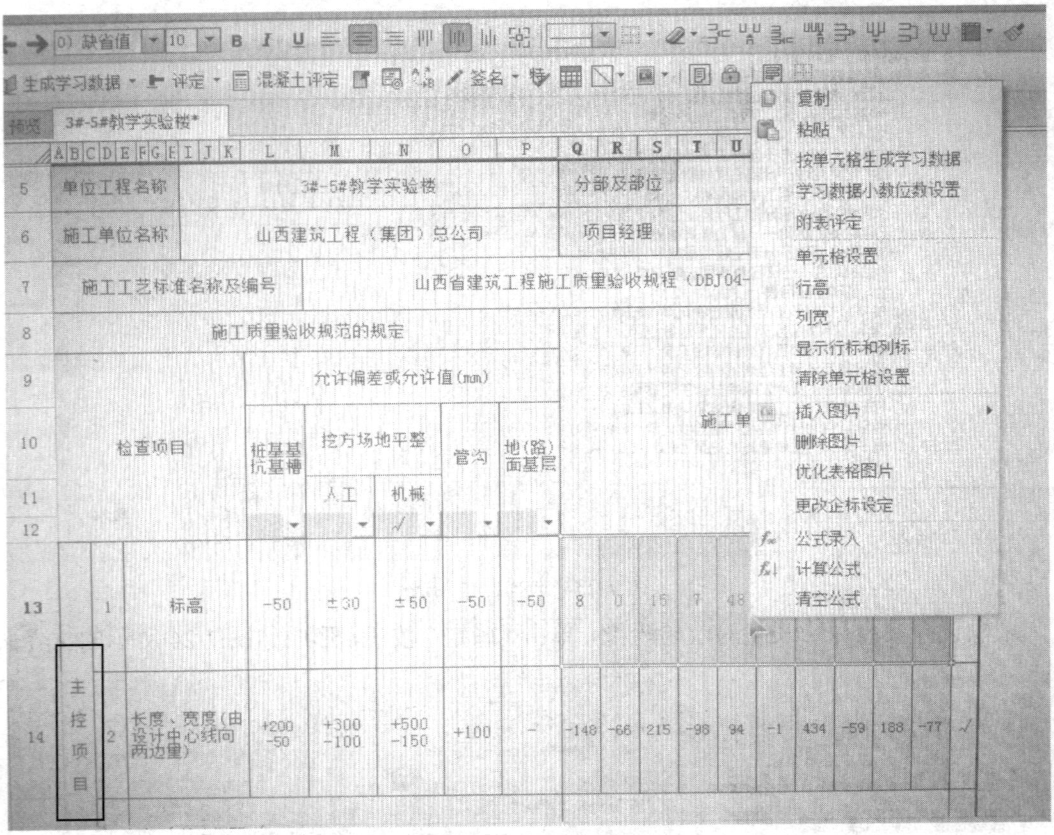

图 7-25　数据填写

注意： 主控项目必须 100%合格，一般项目数值可以有偏差。

(4) 填写评定结果。检验批表格的评定结果部分包括"施工单位检查结果"和"监理(建设)验收结论"两个栏目，如图 7-26 所示。

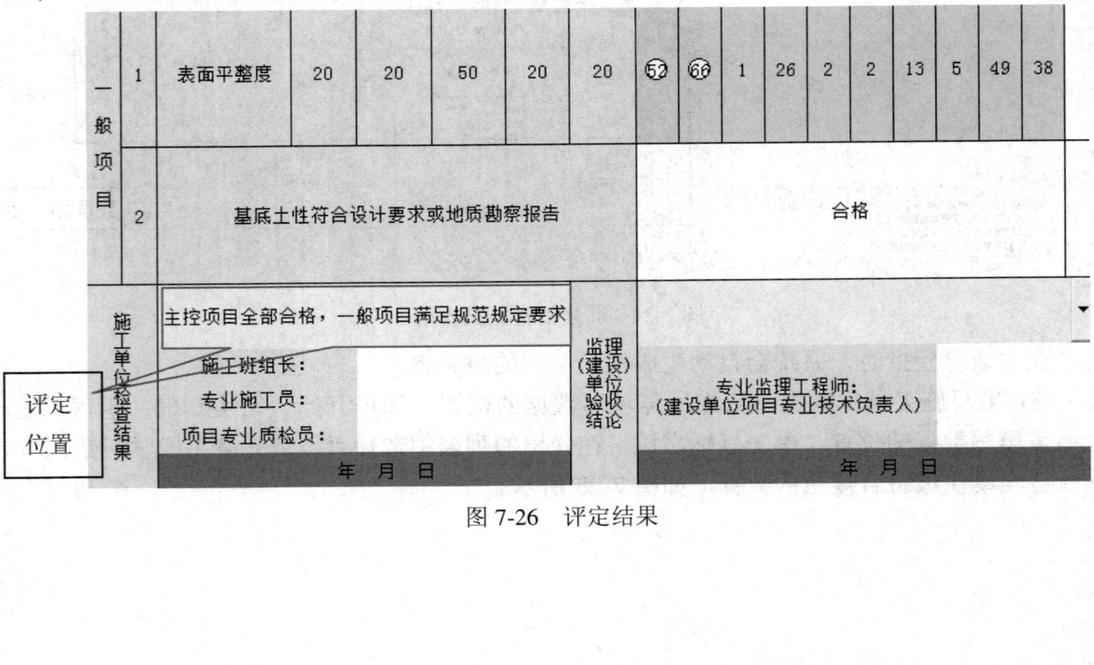

图 7-26　评定结果

本软件对这两个栏目的评语做了规范化处理，列出了常用评语。实际填写时，一般只需从软件提供的评语中选择相应一条即可。当然，也可以根据工程实际情况直接输入自己的评语。

其余表格依此处理。

4. 混凝土的评定

在混凝土施工检验批填写时，施工技术配套用表会出现"混凝土试件抗压强度统计评定表"，如图 7-27 所示。填表前的表格形式如图 7-28 所示。

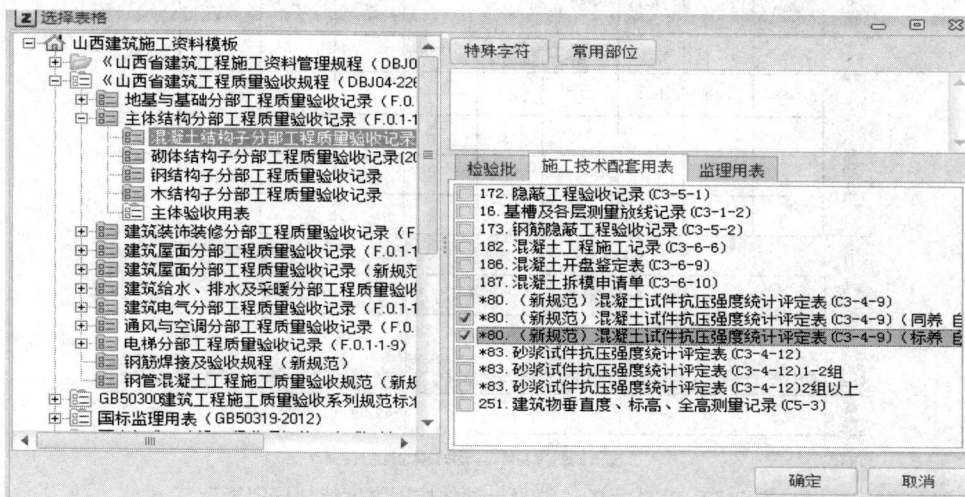

图 7-27 "混凝土试件抗压强度统计评定表"的调出

混凝土试件抗压强度统计评定表

				评定日期：		年 月 日		编号：		
工程名称			3#-5#教学实验楼				强度等级		C40	
施工单位			山西建筑工程（集团）总公司				养护方法		同养	
统计期			年 月 日 至 年 月 日				结构部位		3#楼一层	
试块组数 n	强度标准值 fcu,k (Mpa)	强度平均值 mfcu (Mpa)	强度最小值 fcu,min (Mpa)	标准差 $S_{fcu}=\sqrt{\dfrac{\sum_{i=1}^{n}f_{cu,i}^2-nm_{fcu}^2}{n-1}}$ fcu,i——第i组混凝土试件的立方体抗压强度值（MPa）			合格判定系数			
					λ_1	λ_2	λ_3	λ_4
0	40	0.00	0				1.15	0.95
每组强度值 Mpa								

图 7-28 "混凝土试件抗压强度统计评定表"空表形式

填表时，先在空格处填入混凝土试块强度报告，然后单击"混凝土评定"，生成如图 7-29 所示数据。这里系统自动评定为合格(如果试块数据不合格，评定生成也不合格)。

混凝土试件抗压强度统计评定表

评定日期： 年 月 日　　编号：

工程名称	3#-5#教学实验楼				强度等级			C40
施工单位	山西建筑工程（集团）总公司				养护方法			同养
统计期	年 月 日 至 年 月 日				结构部位			3#楼一层

试块组数 n	强度标准值 $f_{cu,k}$（Mpa）	强度平均值 mf_{cu}（Mpa）	强度最小值 $f_{cu,min}$（Mpa）	标准差 $S_{fcu} = \sqrt{\dfrac{\sum\limits_{i=1}^{n} f_{cu,i}^2 - nm_{fcu}^2}{n-1}}$ $f_{cu,i}$—第i组混凝土试件的立方体抗压强度值（MPa）	合格判定系数			
					λ_1	λ_2	λ_3	λ_4
4	40	49.09	47.85				1.15	0.95

每组强度值 Mpa	13.5	15.1	44.2	15.7		

评定方法	统计方法			非统计方法		
	mf_{cu}	$f_{cu,k}-\lambda_1 \cdot S_{fcu}$	$\lambda_2 \cdot f_{cu,k}$	$\lambda_3 \cdot f_{cu,k}$	$\lambda_4 \cdot f_{cu,k}$	
				46.00	38.00	
判定公式	$mf_{cu} \geq f_{cu,k}+\lambda_1 \cdot S_{fcu}$	$f_{cu,min} \geq \lambda_2 \cdot f_{cu,k}$	$mf_{cu} \geq \lambda_3 \cdot f_{cu,k}$	$f_{cu,min} \geq \lambda_4 \cdot f_{cu,k}$	
结果				49.09 > 46.00	47.35 > 38.00	

结论：　　　　　　　主控项目全部合格，一般项目满足规范规定要求

图 7-29　完成后的"混凝土试件抗压强度统计评定表"

5. 分部分项表格自动生成

下面通过填写检验批表格的流水方式介绍分部分项功能的使用。本软件可根据检验批表格自动生成分项表，由分项表格生成子分部表格，再由子分部表格生成分部表格的汇总。同时，软件自动生成三张表格，由上到下依次是分部表格、子分部表格、分项表格。软件根据检验批表格的验收部位自动生成分项工程评定表，如图 7-30 所示。

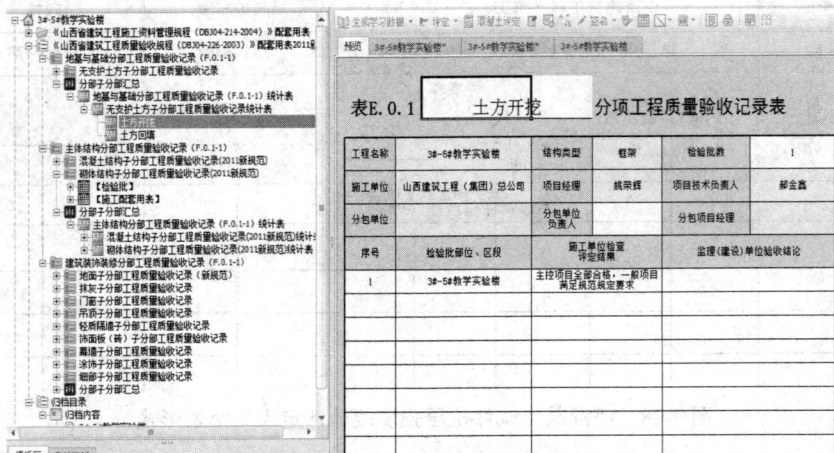

图 7-30　土方开挖分项工程验收记录表

自动生成的分部工程评定表如图 7-31 所示。

表F.0.1　　　　地基与基础　　　　分部工程验收记录

工程名称	3#-5#教学实验楼		结构类型	框架	层数	5
施工单位	山西建筑工程（集团）总公司		技术部门负责人		质量部门负责人	
分包单位			分包单位负责人		分包技术负责人	
序号	子分部工程名称	分项工程数	施工单位检查评定		验收意见	
1	无支护土方	2	主控项目全部合格，一般项目满足规范规定要求			

图 7-31　分部工程验收记录

自动生成的子分部表如图 7-32 所示。

表F.0.1　　　　无支护土方　　　　子分部工程验收记录

工程名称	3#-5#教学实验楼		结构类型	框架	层数	
施工单位	山西建筑工程（集团）总公司		技术部门负责人		质量部门负责人	
分包单位			分包单位负责人		分包技术负责人	
序号	分项工程名称	检验批数	施工单位检查评定		验收意见	
1	土方开挖	1	主控项目全部合格，一般项目满足规范规定要求			
2	土方回填	1	主控项目全部合格，一般项目满足规范规定要求			

图 7-32　子分部工程验收记录

自动生成的分项工程质量验收记录表如图 7-33 所示。

表E.0.1　　　　土方回填　　　　分项工程质量验收记录表

工程名称	3#-5#教学实验楼	结构类型	框架	检验批数	1
施工单位	山西建筑工程（集团）总公司	项目经理	姚荣辉	项目技术负责人	郝金鑫
分包单位		分包单位负责人		分包项目经理	
序号	检验批部位、区段	施工单位检查评定结果		监理（建设）单位验收结论	
1	3#-5#教学实验楼	主控项目全部合格，一般项目满足规范规定要求			

图 7-33　土方回填分项工程质量验收记录

(四) 电子立卷

单击模板中的"归档目录"(见图 7-34),按照建设工程归档内容整理资料,最后装订成册(见图 7-35)。

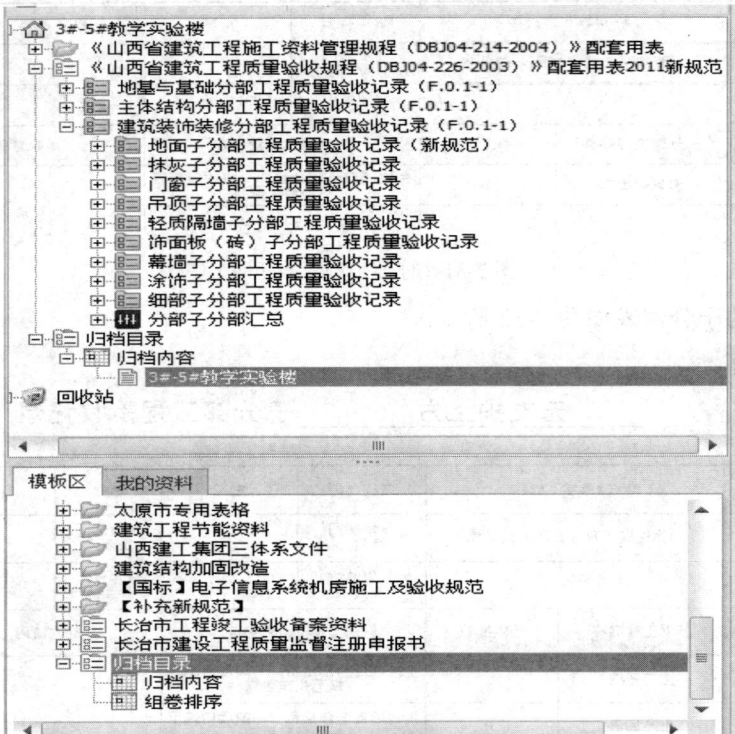

图 7-34　归档目录的位置

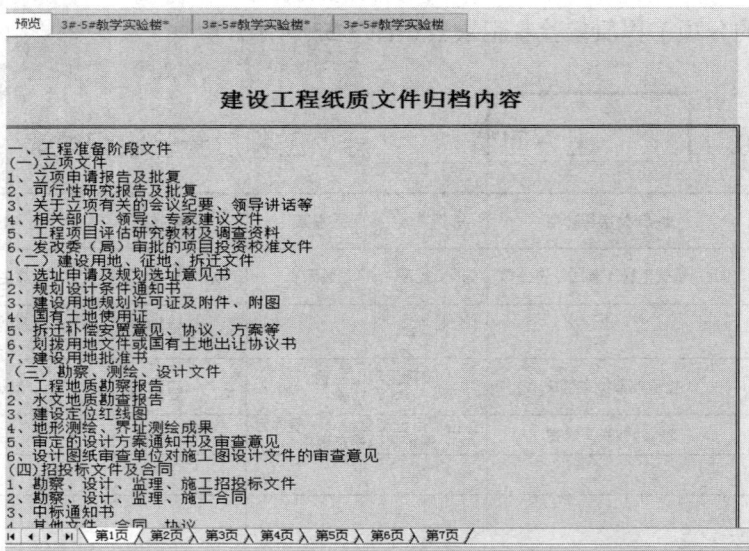

图 7-35　建设工程纸质文件归档内容

✦✦✦✦　**课后习题**　✦✦✦✦

　　选取建筑资料管理软件，按教材第八章的工程实例建模。并将该案例中需要编制的主体结构分部、装饰装修分部所包含的各分项工程、各检验批编制完成。

第八章　建筑工程资料案例

学习目标 ✍

以一套施工图为例，熟悉施工图纸及相关资料后，能准确将项目划分出单位工程、分部工程、分项工程、检验批。按照山西省地方标准要求能将本工程的施工单位资料目录列举出来，并对主要资料能进行填写。

教学建议 📖

选取一套典型施工图，采用项目教学法、小组讨论法等方式，以学生自主学习、教师指导的方法完成学习内容。

前几章已经详细介绍了建筑工程资料的归档范围、质量要求、组卷原则，建设、监理及施工等单位资料的形成，以及现行资料软件的应用等。本章以某工程项目竣工后，各参建单位应该归档的全部工程资料为例，详细说明各单位应当编制、整理、归档的纸质资料。

第一节　建筑工程归档资料概述

前面章节已阐述了各单位对于建筑工程资料的管理职责，就工程资料而言，管理职责既包括编制，也包括收集、整理，最终目的是分类归档。参照《太原市建设工程文件归档管理要求》，下面详细列出建筑工程各参建单位应该归档的文件范围。

一、工程准备阶段文件(A类：建设单位负责收集、整理)

1. 立项文件

(1) 立项申请报告及批复。

(2) 可行性研究报告及批复。

(3) 关于立项有关的会议纪要、领导讲话等。

(4) 相关部门、领导、专家建议文件。

(5) 工程项目评估研究材料及调查资料。

(6) 发改委(局)审批的项目投资校准文件。

2. 建设用地、征地、拆迁文件

(1) 选址申请及规划选址意见书。

(2) 规划设计条件通知书。

(3) 建设用地规划许可证及附件、附图。

(4) 国有土地使用证。

(5) 拆迁补偿安置意见、协议、方案等。

(6) 划拨用地文件或国有土地出让协议书。

(7) 建设用地批准书。

3. 勘察、测绘、设计文件

(1) 工程地质勘察报告。

(2) 水文地质勘查报告。

(3) 建设定位红线图。

(4) 地形测绘、界址测绘成果。

(5) 审定的审计方案通知书及审查意见。

(6) 设计图纸审查单位对施工图设计文件的审查意见。

4. 招投标及合同文件

(1) 勘察、设计、监理、施工招投标文件。

(2) 勘察、设计、监理、施工合同。

(3) 中标通知书。

(4) 其他文件、合同、协议。

5. 开工审批文件

(1) 建设工程规划许可证及附件。

(2) 建设工程施工许可证。

(3) 建设工程质量监督注册申报文件。

(4) 建设工程质量监督文件。

(5) 其他现场资料。

(6) 有关行政主管部门(人防、环保、消防、园林、市政、文物等)批准文件或有关协议。

6. 建设、施工、监理机构及负责人

(1) 工程项目管理机构(项目经理部)及负责人名单。

(2) 工程项目监理机构(项目监理部)及负责人名单。

(3) 工程项目施工管理机构(施工项目经理部)及负责人名单。

二、工程竣工文件(E 类: 建设单位负责收集、整理)

1. 竣工验收文件

(1) 竣工工程施工总结。

(2) 建设工程竣工报告。

(3) 工程竣工验收备案表。

(4) 规划、消防、人防、环保、节能等相关部门验收批准文件。

(5) 《房屋建筑质量保修书》。

(6) 《住宅质量保证书》。

(7)《住宅使用说明书》。

(8) 建设工程概况表。

(9) 竣工验收证明书。

2. 竣工质量验收文件

(1) 单位工程竣工验收记录、整改结果记录。

(2) 单位(子单位)工程质量竣工验收记录。

(3) 单位工程竣工验收纪要、整改记录。

(4) 单位(子单位)工程质量控制资料核查记录。

(5) 单位(子单位)工程安全和功能检验资料检查及主要功能抽查记录。

(6) 单位(子单位)工程观感质量检查记录。

(7) 分户验收检查记录。

三、监理资料(B 类：监理单位负责收集、整理)

1. 监理管理资料

(1) 质量评估报告。

(2) 监理工作总结。

(3) 监理规划。

(4) 监理实施细则。

(5) 监理会议纪要。

(6) 监理专题报告。

(7) 监理工作联系单。

(8) 见证单位及见证人授权书。

2. 进度控制资料

(1) 工程开工/复工审批表。

(2) 工程暂停令。

(3) 施工进度计划报审表。

(4) 监理工程师通知单。

3. 质量控制资料

(1) 工程质量问题报告单。

(2) 工程质量整改通知单。

(3) 工程质量事故报告及处理意见。

4. 造价控制资料

工程竣工决算审核意见书。

5. 分包资质

(1) 分包单位资质材料。

(2) 供货单位资质材料。

(3) 试验等单位资质材料。

6. 合同与其他事项管理

(1) 工程延期报告及审批。

(2) 合同争议、违约报告及处理意见。

(3) 合同变更材料。

四、施工资料(C 类：施工单位负责收集、整理)

1. 管理资料和工程质量资料

(1) 开工报告。

(2) 施工现场质量管理检查记录。

(3) 施工组织设计。

(4) 图纸会审、设计变更文件、洽商记录。

(5) 质量技术交底记录(作业指导书)。

(6) 施工记录(施工日志)。

(7) 工程测量放线记录。

(8) 屋面防水渗漏的检查总记录。

(9) 地下室防水效果检查总记录。

(10) 地面蓄水试验检查总记录。

(11) 建筑物垂直度、标高、全高测量记录。

(12) 节能保温测试记录。

(13) 室内环境检测报告。

(14) 地基探槽验槽记录。

(15) 地基(桩基)工程验收记录。

(16) 基础工程验收记录。

(17) 主体结构工程验收记录。

(18) 竣工工程沉降观测资料汇总结果。

2. 地基工程资料

(1) 工程地质勘查报告。

(2) 工程地基处理记录。

(3) 工程回填垫层地基、复合地基、桩基承载力检测报告。

(4) 复合地基 CFG 桩和混凝土灌桩桩身完整性检测报告。

(5) 工程Ⅲ、Ⅳ类桩设计书面处理意见。

(6) 工程Ⅲ、Ⅳ类桩施工处理验收记录。

(7) 施工方案。

(8) 施工成桩记录。

(9) 工程桩原材料配合比通知单。

(10) 工程桩钢筋原材料合格证和见证检测试验报告。

(11) 钢筋隐蔽验收记录。

(12) 工程桩商品混凝土出厂合格证和出厂质量合格证。

(13) 工程桩现场混凝土取样试块强度汇总评定和试块报告。

(14) 施工成桩桩位图。

(15) 桩位偏差和开挖碰断桩设计书面处理意见。

(16) 垫层地基、复合地基、桩基验收记录。

(17) 地基工程检验批、分项工程、子分部工程施工质量验收记录。

3．基础工程资料

(1) 基础结构模板工程施工方案。

(2) 基础结构钢筋工程施工方案。

(3) 基础结构混凝土工程施工方案。

(4) 钢筋原材料合格证及汇总表。

(5) 钢筋原材料见证检测试验报告。

(6) 钢筋连接见证检测的试验报告，连接套筒质量检验合格证。

(7) 钢筋工程焊工合格证。

(8) 钢筋工程隐蔽验收记录。

(9) 混凝土标养强度汇总评定及试块报告。

(10) 混凝土同条件强度汇总评定及试块报告。

(11) 混凝土同条件 600℃·d 温度记录。

(12) 混凝土结构实体检验实施方案。

(13) 混凝土结构子分部工程结构实体混凝土强度验收记录。

(14) 混凝土结构子分部工程结构实体钢筋保护层厚度验收记录。

(15) 混凝土拆模同条件试块报告。

(16) 混凝土现场搅拌配合比通知单。

(17) 混凝土现场搅拌水泥见证检测试验报告。

(18) 混凝土现场搅拌外加剂进场复验见证检测试验报告。

(19) 混凝土现场搅拌掺和料出厂合格证、进场复验报告。

(20) 混凝土现场搅拌砂石材料试验报告。

(21) 商品混凝土出厂合格证、出厂质量合格证。

(22) 混凝土浇灌令。

(23) 混凝土施工记录、混凝土养护记录。

(24) 混凝土模板安装、拆除，钢筋原材料、加工、安装，混凝土原材料、混凝土施工，混凝土外观质量检查检验批、分项工程、子分部工程质量验收记录。

(25) 抗渗混凝土试块报告。

(26) 地下防水工程防水卷材见证取样试验报告及合格证。

(27) 地下防水卷材铺贴隐蔽验收记录。

(28) 地下防水工程渗漏水检查记录，提供地下工程"背水内表面的结构工程展开图"。

(29) 地下防水工程防水混凝土、卷材防水层、涂料防水层、水泥砂浆防水层、细部构造等检验批，分项工程，子分部工程质量验收记录。

4．主体结构工程资料

(1) 主体结构模板工程施工方案(包括计算书)。

(2) 主体结构钢筋工程施工方案。

(3) 主体结构混凝土工程施工方案。

(4) 钢筋原材料合格证及汇总表。

(5) 钢筋原材料见证检测试验报告。

(6) 钢筋连接见证检测试验报告，连接套筒质量检验合格证。

(7) 钢筋工程焊工合格证。

(8) 钢筋工程隐蔽验收记录。

(9) 混凝土标养强度汇总评定及试块报告。

(10) 混凝土同条件强度汇总评定及试块报告。

(11) 混凝土同条件 600℃·d 温度记录。

(12) 混凝土结构实体检验实施方案。

(13) 混凝土结构子分部工程结构实体砼强度验收记录。

(14) 混凝土结构子分部工程结构实体钢筋保护层厚度验收记录。

(15) 混凝土拆模同条件试块报告(附于混凝土拆模检验批验收记录后)。

(16) 混凝土现场搅拌配合比通知单。

(17) 混凝土现场搅拌水泥见证检验试验报告。

(18) 混凝土现场搅拌外加剂进场复验见证检验试验报告、出厂合格证。

(19) 混凝土现场搅拌掺和料出厂合格证、进场复验报告。

(20) 混凝土现场搅拌砂石材料试验报告。

(21) 商品混凝土出厂合格证、出厂质量合格证。

(22) 混凝土浇灌令。

(23) 混凝土施工记录。

(24) 飘窗、填充墙内构造柱、水平连系梁混凝土试块报告及汇总评定。

(25) 主体结构沉降观测汇总及各次观测资料。

(26) 预应力钢绞线、金属螺旋管、锚具器具和连接器等合格证明文件，进场复验报告。

(27) 预应力筋安装张拉及灌浆记录。

(28) 预应力构件混凝土同条件试块强度报告。

(29) 灌浆用水泥浆抗压强度试验报告。

(30) 预制构件合格证。

(31) 预制构件接头混凝土强度试验报告。

(32) 预制构件结构性能检验报告。

(33) 预制构件安装检验批质量验收记录。

(34) 混凝土模板安装、拆除，钢筋原材料、加工、安装，混凝土原材料、混凝土施工，混凝土外观质量检查检验批、分项工程、子分部工程质量验收记录。

5. 钢网架工程资料(独立成册)

(1) 钢网架结构施工方案。

(2) 钢网架焊缝探伤检测报告。

(3) 钢网架节点承载力试验报告。

(4) 钢网架挠度值测试及分析报告。

(5) 钢网架支座标高偏差测试报告。

(6) 钢网架、钢材、钢球、钢管、螺栓、钢板、屋面压型金属板、焊条等材料合格证。

(7) 钢结构焊工合格证。

(8) 钢网架防腐涂装检测报告。

(9) 钢网架防火涂装检测报告。

(10) 钢网架工程验收记录。

(11) 钢网架检验批、分项工程、子分部工程质量验收记录。

6. 钢结构工程资料(独立成册)

(1) 钢结构工程施工技术方案。

(2) 钢材、钢铸件质量合格证明文件。

(3) 焊接材料质量合格证明材料、重要钢结构焊接材料复验报告。

(4) 高强度螺栓连接件的扭矩系数、预拉力、产品质量证明文件和复验报告。

(5) 高强度螺栓连接摩擦面抗滑系数试验和复验报告。

(6) 焊缝探伤检验报告。

(7) 钢结构焊工合格证。

(8) 吊车和吊车桁架挠度检测。

(9) 多层及高层钢结构主体结构的整体垂直度和整体平面弯曲的偏差检查结果记录。

(10) 钢结构防腐涂装防火涂装检查结果记录。

(11) 钢结构检验批、分项工程、子分部工程质量验收记录。

(12) 钢结构竣工验收记录。

7. 填充墙工程资料

(1) 填充墙砌筑前拉结筋设置资料，填充墙内混凝土构造柱设置资料，水平系梁隐蔽验收记录。

(2) 填充墙砌块进场堆放、砌筑前浇水湿润情况记录。

(3) 砌筑砂浆配合比通知单。

(4) 砂浆试块强度汇总及试块报告。

8. 砌体工程资料

(1) 砖、砌块及原材料合格证书，产品性能检测报告。

(2) 砌体砂浆配合比通知单。

(3) 砂浆试块强度汇总及试块报告。

(4) 检验批、分项工程、子分部工程质量验收记录。

9. 装饰工程资料(独立成册)

(1) 装饰工程施工组织设计(施工技术方案)施工工艺标准。

(2) 原材料构配件合格证和复验报告：

① 抹灰工程：水泥合格证及复验报告。

② 门窗工程：材料的产品合格证书，性能检测报告和人造木板甲醛含量复验报告，建筑外墙金属窗、塑料窗三性性能复验报告。

③ 吊顶工程：材料的产品合格证书、性能检测报告和人造木板甲醛含量复验报告。

④ 轻质隔墙工程：材料的产品合格证书，性能检测报告和人造木板甲醛含量检测报告。

⑤ 饰面板(砖)工程：材料的产品合格证书，性能检测报告。外墙饰面砖样板件的黏结强度检测报告，室内用花岗岩的放射性复验，水泥质量复验，外墙陶瓷面砖的吸水率复验、抗冻性复验。

⑥ 涂料工程：材料的产品合格证书，性能检测报告。

⑦ 裱糊软包工程：材料的产品合格证书，性能检测报告。

⑧ 细部工程：橱柜(固定式)、窗帘盒、窗台板、散热器罩、门窗套护栏、扶手、花饰的材料产品合格证书，性能检测报告和人造木板甲醛含量复验报告。

(3) 装饰工程隐蔽验收记录：

① 抹灰工程：抹灰总厚度≥35 mm 和不同基体交接处的加强措施。

② 门窗工程：对预埋件、锚固件、隐蔽部位防腐、填嵌处理的隐蔽。

③ 吊顶工程：吊顶内管道、设备安装，水管试压，木龙骨防腐、防火处理，预埋件和拉结筋，吊杆安装，龙骨安装，填充材料的设置的隐蔽。

④ 轻质隔墙工程：隔墙中设备管线的安装及水管试压，木龙骨防火、防腐处理，预埋件和拉结筋，龙骨安装，填充材料的设置的隐蔽。

⑤ 饰面板(砖)工程：对预埋件、连接节点、防水层的隐蔽。

⑥ 细部工程：对预埋件(或后置埋件)，护栏与预埋件的连接节点的隐蔽。

(4) 地面工程：

① 地面工程所用水泥、熟化石灰、碎石、沙、炉渣、防水材料(卷材和涂料)、陶瓷锦砖、缸砖、陶瓷地砖、水泥花砖、塑料板、大理石、花岗石地板、防尘和防静电地板、地毯、实木地板、竹地板、强化复合地板的材料合格证明文件(书)、性能检测报告。

② 大理石、花岗石天然石材有害物质(放射性)限量进场检测报告。

③ 胶粘剂、沥青胶结剂 TVOC 和游离甲醛限量检测。

④ 厕浴间、有防水要求的建筑地面蓄水检验记录。

⑤ 地面工程水泥砂浆和水泥混凝土试块报告。

⑥ 地面下的沟槽暗管的隐蔽验收记录。

(5) 外墙保温工程：

① 保温板材料产品合格证书，性能检测报告和进场复验报告。

② 保温板安装隐蔽验收记录。

(6) 装饰工程检验批、分项工程、子分部工程质量验收记录。

10. 幕墙工程(玻璃幕墙、金属幕墙、石材幕墙)资料(独立成册)

(1) 幕墙工程结构计算书，施工图、设计说明，设计变更文件。

(2) 幕墙工程硅酮结构胶相容性、黏结强度，铝塑复合板的剥离强度，石材弯曲强度、吸水率、耐冻性，花岗石放射性，石材用结构胶的黏结强度，石材用密封胶的污染性，应提供产品的材料合格证明书，材料性能检测报告和进场复验报告。

(3) 幕墙工程后置埋件的现场拉拔强度检测报告。

(4) 幕墙三性试验检测报告。

(5) 幕墙所用其他各种材料、五金配件、构件组件的产品合格证书。

(6) 幕墙施工方案、施工记录。

(7) 幕墙工程检验批、分项工程、幕墙子分部工程质量验收记录。

(8) 幕墙工程竣工验收记录。

11. 屋面工程资料

(1) 屋面找平层、保温层、防水层材料合格证，质量检验报告，现场抽样复验报告。

(2) 屋面工程施工方案。

(3) 屋面工程雨后或蓄水渗漏检验记录。

(4) 屋面工程找平层细部隐蔽验收记录。

(5) 屋面工程防水层细部检查验收记录。

(6) 屋面工程检验批、分项工程、子分部工程质量验收记录。

12. 建筑给排水及采暖工程资料

(1) 施工组织设计(施工技术方案)。

(2) 图纸会审、设计变更文件、洽商记录。

(3) 质量技术交底。

(4) 隐蔽工程验收及中间验收记录。

(5) 施工日志(施工记录)。

(6) 主要材料、成品、半成品、配件、器具、管道、管件、阀门、设备等出厂合格证和进场检验报告。

(7) 给水和采暖系统安装承压管道系统，设备强度、阀门及散热器严密性压力试验记录。

(8) 给水管道通水，生活给水管道冲洗、消毒，水质取样试验报告。

(9) 排水管道灌水和通球试验记录。

(10) 卫生器具满水和通水试验记录。

(11) 消火栓系统测试记录。

(12) 雨水管道灌水及通水试验记录。

(13) 地漏及地面清扫口排水试验记录。

(14) 设备(风机、水泵等)试运转记录。

(15) 检验批、分项工程、子分部工程质量验收记录。

13. 建筑电气工程资料

(1) 施工组织设计(施工方案)。

(2) 图纸会审、设计变更文件、洽商记录。

(3) 材料报验单，主要材料、成品、半成品、配件、器具和设备出厂合格证及进场检(试)验报告(含设备出厂试验记录，设备装箱单，生产许可证，安全认证标志，出厂标志，进口设备商检证明和中文质量合格证明文件，安装、使用、维修和试验说明书)。

(4) 隐蔽工程验收记录。

(5) 电气设备交接试验记录。

(6) 照明全负荷通电验收记录。

(7) 大型灯具牢固性试验记录。

(8) 接地、绝缘电阻测试记录。

(9) 空载试运行和负荷试运行记录。

(10) 线路、配电箱(盘)、插座、漏电保护器等接地、接零检查记录。

(11) 检验批，分项、分部工程质量验收记录。

(12) 施工记录。

14. 通风与空调工程资料管理

(1) 施工组织设计(施工方案)。

(2) 图纸会审、设计变更文件、洽商记录。

(3) 材料报验单，主要材料、设备、成品、半成品、配件、器具和仪表出厂合格证及进场(试)验报告，设备开箱检验记录，主要设备装箱清单、商检证明和安装使用说明书。

(4) 隐蔽工程验收记录。

(5) 工程设备(通风机、除尘设备、现场组装大静电除尘器、现场组装布袋除尘器、装配式洁净室、洁净层流罩、风动过滤器单元、消声器、风机盘管机组、水泵及附属设备)、风管系统、管道系统安装及检验记录。

(6) 管道试验记录。

(7) 设备单机试运行记录。

(8) 系统无负荷联合试运行运转与调试记录。

(9) 通风、空调系统试运行调试记录。

(10) 制冷、制热系统试运行调试记录。

(11) 风量、温度测试记录。

(12) 风管、水管测试记录。

(13) 洁净室内洁净度测试记录。

(14) 检验批，分项、分部工程质量验收记录。

(15) 施工记录。

15. 电梯工程资料

(1) 施工组织设计(施工方案)。

(2) 图纸会审、设计变更文件、洽商记录。

(3) 设备报验、设备出厂合格证及进场开箱检验记录。

(4) 与建筑结构交接验收记录。

(5) 隐蔽工程验收记录。

(6) 接地电阻、绝缘电阻测试记录。

(7) 安全保护验收记录。

(8) 限速器安全联动试验记录。

(9) 层门及轿门试验记录。

(10) 负荷试验、安全装置检查记录。

(11) 电梯运行记录。

(12) 电梯安全装置检测报告。

(13) 检验批，分项、分部(子分部)工程质量验收记录。

(14) 施工记录。

16. 智能建筑资料

(1) 施工组织设计(施工方案)。

(2) 设计变更文件、洽商记录。

(3) 材料报验单、材料设备出厂合格证及技术、进场检(试)验报告。

(4) 隐蔽工程验收记录。

(5) 系统功能测定及设备调试记录。

(6) 系统技术、操作和维护手册。

(7) 系统管理、操作人员和培训记录。

(8) 系统检测报告。

(9) 系统试运行记录。

(10) 系统电源及接地检测报告。

(11) 检验批,分项、分部工程质量验收记录表。

(12) 施工记录。

五、竣工图(D 类:施工单位负责收集、整理)

(1) 竣工总平面图。

(2) 建筑竣工图。

(3) 结构竣工图。

(4) 装修(装饰)工程竣工图。

(5) 给排水工程竣工图。

(6) 采暖通风工程竣工图。

(7) 电气工程竣工图。

(8) 消防工程竣工图。

(9) 智能化工程竣工图。

(10) 空调工程竣工图。

(11) 电梯工程竣工图。

(12) 其他专业竣工图。

第二节　工　程　案　例

上节中介绍了各参建单位需要负责整理、收集的工程资料内容,可以看出:各类工程资料中,以施工单位编制、整理的 C、D 类资料最为复杂、繁琐,贯穿建设工程项目的始末,从建筑材料的进场、抽检、复验及施工过程中各个检验批、分项、分部工程的质量验收,到各种施工记录以及竣工图纸编制等,是建设工程项目所有归档资料中非常关键并有保存价值的环节。故本节通过工程实例详细介绍施工单位的资料整理内容。

工程实例为一栋民用住宅楼,该工程的建筑设计、节能设计、结构设计总说明等方面的概况阐述如下:

一、建筑设计说明

1．工程概况

本工程名称为××市××镇×××村住宅小区 2# 楼工程，该项目位于山西省××市××镇。总建筑面积 10715.38 m²，基底面积 553.48 m²。该建筑地下 1 层，地上 17 层，地下 1 层为戊类储藏室，地上 1 层为商业服务网点，2 层及以上为住宅，屋顶设电梯机房和水箱间。

结构形式：剪力墙结构。

主要技术参数包括：

建筑设计使用年限：50 年；建筑防火类别：二类；耐火等级：地下一级，地上二级；抗震设防烈度：7 度；屋面防水等级：Ⅱ级；地下工程防水等级：Ⅱ级。

本工程地下一层层高为 3.6 m，1～17 层层高为 3.0 m，出屋面楼、电梯间层高为 4.5 m，室内外高差为 0.450 m，建筑总高度为 51.450 m。

2．工程设计依据

工程设计依据包括：

(1) 甲方确认的建筑设计方案。

(2) 工程设计委托任务书、建设工程设计合同。

(3) 建设单位提供的 1：500 地形图。

(4) 《民用建筑设计通则》(GB 50352—2005)。

(5) 《住宅建筑规范》(GB 50368—2005)。

(6) 《住宅设计规范》(GB 50096—2011)。

(7) 《高层民用建筑设计防火规范》(GB 50045—95(2005 年版))。

(8) 《屋面工程技术规范》(GB 50345—2012)。

(9) 《地下工程防水技术规范》(GB 50108—2008)。

(10) 《山西省工程建设标准设计——05 系列建筑标准设计图集》。

(11) 《山西省民用建筑节能设计标准(采暖居住建筑部分)》(DBJ 04—216—2006)。

(12) 《山西省公共建筑节能设计标准》(DBJ 04—241—2006)。

(13) 《商店建筑设计规范》(JGJ 48—88)。

(14) 《城市居住区规划设计规范》(GB 50180—93(2002 年版))。

(15) 《城市道路和建筑物无障碍设计规范》(JGJ 50—2001)。

(16) 《住宅装饰装修工程施工规范》(GB 50327—2001)。

(17) 《民用建筑工程室内环境污染控制规范》(GB 50325—2010)。

(18) 《建筑内部装修设计防火规范》(GB 50222—95(2001 修订版))。

3．工程设计范围

本工程施工图设计范围：建筑、结构、给排水、暖通、弱电、强电。

4．工程地质情况

拟建场地位于山前丘陵地带，场地地形平缓；勘探深度范围内未见地下水；该场地土类型为中硬场地土；建筑场地类别为Ⅱ类；该场地地基不具地震液化，不具湿陷性；场地标准冻土深度为 1.05 m。

5. 尺寸标准

本工程标准尺寸除特别注明外，总图、标高均以米为单位，其余均以毫米为单位。

图中所示标高：楼地面标高为完成面，顶棚、梁、板及屋面为结构标高，墙体厚度及门窗洞口尺寸均为结构尺寸，不含面层。

6. 墙体工程

本工程地上部分墙体材料按以下原则选用：

(1) 地上部分除剪力墙外，内、外墙填充墙为 200 mm 厚加气混凝土砌块。

(2) 部分隔墙为 100 mm 厚加气混凝土砌块，厚度及位置详见图中标注。

(3) 加气混凝土砌块墙构造做法参照标准图集 05J 3—4。

本工程地下一层墙体材料按以下原则选用：

(1) 外墙采用 250 mm 厚钢筋混凝土。

(2) 内墙、剪力墙采用 240 mm 厚页岩砖。

7. 防水工程

屋面防水等级为二级，使用年限为 15 年，采用两道防水，屋面做法为一道 0.6 mm 厚聚乙烯丙纶防水卷材和一道细石防水混凝土刚性防水层。

卫生间地面防水 1.5 mm 厚聚氨酯防水涂料，周边卷起 150 mm 高。卫生间、楼面防水做法详见工程做法表。

地下防水：依据《地下工程防水技术规范》(GB 50108—2008)，设计防水等级为二级，防水材料为钢筋混凝土自防水(抗渗等级 P6)和 0.6 厚聚乙烯丙纶高分子防水卷材一道，地下室基础防水做法参见《05 系列建筑标准设计图集》(05J2—A13)，地下室变形缝防水做法参见《05 系列建筑标准设计图集》(05J2—A7)，地下室穿墙套管防水做法参见《05 系列建筑标准设计图集》(05J2—26)。

屋面防水的施工应符合《屋面防水工程技术》规范。屋面排水采用内排水和外排水相结合的方式。

对施工的要求：严格执行屋面防水施工验收规范，所选材料和厂家需现场做防水样品，经监理单位认定后方可进行大面积施工；防水基层应清洁平整，基地湿度应不大于 9%。

屋面防水施工应执行《屋面防水施工质量验收规范》(GB 50207—2012)，屋面找平层和立面相交处均应做半径为 50 度的圆弧。

8. 门窗工程

门窗除特别注明外均居中立樘，设备电气管井的门在开启方向与墙面平齐；门窗立面均表示洞口尺寸，门窗加工尺寸要按照装饰面层厚度由承包商予以调整；塑料门窗框与墙洞口间的缝隙，采用现场发泡聚氨酯填塞；单元门设置对讲系统和电子门锁；户门为双层钢板内夹 20 mm 厚岩棉板；外窗采用塑钢中空玻璃窗。

门窗工程主要技术要求包括：

(1) 门窗物理性能应符合《建筑外窗抗风压、气密、保温、空气声隔声、采光性能分级及检测方法》的规定及设计要求，并附有该等级的质量检测报告。门窗产品应有出厂合格证。

(2) 抗风压性能应不低于《建筑外门窗气密、水密、抗风压性能分级及检测方法》GB/T 7106—2008 中规定的 4 级。

(3) 门窗的水密性能应不低于《建筑外窗水密性能分级及检测方法》(GB/T 7108)中规定的 2 级。

(4) 门窗的气密性能应不低于《建筑外窗气密性能分级及检测方法》(GB/T 7107)中规定的 4 级。

(5) 保温性能应不低于《建筑外窗保温性能分级及检测方法》(GB/T 8484—2002)中规定的 7 级。

(6) 隔声性能应不低于《建筑外窗空气隔声性能分级及检测方法》(GB/T 8485—2002)中规定的Ⅲ级。

(7) 透明幕墙的性能应不低于《建筑幕墙物理性能分级》(GB/T 15225)中规定的Ⅲ级。

(8) 门窗玻璃的选用应遵照《建筑玻璃应用技术规程》和《建筑安全玻璃管理规定》发改运行[2003]2116 号及地方主管部门的有关规定。落地门窗玻璃面积大于等于 1.5 m^2 的玻璃为安全玻璃。

9. 外装修工程

本工程采用涂料外墙。

室外栏杆等外露铁件一般应清理除锈，并做防锈处理。栏杆高度自可踏面起 1100 mm，栏杆垂直杆件间间距≤110 mm。

设有外墙外保温的建筑构造做法参见《05 系列建筑标准设计图集》(05J3—1)。

10. 建筑构造

建筑构造主要技术要求包括：

(1) 凡内墙(为抹灰内墙面的)阳角均做 20 mm 厚 1∶2.5 水泥砂浆包角，宽 100 mm，高 1800 mm(不包括窗两侧墙)。内隔墙施工参见《05 系列建筑标准设计图集》(05J3—6)有关节点。

(2) 所有管井均按图铺设钢筋，管道安装完毕后浇筑混凝土。

(3) 所有管道内侧井壁均用 15 mm 厚 1∶3 水泥砂浆打底，5 mm 厚 1∶2.5 水泥砂浆抹面。

(4) 本工程中所有卫生间完成面均比相邻室内地面低 20 mm，并向地漏找 1%坡。

(5) 室内、室外楼梯临空处等栏杆应用坚固、耐久的材料制作，并能承受结构设计的水平荷载 0.5 kN/m^2，栏杆高度不应小于 1.1 m，垂直杆件间净距不应大于 0.11 m，顶层栏杆距地 100 mm 内不留空。

(6) 施工管道穿墙、预留孔洞时，应对照土建及设备、电气施工图进行施工。

(7) 所有埋入墙内、混凝土内的木制构件，均需涂刷耐腐材料和进行防白蚁处理。

(8) 内墙不同材料拼接处在找平层中附加 250 mm(在楼层梁处)宽的金属网帘，金属网可采用规格ϕ0.8 mm @10 mm × 10 mm 的钢丝网，钢丝网用钉可靠固定于墙体上，钉距宜为 500 mm。

11. 环保设计

环保设计主要技术要求包括：

(1) 本工程的建筑材料及装修材料的有毒物质散发量和环保要求应符合表 8-1 的规定。

表 8-1　住宅室内空气污染物限值

污染物名称	活度、浓度限值
氡	≤200 Bq/m³
游离甲醛	≤0.08 mg/m³
苯	≤0.09 mg/m³
氨	≤0.2 mg/m³
总挥发性有机化合物(TVOC)	≤0.5 mg/m³

(2) 本工程所使用的无机非金属建筑材料，其放射性指标限量应符合表 8-2 的规定。

表 8-2　无机非金属建筑材料放射性指标限量

测定项目	限量
内照射指数(Ra)	≤1.0
外照射指数(Ir)	≤1.0

(3) 本工程所使用的无机非金属装修材料，其放射性指标限量应符合表 8-3 的规定。

表 8-3　无机非金属装修材料放射性指标限量

测定项目	限　量	
	A	B
内照射指数(Ra)	≤1.0	≤1.3
外照射指数(Ir)	≤1.3	≤1.9

12. 无障碍设计

无障碍设计主要技术要求包括：

(1) 本工程在一层入口处，设有坡度为 1∶10 的轮椅坡道，并设有供残疾人使用的扶手。

(2) 本工程全部电梯加装供残疾人使用的扶手、标志、显示、音响等设施。

13. 防火设计

本工程建筑总高度 51.450 m，地上 17 层，地下 1 层，属于二类高层建筑。耐火等级：地下一级，地上二级。

防火等级：地下室为戊类储藏及设备用房，建筑面积 553.48 m²，分为两个防火分区：一层为商业网点，每个商业网点为一个防火分区，商业网点面积均小于 300 m²，商铺内严禁经营和存放火灾危险性为甲、乙类的物品，且严禁布置产生噪声、震动和污染环境卫生的商店；2~17 层为住宅，各层每个单元为一个防火分区，每个单元设有一座通向屋顶的楼梯，单元之间的楼梯通过屋顶连通，单元与单元之间设有防火墙，户门为甲级防火门。单元与单元之间窗间墙宽度大于 2 m，户与户之间窗槛墙高度大于 1.2 m。

本工程采用的木质防火门的等级须严格按设计要求定制，并按规定配置闭门器。

本工程防火分区间的防火墙均应砌筑密实，其顶部应与梁、板紧密连接，不得留有缝隙。

本工程所有电梯均为消防电梯，电梯载重量为 800 kg，地下室设有不小于 2 m² 的集水坑，消防电梯前室面积大于 4.5 m²。

电缆井与管道井每层在楼层处用楼板分隔。电缆井与房间或走道等连通的孔洞，其缝隙用不燃烧材料填塞密实。室内采用消火栓灭火系统。

本工程各部位均有二次装修内容，建筑内装修必须采用难燃或不燃材料，其装修材料的燃烧性能应满足国家标准《建筑材料燃烧性能分级方法》(GB 8624)的要求和《建筑内部装修设计防火规范》(GB 50222—95)的规定。

14. 电梯选型表

电梯选型表如表 8-4 所示。

表 8-4 电 梯 选 型 表

电梯类型	额定载重量	额定速度	停层	站数	提升高度	电梯功能	台数
电梯	800 kg	1.75 m/s	17 层	17 站	51.0 m	乘客电梯	2 台

住宅电梯参照建设单位订购的××电梯；电梯兼做无障碍电梯，厂家制作安装时应按无障碍设施设置。

甲方与电梯制作厂家签订供货合同后，应在施工前将与电梯安装有关的土建图纸提供给制造厂家进行审核，厂家需提供机房楼板留孔、控制及显示设施安装留孔以及其他需土建预留埋的有关资料，以确保电梯安装的顺利进行。

电梯周围做隔声措施。

15. 施工注意事项

施工注意事项包括：

(1) 施工所采用的材料，施工方法及工序、技术要求等应满足图纸及本说明的各项规定，并应按照国家有关工序操作规定要求进行施工，如不能满足要求，应在施工前提出，由设计、施工双方共同研究解决。

(2) 施工中如发生设计变更，应由建设单位、设计、施工三方共同研究处理，并依据工程洽商记录或修改设计图纸施工。

(3) 施工中应注意原有地下管线设施的处理，对施工噪音控制及设备吊装等技术难题应制定合理方案。

(4) 为避免各专业施工图纸间存在矛盾相悖处并影响施工，施工单位技术人员在收到施工蓝图后，必须对各专业施工图纸进行综合审查，发现各专业间存在矛盾问题，应在建设单位组织的设计交底会前以书面形式提出，设计单位将以图纸会审纪要的形式给予答复。

(5) 施工前应针对孔洞埋件对平面图、详图、标准图、专业施工图反复核对，凡有一处指明该部位存在孔洞及埋件时，均应按要求设置。地下室外墙管道穿墙防水套管的做法详见《05 系列建筑标准设计图集》(05J2)第 A24 页。上述图中的穿墙线管及电表箱应在砌墙时预留，不得凿墙设置，施工时应参照设备施工图预留管道进出口及箱体位置。

16. 其他

本图纸经有关部门审批合格后方可施工。

本工程未尽事宜，请施工单位严格按国家有关规范、规程、规定进行施工。

施工图必须按照国家有关部门批准的文件进行施工。

17. 噪声和隔声

空气声计权隔声量，楼板应不小于 40 dB(分隔住宅和非居住用途的楼板不应小于 55 dB)，分户墙应不小于 40 dB，外窗应不小于 30 dB，户门应不小于 25 dB。

卧室、起居室在关窗状态下白天的允许噪声级为 50 dB(A 声级)，夜间允许噪声级为 40 dB(A 声级)。

楼板的计权标准化撞击声压级应不大于 75 dB。

水暖、电气管线穿过楼板或墙体时，孔洞周边应采取密封隔声措施，具体做法见相关专业图纸。

电梯与居室、客厅紧邻布置时，隔墙采取吸音隔声墙，具体做法参见《05 系列建筑标准设计图集》(05J7—1—P33)详图 5，在所有电梯井轨道和井壁之间设置减震垫。

二、节能设计说明

1．工程概况

该工程名称为××市××镇×××村住宅小区 2# 楼工程，具体位置见总平面布置图。

本工程为地下 1 层、地上 17 层。地下室层高为 3.6 m，功能为戊类储藏室；地上 1 层层高为 3.0 m，功能为商业服务网点；2～17 层为住宅，层高均为 3.0 m。

分析：本工程一层为商业服务网点，2～17 层为住宅，因而公共和住宅的节能应分别计算，使其达到节能标准，其中底部的商业服务网点按公共建筑考虑节能计算，上部的住宅按居住建筑考虑节能计算。

设计采用的标准图：《05 系列建筑标准设计图集》(05J3—1)外墙外保温 A 型。

窗户气密性等级：4 级。

采暖方式：地暖采暖。

由于该建筑各朝向的窗墙面积比与体形系数均未超过《山西省民用建筑节能设计标准》第 3.1.3 条、3.1.4 条、3.1.5 条的规定，所以设计方法采用"建筑热工性能判断表"。

该建筑各部分围护结构建筑做法的传热系数均不大于《公共建筑节能设计标准》表 3.3.3-2 中的限值要求，所以达到了山西省 1980—1981 年通用住宅设计的采暖能耗的基础上节能 50%的目标。

2．节能设计依据

节能设计依据包括：

(1) 《民用建筑节能设计标准》(DBJ 04—216—2006)。

(2) 《民用建筑热工设计规范》(GB 50176—93)。

(3) 《公共建筑节能设计标准》(DBJ 04—241—2006)。

3．公建部分建筑节能设计

根据计算结果，本工程商铺部分体形系数 S=0.20。

设计窗墙面积比见表 8-5。

表 8-5　窗 墙 面 积 比

项目 ＼ 方位	北	东	西	南
设计窗墙面积比	0.29	0.08	0.08	0.40
标准窗墙面积比	0.7	0.7	0.7	0.7

本工程商铺部分采用建筑热工性能判断表法。

建筑各部分围护结构的做法及传热系数$[W/(m^2 \cdot K)]$见表8-6。

表8-6 围护结构做法及传热系数

围护结构名称			保温层做法	设计传热系数 $[W/(m^2 \cdot K)]$	标准传热系数限值 $[W/(m^2 \cdot K)]$	遮阳系数
外墙			60 mm 厚岩棉板	0.579	≤0.60	
窗墙面积比	南向	0.40	塑钢中空玻璃绿色窗 空气层厚度为 6 mm	2.7	≤2.7	0.66
	北向	0.29	塑钢中空玻璃无色窗 空气层厚度为 6 mm	2.7	≤3.0	
	东向	0.08		2.7	≤3.5	
	西向	0.08		2.7	≤3.5	
不上人屋面			80 mm 厚岩棉板	0.548	≤0.55	
不采暖地下室顶板			25 mm	1.375	≤1.5	

采暖房间、非采暖房间、楼梯间、门厅、电梯井道、管井相邻的隔墙：采用 40 mm 厚膨胀玻化微珠保温防火砂浆。由晋 06J105-SY 膨胀玻化微珠保温防火砂浆保温构造图集查得 $K = 1.21$，小于传热系数限值 1.5

4. 住宅部分建筑节能设计

根据计算结果，本工程公共部分体形系数 S=0.21。

设计窗墙面积比见表8-7。

表8-7 窗 墙 面 积 比

项目＼方位	北	东	西	南
设计窗墙面积比	0.24	0.09	0.09	0.28
标准窗墙面积比	0.25	0.30	0.30	0.35

本工程住宅部分采用建筑节能设计登记表法。

建筑各部分围护结构的做法及传热系数$[W/(m^2 \cdot K)]$见表8-8。

表8-8 围护结构做法及传热系数

围护结构名称	不上人屋面	外墙	不采暖楼梯间		外窗	阳台门下部门芯板
			隔墙	户门		
保温做法						
设计传热系数	0.691	1.069	1.21	1.712	2.70	1.693
传热系数限值	0.70	1.10	1.50	2.00	4.00	1.70

5. 工程做法

工程做法见表8-9所示。

表 8-9　工程做法表

名　称	构 造 做 法	备　注
屋面 1 保温不上人屋面	(1) 40 mm 厚 C20 细石混凝土捣实压光，内配双向 φ4 mm 钢筋 @150 mm，按≤6 m 设置分格缝，缝中钢筋断开，缝宽 20 mm，与女儿墙留缝 30 mm，缝内均用接缝密闭填实密闭——刚性防水层； (2) 干铺无纺聚酯纤维布一层； (3) 60(80) mm 厚岩棉板保温层； (4) 0.6 mm 厚聚乙烯丙纶防水卷材防水层一道； (5) 20 mm 厚 1∶3 水泥砂浆找平层，砂浆中掺锦纶-6 纤维 0.75～0.9 kg/m³； (6) 1∶8 水泥膨胀珍珠岩找 2%坡，最薄处 30 mm 厚； (7) 钢筋混凝土楼板	除屋面 2 外所有屋面。括号内数字用于一层屋面
屋面 2	(1) 20 mm 厚(最薄处)1∶2.5 水泥砂浆(内掺 5%防水粉)抹面层找 1%坡度，表面抹光； (2) 现浇钢筋混凝土板	用于混凝土雨篷、室外空调板
外墙 1 涂料保温墙面	(1) 刷外墙涂料两遍； (2) 刷底涂料一遍； (3) 1.5 mm 厚专用胶标准网与整个墙面，并用抹刀将网压于胶泥中； (4) 1.5 mm 厚专用胶贴加强网于需加强的部位； (5) 25 mm 厚(60 mm 厚)岩棉板加压粘牢，板面打磨成细麻面； (6) 10 mm 厚 1∶1(重量比)水泥专用胶粘剂刮于板背面； (7) 20 mm 厚 1∶3 水泥砂浆(砖墙、钢筋混凝土墙)或 2∶1∶8 水泥石灰砂浆(加气混凝土墙)找平	颜色及部位见立面，括号内用于商业服务网点，用于钢筋混凝土墙时，刷界面处理剂一道
外墙 2 涂料墙面 (12 mm)	(1) 刷外墙涂料两遍； (2) 刷底涂料一遍； (3) 8 mm 厚 1∶2.5 水泥砂浆找平； (4) 15 mm 厚 2∶1∶8 水泥石灰砂浆，分两次抹灰； (5) 20 mm 厚 1∶3 水泥砂浆； (6) 刷素水泥建筑胶一遍，配合比为建筑胶∶水 = 1∶4	用于阳台外墙面，用于钢筋混凝土墙时，刷界面处理剂一道
内墙 1 水泥砂浆墙面 (18 mm)	(1) 8 mm 厚 1∶2.5 水泥砂浆抹面，压实赶光； (2) 10 mm 厚 1∶3 水泥砂浆扫毛	用于地下室内墙，用于钢筋混凝土墙时，刷界面处理剂一道
内墙 3 乳胶漆墙面 (18 mm)	(1) 刷白色乳胶漆涂料两道饰面； (2) 封底漆一道(干燥后再做面涂)； (3) 满刮 2 mm 厚面层耐水腻子找平； (4) 16 mm 厚 1∶1∶6 水泥石灰砂浆压实找平； (5) 刷加气混凝土界面剂一道(抹前先将墙面用水湿润)	用于商业服务网点内墙面
内墙 3 石膏隔音墙 (100 mm)	(1) 板面满刮大白腻子三遍； (2) 石膏板 15 mm 厚，自攻螺丝钉牢； (3) 85 mm 厚轻钢龙骨 80 mm × 80 mm × 0.63 mm @600 mm (空腹填矿棉)； (4) 基层墙体	与电梯相邻并有隔音要求的室内部分
内墙 4 乳胶漆墙面 (18 mm)	(1) 面层用户自理； (2) 满刮 2 mm 厚面层耐水腻子找平； (3) 16 mm 厚 1∶1∶6 水泥石灰砂浆压实找平； (4) 刷加气混凝土界面剂一道(抹前先将墙面用水湿润)	用于住宅除卫生间外所有内墙面

续表（一）

名　称	构　造　做　法	备　注
内墙5 釉面砖 墙裙 (26 mm)	(1) 白水泥擦缝； (2) 贴8 mm厚釉面砖(在砖粘贴面上涂抹专用黏结接剂，然后粘贴)； (3) 8 mm厚1：0.1：2.5水泥石灰膏砂浆结合层； (4) 10 mm厚1：3水泥砂浆打底扫毛或划出纹道； (5) 刷加气混凝土界面处理剂一道(随刷随抹底灰)	釉面砖规格 450 mm ×300 mm×8 mm 用于 卫生间，高度贴至吊 顶底
内墙6 粘贴石质 板材面 (40 mm)	(1) 粘贴8 mm厚石质板材，水泥浆擦缝； (2) 5 mm厚1：1水泥砂浆加水中20%建筑胶镶贴； (3) 刷素水泥浆一遍； (4) 15 mm厚1：3水泥砂浆	适用于门厅或住宅 楼电梯前室
内墙7 涂料保温 墙面 (43 mm)	(1) 刷内墙涂料； (2) 基层整修平整，不漏网纹及抹刀痕； (3) 1.5 mm厚专用胶粘标准网于整个墙面，并用抹刀将网压于胶泥中； (4) 1.5 mm厚专用胶贴加强网于需加强的部位； (5) 40 mm厚膨胀玻化微珠保温防火砂浆； (6) 10 mm厚1：1(重量比)水泥专用胶粘剂刮于板背面； (7) 20 mm厚1：3水泥砂浆(混凝土墙)或2：1：8水泥石灰砂浆 (加气混凝土墙)找平； (8) 刷素水泥建筑胶一遍，配合比为：建筑胶：水 ＝ 1：4	用于楼梯间隔墙
地面1 细石混 凝土地面	(1) 30 mm厚C20细石混凝土随打随抹平； (2) 20 mm厚粗砂找平； (3) 钢筋混凝土防水板(S6)； (4) 50 mm厚C20细石混凝土保护层； (5) 点粘350 mm号石油沥青油毡一层； (6) 0.6 mm厚聚乙烯丙纶防水卷材一道； (7) 20 mm厚1：2水泥砂浆找平； (8) 100 mm厚C20混凝土； (9) 素土夯实	用于戊类储藏室
地面2 塑料地板 地面	(1) 2.0 mm厚塑料地板； (2) 配套胶粘剂粘贴； (3) 建筑胶水泥腻子批嵌平整； (4) 20 mm厚1：3水泥砂浆找平； (5) 素水泥浆结合层一遍； (6) 80 mm厚C15混凝土随打随抹平； (7) 素土回填； (8) 钢筋混凝土防水板(S6)； (9) 50 mm厚C20细石混凝土保护层； (10) 点粘350号石油沥青油毡一层； (11) 0.6 mm厚聚乙烯丙纶防水卷材一道； (12) 20 mm厚1：2水泥砂浆找平； (13) 100 mm厚C20细石混凝土； (14) 素土夯实	用于配电室

续表(二)

名　称	构　造　做　法	备　注
楼面 1 大理石楼面 (50 mm)	(1) 20 mm 厚大理石板铺实拍平，水泥浆擦缝； (2) 30 mm 厚 1∶4 干硬性水泥砂浆； (3) 素水泥浆结合层一遍； (4) 钢筋混凝土楼板	用于门厅
楼面 2 面砖楼面 (100 mm)	(1) 10 mm 厚地砖铺实拍平，水泥浆擦缝； (2) 20 mm 厚 1∶4 干硬性水泥砂浆； (3) 50 mm 厚 C15 混凝土，随打随抹找平(地板辐射供暖层)； (4) 铝箔反射层； (5) 20(30) mm 厚聚苯乙烯板(密度 25 kg/m²)； (6) 钢筋混凝土楼板	用于商业网点，括号内用于一层
楼面 3 水泥砂浆楼面 (20 mm)	(1) 20 mm 厚 1∶2 水泥砂浆抹面压光； (2) 素水泥浆结合层一遍； (3) 钢筋混凝土楼板	用于住宅楼梯踏步休息平台
楼面 4 面砖防水楼面 (120 mm)	(1) 10 mm 厚防滑地砖铺实拍平，水泥浆擦缝； (2) 20 mm 厚 1∶4 干硬性水泥砂浆； (3) 1.5 mm 厚聚氨酯防水涂料，面撒黄沙，四周沿墙上翻 500 mm 高； (4) 70 mm 厚 C15 混凝土找坡，向地漏找坡，最薄处不小于 30 mm 厚； (5) 铝箔反射层； (6) 20 mm 厚聚苯乙烯板(密度 25 kg/m²)； (7) 钢筋混凝土楼板	用于卫生间
楼面 5 水泥砂浆防水楼面 (70 mm)	(1) 20 mm 厚 1∶2 水泥砂浆抹面压光； (2) 素水泥浆结合层一遍； (3) 50 mm 厚 C15 混凝土防水层； (4) 钢筋混凝土板	用于屋顶水箱间
楼面 6 面砖楼面 (80 mm)	(1) 面层用户自理； (2) 50 mm 厚 C20 细石混凝土填充； (3) 钢筋混凝土楼板	用于普通阳台
顶棚 1 板底抹水泥砂浆 (12 mm)	(1) 面层用户自理； (2) 5 mm 厚 1∶2 水泥砂浆； (3) 7 mm 厚 1∶3 水泥砂浆； (4) 钢筋混凝土板底面清理干净	电梯机房卫生间顶棚
顶棚 2 岩棉板保温顶棚	(1) 1.5 mm 厚聚合物水泥涂料； (2) 2 mm 厚聚合物水泥涂料铺贴耐碱 5 mm×5 mm 玻璃纤维网格布； (3) 配套胶粘剂粘贴 25 mm 厚岩棉板(80 mm 厚岩棉板)； (4) 5 mm 厚 1∶2 水泥砂浆； (5) 5 mm 厚 1∶3 水泥砂浆； (6) 钢筋混凝土板清理干净	不采暖地下室顶板，括号内用于一层不采暖房间顶板

续表（三）

名　称	构　造　做　法	备　注
顶棚 3 混合砂浆 顶棚 (12 mm)	(1) 喷耐擦洗涂料； (2) 5 mm 厚 1：0.5：3 水泥石灰砂浆； (3) 7 mm 厚 1：1：4 水泥石灰砂浆； (4) 钢筋混凝土板底面清理干净	用于楼梯间和楼梯间前室
踢脚 1 石质板材 踢脚 (30 mm)	(1) 10 mm 厚石质板材，水泥浆擦缝； (2) 5 mm 厚 1：1 水泥砂浆水中加 20%建筑胶镶贴； (3) 15 mm 厚 2：1：8 水泥石灰砂浆，分两次抹灰； (4) 刷建筑胶素水泥浆一遍，配合比为：建筑胶：水 = 1：4	高 100 mm，用于钢筋混凝土墙时，抹灰前刷界面处理剂一道
踢脚 2 地砖踢脚 (29 mm)	(1) 8 mm 厚面砖，水泥砂浆擦缝； (2) 4 mm 厚 1：水泥砂浆水中加 20%建筑胶镶贴； (3) 17 mm 厚 2：1：8 水泥石灰砂浆，分两次抹灰； (4) 刷建筑胶素水泥浆一遍，配合比为：建筑胶：水 = 1：4	高 100 mm，与楼面对应，用于钢筋砼墙时，抹灰前刷界面处理剂一道
踢脚 3 水泥砂浆 (25 mm)	(1) 15 mm 厚 1：2.5 水泥砂浆，压实抹光； (2) 10 mm 厚 1：3 水泥砂浆打底扫毛	高 100 mm，与楼面相对应
踢脚 4 塑料地板 踢脚 (22 mm)	(1) 2.0 mm 厚塑料地板； (2) 配套胶粘剂粘贴； (3) 5 mm 厚 1：2 水泥砂浆； (4) 15 mm 厚 1：3 水泥砂浆	高 100 mm，与楼面相对应
油漆 1 木材面	(1) 调和漆三遍； (2) 满刮腻子； (3) 润油粉一道	用于木材面
油漆 2 金属面	(1) 调和漆三遍； (2) 刮腻子； (3) 防锈漆一道	用于金属面
台阶 1 石质板材 贴面台阶 (280 mm)	(1) 20 mm 厚石质板材踏步及踢脚板，水泥浆擦缝； (2) 30 mm 厚 1：4 干硬性水泥砂浆； (3) 素水泥浆结合层一遍； (4) 80 mm 厚 C15 混凝土(厚度不包括台阶三角部分)台阶面向外坡 1%； (5) 150 mm 厚 3：7 灰土； (6) 素土夯实	
散水 1 细石混凝 土散水 (190 mm)	(1) 40 mm 厚 C15 细石混凝土，面上加 5 mm 厚 1：1 水泥砂浆，随打随抹光； (2) 150 mm 厚 3：7 灰土； (3) 素土夯实向外坡 4%	散水宽 1000
坡道 水泥礓磋 坡道 (80 mm)	(1) 25 mm 厚 1：2 水泥砂浆抹面作 80 mm 宽 7 mm 深礓磋； (2) 撒素水泥面(洒适量清水)； (3) 40 mm 厚 1：4 干硬性水泥砂浆结合层； (4) 15 mm 厚 1：3 水泥砂浆打底扫毛； (5) 混凝土楼板	住宅坡道
备注：防水材料为成品原生料一次成型聚乙烯丙纶防水抗渗卷材(0.6 mm)一道，环保和耐水专用防水胶，(抗渗性≥1.0 MPa)胶粘料固化厚度不小于 1.2 mm。		

三、结构设计总说明

1. 工程概况

本工程位于××市××镇×××村的住宅小区,室内外高差 0.45 m,剪力墙结构。地下 1 层,地上 17 层,结构总高度为 51.450 m。

砌体施工质量控制等级要求达到 B 级。

本工程砼结构的环境类别为:基础及地上外露结构二 b 类,上部潮湿结构二 a 类,其余为一类。

地下耐火等级为一级,地上耐火等级为二级。结构构件的燃烧性能和耐火极限均应满足《高层建筑设计防火规范》表 3.0.2 的限值。

本工程±0.000 绝对标高 1000.65 m。

2. 建筑结构安全等级及设计使用年限等

建筑结构的安全等级:二级;设计使用年限:50 年;建筑抗震设防类别:丙类;地基基础设计等级:乙级;剪力墙抗震等级:三级。

3. 自然条件

基本风压:0.40 kN/m²;基本雪压:0.35 kN/m²;地面粗糙度类别:B 类。

场地地震基本烈度:7 度;抗震设防烈度:7 度(0.15 g),设计地震分组为第二组;建筑场地类别:Ⅱ类。

4. 地基与基础

本工程基础采用墙下梁式筏板基础。

基础施工时应复核现场情况与本设计相符与否,如有异常情况应书面通知设计单位,共同协商处理方法。

第三节　组卷资料

目前移交资料的组卷原则基本以当地工程建设监督管理或档案管理部门的要求进行,这里暂按《太原市建设工程文件归档管理要求》立卷,即按分部工程分别立卷(即地基与基础分部、主体结构分部、装饰装修分部、建筑屋面分部、建筑电气分部、建筑给排水及采暖分部、电梯分部、消防分部、节能分部),按质量管理资料单独组卷,若工程中有钢结构设计,则按钢结构分项单独立卷。

针对上述工程,在施工过程中,应安排专业人员同步编制、收集、整理需要归档的工程资料。工程竣工验收合格后的 7 日内,将整理、组卷且装订完毕的资料,分别移交建设、监理、当地建设工程质量监督部门等。

以下内容是第二节中所介绍的×××工程竣工资料的目录。为保证大家易学易懂,资料封面及卷内目录按实际篇幅编辑,且在每卷目录后加以注解。

此外,消防部分归档资料虽暂未列入,但实际工程中必须严格做好施工记录,收集原材料合格证及需要复试材料的报告,连同消防部门的竣工验收记录一起归档。

施 工 资 料

工程名称：　××市××镇×××村住宅小区 2# 楼工程

资料名称：　管理资料和工程质量资料

案卷提名：　开工报告、施工组织设计、图纸会审、节能环境检测、验收记录

编制单位：　×××建筑工程有限公司

技术主管：　×××

编制日期：　自　年　月　日起　至　年　月　日止

保管期限：　长期　　　　　　密级：

保存档号：

　　　　共　　册　第　　册

卷 内 资 料 目 录

单位工程名称：××市××镇×××村住宅小区 2# 楼工程

序号	资 料 名 称	份数	页数	备注
1	开工报告			
2	施工现场质量管理检查记录			
3	施工组织设计			
4	图纸会审、设计变更文件、洽商记录			
5	质量技术交底记录(作业指导书)			
6	施工记录(施工日志)			
7	工程测量放线记录			
8	屋面防水渗漏的检查总记录			
9	地下室防水效果检查总记录			
10	地面蓄水试验检查总记录			
11	建筑物垂直度、标高、全高测量记录			
12	节能保温测试记录			
13	室内环境检测报告			
14	地基探槽验槽记录			
15	基础工程验收记录			
16	主体结构工程验收记录			
17	竣工工程沉降观测资料汇总结果			
18	竣工报告			
19	单位工程质量竣工验收记录			
20	单位工程质量控制资料核查记录			
21	单位工程安全和功能检验资料核查及主要功能抽查记录			
22	单位工程观感质量检查记录			
23	单位工程验收程序监督记录			

移交单位：　　　　　　　　　　　接收单位：

负 责 人：　　　　　　　　　　　负 责 人：

移 交 人：　　　　　　　　　　　移 交 人：

日　　期：　　年　月　日　　　　日　　期：　　年　月　日

注解：

(1) 施工组织设计指施工组织总设计。

(2) 质量技术交底包含如下工序的交底：

① 基础土方开挖、回填技术交底。

② 筏型基础施工技术交底。

③ 地下室防水工程技术交底。

④ 底板大体积混凝土浇筑工程技术交底。

⑤ 基础及地下室防水工程技术交底。

⑥ 钢筋手工电弧焊接工程技术交底。

⑦ 钢筋电渣压力焊接工程技术交底。

⑧ 施工洞的留置及处理技术交底。

⑨ 全现浇剪力墙结构清水模板工程技术交底。

⑩ 全现浇剪力墙结构钢筋绑扎工程技术交底。

⑪ 全现浇剪力墙结构混凝土浇筑技术交底。

⑫ 砌块砌筑工程技术交底。

⑬ 散水施工工程技术交底。

⑭ 墙面抹灰工程技术交底。

⑮ 内墙涂料工程技术交底。

⑯ 外墙涂料工程技术交底。

⑰ 外墙内保温工程技术交底。

⑱ 室内墙面贴砖工程技术交底。

⑲ 室外面砖工程技术交底。

⑳ 水泥砂浆地面工程技术交底。

㉑ 窗帘盒、窗台板和散热器罩工程技术交底。

㉒ 屋面防水工程技术交底。

㉓ 混凝土墙内管路敷设工程技术交底。

㉔ 现浇顶板内管路敷设工程技术交底。

㉕ 管内配线工程技术交底。

㉖ 配电箱安装工程技术交底。

㉗ 开关、插座安装工程技术交底。

㉘ 灯具安装工程技术交底。

㉙ 防雷接地工程技术交底。

㉚ 电气竖井内电缆桥架工程技术交底。

㉛ 室内给水管道安装工程技术交底。

㉜ 室内排水管道安装工程技术交底。

㉝ 室内采暖管道安装工程技术交底。

施 工 资 料

工程名称：　××市××镇×××村住宅小区 2# 楼工程

资料名称：　地基与基础工程资料

案卷提名：地基处理记录　施工方案　原材料合格证及复试报告　质量验收记录　隐蔽工程验收记录

编制单位：××× 建筑工程有限公司

技术主管：　×××

编制日期：自　　年　月　日起　至　　年　月　日止

保管期限：　长期　　　　　　　密级：

保存档号：

共　　册　　第　　册

卷 内 资 料 目 录

单位工程名称：××市××镇×××村住宅小区 2# 楼工程

序号	资 料 名 称	份数	页数	备注
1	工程地基处理记录			
2	地基工程检验批、分项工程、子分部工程施工质量验收记录			
3	基础工程施工方案			
4	土工击实试验报告			
5	回填土干密度(压实系数)试验报告			
6	钢筋原材料合格证及见证检测试验报告			
7	钢筋连接见证检测的试验报告			
8	钢筋工程焊工操作证			
9	钢筋工程隐蔽验收记录			
10	混凝土标养强度汇总评定及试块报告			
11	混凝土同条件 600℃温度记录			
12	混凝土结构子分部工程结构实体混凝土强度验收记录			
13	混凝土结构子分部工程结构实体钢筋保护层厚度验收记录			

序号	资　料　名　称	份数	页数	备注
14	混凝土拆模同条件试块报告			
15	商品混凝土出厂合格证、出厂质量合格证			
16	混凝土浇灌申请令			
17	混凝土施工记录、混凝土养护记录			
18	混凝土各检验批、分项工程、子分部工程质量验收记录			
19	地下防水工程防水卷材见证试验报告及合格证			
20	地下防水工程隐蔽验收记录			
21	地下防水工程渗漏检查记录			
22	地下防水工程各检验批、分项工程、子分部工程质量验收记录			

移交单位：　　　　　　　　　　　　　接收单位：

负　责　人：　　　　　　　　　　　　负　责　人：

移　交　人：　　　　　　　　　　　　移　交　人：

日　　　期：　　年　月　日　　　　　日　　　期：　　年　月　日

注解：

(1) 隐蔽工程验收记录包含：

① 钢筋隐蔽工程验收记录。

② 砂垫层回填工程隐蔽验收记录。

③ 筏板基础工程隐蔽验收记录。

④ 基础防水工程隐蔽验收记。

(2) 基础检验批、分项工程、子分部工程验收记录包括：

① 无支护土方子分部工程：土方开挖检验批及分项工程；土方回填检验批及分项工程。

② 地基处理子分部：砂和砂石地基工程检验批及分项质量验收记录表。

③ 混凝土基础子分部：

• 现浇结构模板安装检验批；

• 模板拆除检验批；

• 钢筋加工工程检验批；

• 钢筋原材料工程检验批；

• 钢筋安装工程检验批；

• 混凝土施工工程检验批；现浇混凝土结构外观及尺寸偏差检验批。

④ 地下防水子分部：卷材防水层工程检验批。

施 工 资 料

工程名称：<u>××市××镇×××村住宅小区 2# 楼工程</u>

资料名称：<u>主体结构工程资料</u>

案卷提名：<u>施工方案　原材料合格证及复试报告　质量验收记录　隐蔽工程验收记录</u>

编制单位：<u>×××建筑工程有限公司</u>

技术主管：<u>×××</u>

编制日期：自　　年　月　日起　至　　年　月　日止

保管期限：　　长期　　　　　　　　　密级：

保存档号：

共　　册　第　　册

卷 内 资 料 目 录

单位工程名称：××市××镇×××村住宅小区 2# 楼工程

序号	资料名称	份数	页数	备注
1	主体结构工程施工方案			
2	钢筋原材料合格证及汇总表			
3	钢筋原材料见证检测试验报告			
4	钢筋连接见证检测的试验报告			
5	钢筋工程焊工操作证			
6	钢筋工程隐蔽验收记录			
7	混凝土标养强度汇总评定及试块报告			
8	混凝土同条件 600℃温度记录			
9	混凝土结构子分部工程结构实体混凝土强度验收记录			
10	混凝土结构子分部工程结构实体钢筋保护层厚度验收记录			
11	混凝土拆模同条件试块报告(附于混凝土拆模检验批记录后)			
12	商品混凝土出厂合格证、出厂质量合格证			
13	混凝土浇灌申请令			
14	混凝土施工记录、混凝土养护记录			
15	主体结构沉降观测汇总及各次观测资料			
16	混凝土各检验批、分项工程、子分部工程质量验收记录			
17	填充墙砌筑前拉结筋设置、构造柱、水平连系梁隐蔽验收记录			
18	砌筑砂浆配合比通知单			
19	砂浆试块强度汇总评定及试块报告			
20	水泥、砂、砖、砌块原材料合格证，产品性能检测报告			
21	砌体植筋拉拔试验报告			
22	砌体检验批、分项工程、子分部工程质量验收记录			

移交单位：　　　　　　　　　　　　接收单位：

负　责　人：　　　　　　　　　　　负　责　人：

移　交　人：　　　　　　　　　　　移　交　人：

日　　期：　　年　　月　　日　　日　　期：　　年　　月　　日

施 工 资 料

工程名称：　××市××镇×××村住宅小区 2# 楼工程

资料名称：　装饰装修分部工程资料

案卷提名：　施工方案　原材料合格证及复试报告　质量验收记录　隐蔽工程验收记录

编制单位：　×××建筑工程有限公司

技术主管：　×××

编制日期：　自　年　月　日起 至　年　月　日止

保管期限：　　长期　　　　　　　密级：

保存档号：

共　　册　第　　册

卷 内 资 料 目 录

单位工程名称：××市××镇×××村住宅小区 2# 楼工程

序号	资 料 名 称	份数	页数	备注
1	装饰装修分部工程施工方案			
2	原材料、构配件合格证和复检报告			
3	装饰工程隐蔽验收记录			
4	装饰装修工程施工记录			
5	装饰装修工程检验批、分项工程、子分部工程质量验收记录			

移交单位：　　　　　　　　　　　接收单位：

负 责 人：　　　　　　　　　　　负 责 人：

移 交 人：　　　　　　　　　　　移 交 人：

日　　期：　　年　月　日　　　日　　期：　　年　月　日

注解：

(1) 需要归档的原材料(合格证、复试报告等)包括：

① 门窗工程：材料的产品合格证书，性能检测报告和人造木板甲醛含量报告；建筑外墙塑钢窗三性性能复检报告。

② 抹灰工程：水泥出厂合格证及复验报告；砂复试报告。

③ 饰面砖工程：材料的产品合格证书、性能检测报告；外墙饰面砖样板件的粘接强度检测报告；外墙陶瓷面砖材料合格证书及进场的吸水率复验，抗冻性复验。

④ 室内涂料(乳胶漆)质量证明文件，性能检测报告。

⑤ 室外涂料质量证明文件，性能检测报告。

⑥ 外墙保温材料：60 mm 厚岩棉板质量证明文件，性能检测报告和进场复验报告。

⑦ 石质板材质量证明文件。

⑧ 油漆合格证。

(2) 检验批、分项工程、子分部工程包括：

①　地面子分部：地面基土垫层检验批；地面找平层工程检验批；地面水泥砂浆面层工程检验批；地面大理石和花岗岩面层工程检验批；地面塑料板面层检验批。

②　抹灰子分部：一般抹灰工程检验批。

③　门窗子分部：塑料门窗安装工程检验批；门窗玻璃安装工程检验批。

④　饰面板(砖)子分部：饰面砖粘贴工程检验批。

⑤　涂饰子分部：水性涂料涂饰工程检验批；溶剂型涂料涂饰工程检验批。

⑥　细部子分部：护栏和扶手制作与安装工程检验批。

(3) 隐蔽工程验收记录包含：

①　抹灰工程：抹灰总厚度大于或等于 35 mm 时和不同基体交接处的加强措施。

②　门窗工程：对预埋件、锚固件、隐蔽部位防腐与填嵌处理的隐蔽。

③　饰面板工程：对预埋件、连接节点、防水层的隐蔽。

④　细部工程：对预埋件或后置埋件，护栏与预埋件的连接点的隐蔽。

⑤　外墙保温板安装的隐蔽。

施　工　资　料

工程名称：　××市××镇×××村住宅小区 2# 楼工程

资料名称：　建筑屋面分部工程资料

案卷提名：　施工方案　原材料合格证及复试报告　质量验收记录　隐蔽工程验收记录

编制单位：　×××建筑工程有限公司

技术主管：　×××

编制日期：　自　　年　　月　　日起　至　　年　　月　　日止

保管期限：　　　长期　　　　　　　　　密级：

保存档号：

共　　　　册　第　　　　册

卷　内　资　料　目　录

单位工程名称：××市××镇×××村住宅小区 2# 楼工程

序号	资 料 名 称	份数	页数	备注
1	建筑屋面分部工程施工方案			
2	原材料、构配件合格证和复检报告			
3	屋面工程雨后或蓄水渗漏检验记录			
4	屋面工程找平层细部隐蔽验收记录			
5	屋面工程防水层细部检查验收记录			
6	屋面工程检验批、分项工程、子分部工程质量验收记录			

移交单位：　　　　　　　　　　　　接收单位：

负责人：　　　　　　　　　　　　　负责人：

移交人：　　　　　　　　　　　　　移交人：

日　　期：　　年　　月　　日　　日　　期：　　年　　月　　日

施 工 资 料

工程名称：　××市××镇×××村住宅小区 2# 楼工程

资料名称：　建筑给排水及采暖分部工程资料

案卷提名：　施工方案　　原材料合格证及复试报告　　质量验收记录　　隐蔽工程验收记录　　施工记录

编制单位：　×××建筑工程有限公司

技术主管：　×××

编制日期：　自　　年　　月　　日起　至　　年　　月　　日止

保管期限：　　　长期　　　　　　　密级：

保存档号：

共　　　　册　　　第　　　　册

卷 内 资 料 目 录

单位工程名称：××市××镇×××村住宅小区 2# 楼工程

序号	资 料 名 称	份数	页数	备注
1	建筑给排水及采暖分部工程施工方案			
2	图纸会审、设计变更文件、洽商记录			
3	质量技术交底(作业指导书)			
4	隐蔽验收记录及中间验收记录			
5	施工日志			
6	主要材料、成品、半成品、配件、器具、管件、阀门等合格证和进场检验报告			
7	给水和采暖系统安装承压管道系统，设备强度、阀门及散热器严密性压力试验记录			
8	给水管道通水，生活给水管道冲洗、消毒，水质取样试验报告			
9	排水管道灌水和通球试验记录			
10	卫生器具满水和通水试验记录			
11	消火栓系统测试记录			
12	地漏及地面清扫口排水试验记录			
13	设备(水泵)试运转记录			
14	给排水及采暖工程检验批、分项工程、子分部工程质量验收记录			

移交单位：　　　　　　　　　　　　　接收单位：

负责人：　　　　　　　　　　　　　　负责人：

移交人：　　　　　　　　　　　　　　移交人：

日　　期：　　年　　月　　日　　　　日　　期：　　年　　月　　日

注解：给排水及采暖检验批、分项工程、子分部工程包括：

　　① 室内给水系统子分部：室内给水管道及配件安装检验批；室内消火栓系统安装检验批；室内给水设备安装工程检验批。

　　② 室内排水系统子分部：室内排水管道及配件安装工程检验批；雨水管道及配件安装工程检验批。

　　③ 卫生器具安装子分部：卫生器具及给水配件安装工程检验批；卫生器具排水配件安装工程检验批。

　　④ 室内采暖系统子分部：室内采暖管道及配件安装工程检验批；低温热水地板辐射采暖安装工程检验批。

施 工 资 料

工程名称： ××市××镇×××村住宅小区 2# 楼工程

资料名称： 建筑电气分部工程资料

案卷提名： 施工方案 原材料合格证及复试报告 质量验收记录 隐蔽工程验收记录 施工记录

编制单位： ×××建筑工程有限公司

技术主管： ×××

编制日期： 自 年 月 日起 至 年 月 日止

保管期限： 长期 密级：

保存档号：

共 册 第 册

卷 内 资 料 目 录

单位工程名称：××市××镇×××村住宅小区 2# 楼工程

序号	资 料 名 称	份数	页数	备注
1	建筑电气分部工程施工方案			
2	图纸会审、设计变更文件、洽商记录			
3	质量技术交底(作业指导书)			
4	隐蔽工程验收记录			
5	施工日志			
6	主要材料、成品、半成品、配件、器具和设备出厂合格证及进场检验报告(含设备出厂试验记录，设备装箱单，生产许可证，安全认证标志、进口设备商证明和中文质量合格证明文件，安装、使用、维修和试验说明书，新电气设备、器具和材料安装、使用、维修和试验说明书)			
7	照明全负荷通电验收记录			
8	接地绝缘电阻测试记录			
9	线路、配电箱、插座、漏电保护器等接地接零检验记录			
10	建筑电气分部工程检验批、分项工程、子分部工程质量验收记录			

移交单位： 接收单位：

负 责 人： 负 责 人：

移 交 人： 移 交 人：

日 期： 年 月 日 日 期： 年 月 日

注解：

(1) 检验批、分项工程、子分部工程包括：

① 电气照明安装子分部：照明配电箱安装工程检验批；电线导管、电缆导管和线槽敷设工程检验批；电线、电缆穿管和线槽敷线工程检验批；普通灯具安装工程检验批；开关、插座、风扇安装工程检验批；建筑物照明通电试运行工程检验批。

② 防雷及接地安装子分部：接地装置安装工程检验批；避雷引下线和变配电室接地干线敷设工程检验批；建筑物等电位连接工程检验批。

施 工 资 料

工程名称：　××市××镇×××村住宅小区 2# 楼工程

资料名称：　电梯工程资料

案卷提名：　施工方案　图纸会审记录　设备报验出厂合格证及进场开箱检验记录

　　　　　　质量验收记录　隐蔽工程验收记录　施工记录

编制单位：×××建筑工程有限公司

技术主管：×××

编制日期：自　　年　　月　　日起　至　　年　　月　　日止

保管期限：　　长期　　　　　　　　　密级：

保存档号：

共　　　　册　　第　　　　册

卷 内 资 料 目 录

单位工程名称：××市××镇×××村住宅小区 2# 楼工程

序号	资 料 名 称	份数	页数	备注
1	电梯工程施工方案			
2	图纸会审、设计变更文件、洽商记录			
3	设备报验、设备出厂合格证及进场开箱检验记录			
4	与建筑结构交接验收记录			
5	隐蔽工程验收记录			
6	接地电阻、绝缘电阻测试记录			
7	安全保护验收记录			
8	层门及轿门试验记录			
9	负荷试验、安全装置检查记录			
10	电梯运行记录			
11	电梯安全装置检测报告			
12	检验批、分项工程、子分部工程质量验收记录			
13	施工记录			

移交单位：　　　　　　　　　　　　　接收单位：

负责人：　　　　　　　　　　　　　　负责人：

移交人：　　　　　　　　　　　　　　移交人：

日　期：　　年　　月　　日　　　　　日　期：　　年　　月　　日

施 工 资 料

工程名称：　××市××镇×××村住宅小区 2# 楼工程

资料名称：　节能分部工程资料

案卷提名：　施工方案　图纸会审记录　节能材料检测报告　隐蔽工程验收记录　施工记录　自评报告

编制单位：　×××建筑工程有限公司

技术主管：　×××

编制日期：　自　年　月　日起　至　年　月　日止

保管期限：　　　长期　　　　　　　　　密级：

保存档号：

共　　册　第　　册

卷 内 资 料 目 录

单位工程名称：××市××镇×××村住宅小区 2# 楼工程

序号	资料名称	份数	页数	备注
1	设计文件、施工图审查合格书			
2	图纸会审、设计变更文件、洽商记录			
3	建筑节能设计认定书			
4	建筑节能专项施工方案			
5	建筑节能施工工艺、技术交底记录			
6	建筑节能专项监理方案及实施细则			
7	设计、施工、监理等单位分别出具的建筑节能工程专项质量合格文件(即设计评价报告、施工自评报告、监理评估报告)			
8	主要材料、设备、构件的建筑节能技术(产品)认定证书，质量证明文件，进场检验记录，进场核查记录，进场复验报告，见证试验报告			
9	建筑节能相关隐蔽工程验收记录			
10	建筑节能分项、检验批的质量验收记录			
11	建筑围护结构节能构造现场实体检验记录(传热系数检测报告)、外窗气密性现场检测报告和系统节能性能检验报告			
12	建筑节能工程观感质量综合检查记录			
13	建筑节能相关问题的处理方案和验收记录			

移交单位：　　　　　　　　　　　接收单位：

负　责　人：　　　　　　　　　　　负　责　人：

移　交　人：　　　　　　　　　　　移　交　人：

日　　期：　　年　月　日　　　　　日　　期：　　年　月　日

参 考 文 献

[1]　建设工程文件归档整理规范(GB/T 50328—2014)．北京：中国建筑工业出版社，2014．

[2]　建筑工程施工质量验收统一标准(GB 50300—2013)．北京：中国建筑工业出版社，2013．

[3]　建筑地基基础工程施工质量验收规范(GB 50202—2015)．北京：中国建筑工业出版社，2015．

[4]　砌体工程施工质量验收规范(GB 50203—2011)．北京：中国建筑工业出版社，2011．

[5]　混凝土结构工程施工质量验收规范(GB 50204—2015)．北京：中国建筑工业出版社，2015．

[6]　钢结构工程施工质量验收规范(GB 50205—2001)．北京：中国建筑工业出版社，2001．

[7]　木结构工程施工质量验收规范(GB 50206—2012)．北京：中国建筑工业出版社，2012．

[8]　屋面工程施工质量验收规范(GB 50207—2012)．北京：中国建筑工业出版社，2012．

[9]　地下防水工程施工质量验收规范(GB 50208—2011)．北京：中国建筑工业出版社，2011．

[10]　建筑地面工程施工质量验收规范(GB 50209—2010)．北京：中国建筑工业出版社，2010．

[11]　建筑装饰装修工程施工质量验收规范(GB 50210—2001)．北京：中国建筑工业出版社，2001．

[12]　建筑给排水及采暖工程施工质量验收规范(GB 50242—2002)．北京：中国建筑工业出版社，2002．

[13]　建筑电气工程施工质量验收规范(GB 50303—2015)．北京：中国建筑工业出版社，2015．

[14]　通风与空调工程施工质量验收规范(GB 50304—2016)．北京：中国建筑工业出版社，2016．

[15]　电梯工程施工质量验收规范(GB 50310—2002)．北京：中国建筑工业出版社，2002．

[16]　智能建筑工程质量验收规范(GB 50339—2013)．北京：中国建筑工业出版社，2013．

[17]　建筑节能工程施工验收规范(GB 50411—2007)．北京：中国建筑工业出版社，2007．

[18]　建筑工程资料管理规程(JGJ/T 185—2009)．北京：中国建筑工业出版社，2009．

[19]　建设工程项目管理规范(GB/T 50326—2017)．北京：中国建筑工业出版社，2017．

[20]　建设工程监理规范(GB/T 50319—2013)．北京：中国建筑工业出版社，2013．

[21]　建筑施工组织设计规范(GB/T 50502—2009)．北京：中国建筑工业出版社，2009．

[22]　建筑工程检测试验技术管理规范(JGJ 190—2010)．北京：中国建筑工业出版社，2010．

[23]　房屋建筑工程和市政基础设施工程实行见证取样和送检的规定 2000．北京：中国建筑工业出版社，2000．

[24]　建筑与市政工程施工现场专业人员职业标准(JGJ/T 250—2011)．北京：中国建筑工业出版社，2011．

[25]　建筑工程施工现场消防安全技术规程(GB 50720—2011)．北京：中国计划出版社，2011．

[26]　无障碍设施施工验收及维护规范(GB 50642—2011)．北京：中国计划出版社，2011．

[27]　山西省建筑工程施工质量验收规程(DBJ 04/T226—2015)．太原：山西人民出版社，2015．

[28]　山西省建筑工程施工资料管理规程(DBJ 04/T214—2015)．太原：山西科学技术出版社，2015．

[29]　技术制图复制图的折叠方法(GB/T 10609.3—2009)．北京：中国标准出版社，2010．